水利工程一体化管控系统

徐 青 主编

黄河水利出版社

· 郑 州 ·

图书在版编目(CIP)数据

水利工程一体化管控系统/徐青主编. —郑州:黄河水利出版社,2022.9

ISBN 978-7-5509-3392-7

Ⅰ.①水…　Ⅱ.①徐…　Ⅲ.①水利工程管理

Ⅳ.①TV6

中国版本图书馆 CIP 数据核字(2022)第 177338 号

组稿编辑:杨雯惠　电话:0371-66020903　E-mail:yangwenhui923@163.com

出 版 社:黄河水利出版社　　　　　　　　　　　　网址:www.yrcp.com

　　　　　地址:河南省郑州市顺河路黄委会综合楼 14 层　邮政编码:450003

发行单位:黄河水利出版社

　　　　　发行部电话:0371-66026940、66020550、66028024、66022620(传真)

　　　　　E-mail:hhslcbs@126.com

承印单位:河南匠之心印刷有限公司

开本:787 mm×1 092 mm　1/16

印张:17.5

字数:405 千字

版次:2022 年 9 月第 1 版　　　　　　　　　印次:2022 年 9 月第 1 次印刷

定价:98.00 元

《水利工程一体化管控系统》
编写委员会

主　编:徐　青

副主编:余有胜　黄华东　罗招贵　高　磊　谈　震

编写指导专家委员会:

　　刘观标　陈金水　程　勇　董建忠

编写委员会(按姓氏笔画排序):

　　王张磊　叶圣炯　田向忠　朱亦鹏　刘传武　刘兆峰

　　刘苏文　刘　敏　严　珊　李吉蓉　杨兴旺　宋汉耀

　　张忠旭　张绿原　阿迪力·艾则孜　陈华栋　陈向飞

　　陈新宇　荣　笙　夏修萍　倪　健　徐　煊　高　见

　　高兴杰　彭　玲　董建忠　程　勇　舒依娜　鲁志刚

　　蔡　洁　戴元将

序

　　"十四五"时期,是开启全面建设社会主义现代化国家新征程的第一个五年,是推动新阶段水利高质量发展的关键时期。智慧水利是新阶段水利高质量发展的显著标志和六大实施路径之一,水利行业主管部门正在加快构建相关体系,赋能水旱灾害防御、水资源集约节约利用、水资源优化配置、大江大河大湖生态保护治理。水利工程作为重要基础设施,依托信息技术的应用,实现工程智慧化管理,提升安全、经济、高效运行水平,是当前乃至今后一段时间内迫切的建设任务。

　　近年来,许多水利工程都建设了闸泵站监控、水雨情测报、工程安全监测等专业自动化及信息化系统,但由于缺少有效的整体设计和统一的建设标准,加之受限于一定的技术条件,不少工程为"烟囱式"子系统建设,信息化资源共享困难,数据分析挖掘不足,信息安全考虑欠缺,导致信息化系统实际运行效果不理想,出现系统适用性不强、业务协同性较差、运行管理不便、部分内容重复投资等突出问题,难于有效支撑水利工程的运行管理,影响了投资效益的发挥。

　　针对行业痛点和难点,依托自身在传感器、测控及计算机信息应用等领域的核心技术,在四十余年深耕水利自动化、信息化业务的基础上,南瑞集团将信息技术与水利工程运行调度管理业务深度融合,并借鉴相关行业的先进经验,率先提出"水利工程一体化管控"的理念,通过多元一体化测控、一体化管控支撑平台等技术的开发应用,系统构建水利工程"调-控-管"一体化应用体系,有效地打通专业子系统间的信息壁垒,实现信息资源的深度挖掘应用,打造了面向工程运行管理实际需求、软硬件可插件化部署、充分融入信息安全设计的水利工程一体化管控系统,积极提升"四预"等业务的承载能力和应用水平,并可有效地降低工程投资,减轻运行、维护、管理人员的劳动强度,提升工作效率。目前,一体化管控技术已在国内一百多个大中型水利工程中得到应用,取得了良好的经济效益和社会效益。

　　本书凝聚了南瑞集团及业内同仁多年来技术攻关、工程实践的思考和经验,从基础概念到项目设计,从宏观理念到具体场景,从系统建设到后期运维,多维度、全方位地对水利工程一体化管控系统的研究和建设进行了阐述、总结,兼顾了学术性、实用性、系统性、针对性和前瞻性,对于水利信息化的规划、设计、建设、维护工作有很好的指导作用,可以作为水利工程信息化相关从业人员的入门读物,也可作为正在从事水利工程信息化系统方案设计、项目实施、运行管理等专业人员的参考书。

春来潮涌东风劲,扬帆奋进正当时。在新时代国家大力推进智慧水利建设之际,愿全国的水利信息化工作者不负韶华,勇于创新,勇攀高峰,携手共同谱写中国水利现代化的新篇章。

陈金水

2022 年 6 月

前　言

　　水利工程是事关国计民生的重要基础设施,水利信息化是提升水利工程运行管理水平的有效手段。经过多年的发展,我国在水利自动化、信息化领域取得了明显进展,水利信息采集和网络设施逐步完善,业务应用系统开发逐步深入,信息资源利用逐步加强,安全体系逐步健全,整体技术水平不断提升。

　　但是与水利高质量发展的需求相比,水利工程自动化、信息化系统建设仍存在缺少顶层设计,各专业子系统烟囱式建设、数据简单整合,存在标准化程度低、资源共享难、数据应用水平低、运维效率不高、管理不便等问题。

　　自 1973 年以来,南瑞集团(原水利电力部南京自动化研究所)在监测传感、水文遥测、自动控制等领域坚持不懈地走自主创新道路,在水利水电自动控制、水库大坝工程安全监测、水雨情测报及水库调度等领域取得了丰硕成果。2010 年前后,全国智慧水利发展伊始,南瑞集团通过几十年来积累的技术优势,秉持"开放、融合、共享、赋能"的理念,联合行业同仁展开技术攻关,以推进水利信息化资源整合共享和深化应用为目标,以"一体化管控"为技术主线,搭建基于"水利工程多元测控一体化"的"管-控-调-运-维"应用功能体系,立足解决行业痛点,在综合信息化系统建设上做"减法",通过面向业务、高效融合、资源协同、提档升级,实现运行管理水平和效率的"乘法"效应。十年后的今天,利用一体化管控软硬件平台技术形成的解决方案日趋成熟,且推广应用到了国内百余个大中型、特大型水利工程中。编写此书,抛砖引玉,供读者参考,更希望能促进行业技术进步。

　　全书分为基础概论篇、设计应用篇、运行维护篇、典型案例篇 4 篇。第 1 篇介绍了水利信息化系统的概况、发展历程、建设特点、发展趋势、建设现状和存在的问题,引出了水利工程一体化综合管控技术的概念,并进一步阐述了水利工程一体化管控的关键技术。第 2 篇介绍了水利工程一体化管控系统设计和应用,包括设计原则、系统的层次划分、现地监测监控系统、通信与网络系统、安全体系、数据中心、业务应用、实体环境、标准规范体系的建设。第 3 篇重点介绍了信息化系统的运维,包括运行维护总则、服务体系、维护对象、维护活动、维护过程管理、维护组织体系、维护保障资源、维护保障资金等。第 4 篇结合具体的应用场景介绍了智慧水利、智慧调水、智慧水库、智慧灌区、智慧泵站、智慧水运等工程的一体化管控整体解决方案;同时结合实际工程介绍了典型应用案例。

　　限于编者水平,书中错误和不妥之处在所难免,恳请读者批评指正。

编　者

2022 年 6 月

目 录

第 1 篇　基础概论

1.1　水利工程信息化概论

1.1.1　水利工程信息化概况

水利工程,是指用于控制、调节和利用自然界的地下水及地表水,为实现兴利除弊目标而建设的工程。按照工程承担的任务不同,水利工程可分为水力发电、防洪、供水及排水、农田水利、环境水利、港口及航道等工程类型。水利水电工程与其他基础建设工程相比,具有影响面广、工程规模大、投资多、技术复杂、工期较长等特点。

中华人民共和国成立以来,在党和政府的领导和关怀下,水利行业筚路蓝缕、励精图治,历经七十余年的奋斗,我国水利事业取得了重大历史性成就,当前水利工程建设规模和技术水平已位居世界前列。黄河小浪底水利枢纽工程、长江三峡水利枢纽工程、南水北调工程等一大批大型水利工程相继建成,充分发挥防洪、发电、通航、供水等综合效益,有力地促进了社会稳定和经济发展。

我国已进入全面建设社会主义现代化国家的新阶段,社会主要矛盾已经转化为人民日益增长的美好生活需要和不平衡不充分的发展之间的矛盾。水利与生活、生产、生态密切相关,和人民群众对水安全、水资源、水生态、水环境的需求相比,水利发展不平衡不充分的问题依然突出,既包括区域、城乡、建设与管理、开发利用与节约保护等发展不平衡的问题,也包括水利基础设施网络覆盖、水旱灾害防御能力、水资源优化配置、治理体系和治理能力现代化等发展不充分的问题。可以预期,在当前和今后一个时期,水利工程仍将面临建设任务重、时间要求紧、管理难度大的局面,水利行业依然肩负满足人民群众美好生活愿望的艰巨任务和重大责任。

水利工程作为保障经济社会发展的重要基础设施,其规划、建设及运行管理水平对充分发挥水利工程的效益具有至关重要的作用。将信息化技术引入水利工程建设和管理,可有效地提高水利工程建设的安全、质量和效率,提高水利工程运行管理的精细化、集约化水平,有助于构建水利工程现代化治理和管理体系,更好地促进水利事业的可持续健康发展。

水利工程信息化是水利信息化建设中的一个重要应用领域,水利工程信息化是指充分利用现代信息技术,深入开发和利用水利信息资源,实现水利工程信息的采集、输送、存储、处理和服务的现代化,全面提升水利事业活动效率和效能的过程。水利工程信息密集,按服务的领域不同可分为水利空间信息、水利工程信息、水文水资源和水政信息、防洪抗旱信息、水行政资源信息、水环境信息、水力发电生产信息、水土保持信息等。水利信息化可以提高信息采集、传输的时效性和自动化水平,提升信息的处理分析和决策辅助支撑

1

能力,是水利现代化的基础和重要标志。水利信息化是经济与社会发展对水利的必然要求,也是水利发展的内在要求和水利可持续发展的必由之路。

近二十年来,党和政府采取了多项措施来推进水利信息化。2001年水利部党组确立了"以水利信息化带动水利现代化"的发展思路,同年召开的全国水利信息化工作座谈会将水利信息化建设定名为"金水工程"。2003年,水利部颁发了《全国水利信息化规划》("金水工程"规划),正式启动了水利信息化建设。2016年,水利部审议通过了《全国水利信息化"十三五"规划》《水利部信息化建设与管理办法》,全面推动水利信息化的发展。

经过多年的发展,我国水利信息化已经具备良好的发展基础。随着水利信息采集和网络设施逐步完善,信息资源开发利用逐步加强,业务应用系统开发逐步深入,安全体系逐步健全,技术应用逐步扩展,行业管理逐步强化。水利科技创新能力和信息化水平持续提升,水利测控装置和软件应用系统已基本实现国产化,具备了由传统向数字化、网络化、智能化转变的科技基础。整体而言,水利信息化在计算资源、数字资源、网络联通、数据收集等方面已经取得一系列成果。但同时也应该看到,相比消费、金融、物流、水电等其他行业领域,水利行业信息化水平相对不足,具有较大的提升空间。

当前,我国水利发展已经站到了新的起点,水利信息化面临着良好的发展机遇。2019年,水利部发布了《关于印发2019年水利网信工作要点的通知》,提出要全力推进信息技术与水利业务深度融合,加快提升水利网信水平。2020年4月,国家发改委提出推进新型基础设施建设,深度应用互联网、大数据、人工智能等技术,支撑传统基础设施转型升级,进而形成融合基础设施。2021年,水利部提出要推进智慧水利建设,以数字化、网络化、智能化为主线,构建数字孪生流域,开展智慧化模拟,支撑精准化决策,全面推进算据、算法、算力建设,加快构建具有预报、预警、预演、预案功能的智慧水利体系。水利工程作为事关国计民生的重要基础设施,在规划和政策驱动下,在"云大物移智链"等信息通信技术的行业应用持续深化下,水利工程信息化即将进入快速发展的阶段。

1.1.2 水利工程信息化发展历程

1.1.2.1 萌芽阶段

20世纪70年代,在受到洪水等灾难时,通信存在很大的问题,伤亡重大,故水利管理部门开始逐步建立短波通信专网解决大型水库的报汛问题。但此时还未能实现数字化,还不能称为水利信息化,处于萌芽时期。

1.1.2.2 起步阶段

20世纪80年代至90年代前期,基于各种通信平台的数据通信和计算机数据处理技术开始应用于水利管理部门。个人计算机开始配置到水利系统的关键业务部门,计算机使用单用户DOS操作系统、单机版应用软件大量使用,实现了文档处理、财务管理、数据统计、报表打印、业务运算、信息管理等基本功能。

1.1.2.3 初级阶段

20世纪90年代中期,这一阶段计算机应用软件仍然以单机版为主,各种业务的管理信息系统(MIS)应运而生,而联机软件多侧重于通信软件和实时数据传输处理。多用户多窗WINDOWS 3.X操作系统开始应用于个人计算机,但仍以单用户DOS操作系统为主流应用平台。办公文字表格软件系统得到全面应用。同时,基于公用电话网的传真业务普遍应用于水利部门。

1.1.2.4　发展阶段

20 世纪 90 年代末开始,随着计算机局域网和广域网的成熟应用,分布式数据库管理成为可能,方便实用的多用户 WINDOWS 95 操作系统全面取代单用户 DOS 操作系统应用于个人计算机,洪水预测预报系统进入业务应用;基于 X.25 线路和分布式数据库的连接气象、水文、海洋、防汛、政府办公厅等五方的防灾减灾预警预报系统建成应用,不仅实现信息和硬件共享,也实现了相关部门间的信息和硬件共享。联机版的计算机应用软件开始大量应用到业务中,呈现出资料数据化、传输网络化、处理电子化的趋势。

1.1.2.5　实用及全面发展阶段

进入 21 世纪后,人们对水利信息化意识大大提高,对业务中使用信息化系统的热情不断高涨,信息化技术也呈现蓬勃发展态势,水利信息化思想基础和技术基础已经比较牢固。地理信息系统(GIS)、遥感系统(RS)、地球卫星定位系统(GPS)等高级技术逐渐融入水利信息系统工程项目功能当中,大大提高了水利业务应用的现代化水平。

1.1.3　水利工程信息化建设特点

信息化是科技水平发展的体现,在信息化技术的推动下,水利工程的发展步伐也越来越大。水利工程信息化的特点主要包括以下几点。

1.1.3.1　水利工程信息资源共享

信息化是依托计算机技术和网络技术而产生的,将不同地域的水文特征、工程信息、天气状况等关键信息上传到网络,可以在一定权限范围内实现这些重要信息的资源共享,提高水利系统内部各单位及管理人员对水利信息资源的利用效率。

1.1.3.2　水利工程管理的智能化

智能化是指机器设备或者软件系统可以模拟人脑对一些特定的信息或者问题做出自己的判断,解放人工,提高劳动效率。智能化也是水利工程信息化的一个重要特点。将采集到的重要信息上传到计算机,软件通过模拟人工智能程序对这些信息进行分类、处理、加工,给出预报、预警等计算结果,指导人工进行操作。

1.1.3.3　水利工程信息的实时交互

实时性是信息化最大也是最显著的特点,信息系统中数据传输系统和图文交换等系统可实现实时的通信功能。水利工程信息依靠通信网络和计算机网络的支持,进行水情信息的实时自动采集、水利工程信息的实时传送和实时动态显示,对信息进行实时的分类、计算、打印、查询、显示、存储等处理,实现基础工情、区域工情和重点工情的自动传输、汇总累计、及时上报,为工程运行、防洪调度和抢险抗灾提供准确、科学的依据。

1.1.3.4　其他特点

行业特点:社会公益性事业,国家投资为主。

专业特点:涉及水利行业的专业技术性很强的多个专业。

资源特点:水利信息资源与其他行业和企业信息资源有较大的不同的特点是,需尽可能地实现资源共享。

系统特点：上至中央、下到地方和具体的工程管理部门，都要尽可能地实现网络系统的安全畅通无阻。

技术特点：涉及 IT 技术各领域、利用通信技术、测试技术、可视化技术、各类先进的和常规性的仪器设备等，完成信息化的建设。系统要求较高的可靠性、稳定性、安全性、扩展性、可维修性和可更换性。

建设特点：土建工程、各类基本的仪器埋设、通信设备安装、网络建设等。

管理特点：原始信息资料的管理、分析、存储、权限、调度、控制、指挥等，有很强的技术性、政策性和法规性。

应用特点：涉及水利专业预测预报模型、洪水调度模型、决策支持模型等专业方向，以及控制标准、资源共享准则等相关规范。

社会特点：与工农业生产和人民生活息息相关，与政治、城镇、农村等社会关系密不可分，与能源、交通、通信、气象等行业更是脱不了关系。

水利信息化各类建设项目，有较高的科技含量，技术更新换代很快，其中许多高新技术的应用本身就是研究课题，因此新型水利信息化建设项目又具有科研类项目的基本特征和基本属性。

1.1.4　水利工程信息化发展趋势

以"云大物移智链"为代表的新技术新业态迅速兴起，不断推动全世界、各行业发生深刻变革。国家发改委新基建和水利部智慧水利建设，都提出要推动新技术与行业应用的融合，水利工程信息化未来也必然沿着数字化、网络化、智能化的主线，不断向智慧水利发展。

1.1.4.1　水利信息化基础设施将进一步完善

水利信息化基础设施主要包括水利信息网络和水利信息基础数据库。水利信息化基础设施建设的首要任务是水利信息网络建设，建成水利信息网络，能够有效地向各级政府及相关行业汇报水利信息。经历了数年的发展，水利信息网络已经初具规模，并且在社会建设中发挥着不可替代的作用，在今后的社会发展中还必须迎合时代发展的需要，不断完善、不断发展。基于网络将水利信息资源有效地利用起来，发挥信息化资源的优势，在资源实现有效共享的背景下推动水利事业长足稳定发展。

1.1.4.2　水利信息化资源共享将进一步提高

水利信息化资源整合是指在一定范围内对水利信息化基础设施、信息资源、业务应用、支撑保障条件等进行统筹规划，科学合理地配置与整合，促进资源的公用与共享，充分发挥资源的作用与效能，促进水利信息化可持续发展。水利信息化资源整合是推进智慧水利的前提，而最终目标则是提高水利行业管理的综合能力和水平。按照水利部"大系统设计、分系统建设、模块化链接"原则，水利信息化资源共享将进一步提高，水利信息化资源共享坚持"五统一"的建设原则，即"统一技术标准、统一运行环境、统一安全保障、统一数据中心和统一门户"，实现各个信息化项目之间的无缝集成，提高系统的整体性、可用性、协作性，实现信息资源与应用系统的高度整合和共享。加快信息资源的数字化、网络化的快速发展，在共享机制完善的基础上，还必须注意网络安全问题，在水利信息化建设过程中需要采用先进的安全技术,加强对水利信息化安全体系的建设和管理。

1.1.4.3　水利信息化新技术应用将进一步融合

近年来,信息技术发展和新技术应用带来很多新变革。互联网已经广泛渗透到经济社会领域的各个方面,在全球开启了一次具有全局性、战略性、革命性意义的数字化转型。水利工作成效至关重要,迫切需要运用新一代信息技术提高水利工作成效。现代空间对地观测的颠覆性技术不断涌现,北斗卫星定位、授时、短消息服务,基于卫星遥感、航空遥感、无人机、倾斜摄影、先进传感器、物联网等现代遥感和监测技术,为全国江河水系、水利工程设施体系、水利管理运行体系动态监测提供了先进感知手段。信息网络技术的迅猛发展和移动智能终端的广泛普及,互联网与移动互联网以其泛在、连接、智能、普惠等突出优势,已经成为水利管理创新发展新领域、公共服务新平台、信息共享新渠道。新一代信息技术发展,理论建模、技术创新、软硬件升级的整体推进正在引发链式突破,推动经济社会各领域向数字化、网络化、智能化加速跃升,为实现自动分析研判和管理决策,提高水利治理能力和水平提供技术驱动。

1.1.4.4　水利信息化投资力度将进一步加大

水利工程是国家基础建设项目,智慧水利作为新阶段水利高质量发展的显著标志和六大实施路径之一,可以设立水利信息化专项资金用于水利信息化建设,在全面规划下遵循"谁受益,谁建设"的原则,充分发挥参建单位的积极性,从而保证水利信息化各项基础设施建设落实到位,同时拓宽投资渠道,实现投资的多元化。在加大投入的前提下,要求基础建设先进适用,高效可靠,杜绝形式化工程,减少不必要的开支。不仅在经济上加大投入,而且各级水利相关部门要在水利信息化建设中加强重视,以需求为导向,将水利建设的长远目标与近期目标相结合,统筹规划,分期实施,急用先建,有效、合理、高效地进行水利信息化建设。

1.1.4.5　信息化人才培养机制将进一步完善

重视人才培养,建立和完善水利信息化教育培训体系,培养和造就一批水利信息化技术和管理人才。通过培训等多种形式,培养大批能够掌握信息系统应用开发技术、精通信息系统管理、熟悉水利信息化知识等的水利人才队伍。

1.1.5　水利工程信息化专业系统建设现状和存在的问题

当前,水利信息化被越来越多的工程人员熟知并使用,水利信息化平台与自动化管理模式也在逐步完善。随着科学技术的进步,水利科研人员对水利自动化系统研发也逐步深入,系统软件持续迭代升级,配合水利工程的管理革新,当前国内水利工程信息化发展迅速。目前,国内水利单位大多已基本建成了满足单位业务需要的生产和信息化管理系统,建成了相应的数据采集和传输网络系统,相关系统在水利工程的建设和管理中已发挥出重要作用,有效地提升了建设和运行的安全水平和管理效率。

历经多年的发展,水利行业信息化建设已取得了显著成果。水利部已成功搭建了"基础设施云",实现计算、存储资源的池化管理和按需的弹性服务,有力地支撑了国家水资源监控能力建设、国家防汛抗旱指挥系统、水利财务管理信息系统等多个项目的快速部署和应用交付。江苏省无锡市利用物联网技术,开展了一系列的工作,对太湖水质、蓝藻、湖泛等进行智能感知,实现蓝藻打捞、运输车船智能调度,治理太湖的科学水平得到了有效提升,成为水生态系统保护与修复的典范。浙江省实现全省水利政务线上办、掌上办和不跑腿三个100%。福建省在全国率先推动省级数字水安视频监视,建立了统一的水利视频监视融合云平台。宁夏致力于解决"农村供水最后100米"问题,探索形成"互联网+农村供水"新模式。无人驾驶智能碾压技术在引汉济渭工程大规模应用,智能温控系统为大藤峡混凝土工程质量保驾护航,建筑信息模型(Building Information Model,BIM)技术助力引江济淮工程、珠三角水资源配置工程,实现工程建设与管理全生命周期数字化,宁波动态洪水风险图支撑洪水灾害防御精细管理等。

但由于行业起步晚、投入资源相对不足、专业相对封闭等客观原因,水利工程信息化建设水平、管理和应用深度与国内外的信息化建设先进行业相比尚有差距。主要表现在以下几个方面:

(1)顶层设计相对匮乏。

信息化工作被称为"一把手工程",其发展理念需要单位主要负责人予以充分理解,制订适合本单位应用的顶层设计方案和总体规划,并自上而下形成"有效贯通,坚决执行"的工作态势;信息化建设只有不断投入,才能在一段时间后逐渐见到成效。这种成效的渐进性决定了建设和维护阶段需要不间断投入,若缺乏顶层规划,将会使本单位的信息化建设低效投资、重复投资,达不到预期的建设效果。

(2)缺乏有效的协同平台。

有效的协同平台主要用于处理数十年来水利事业工作过程中积累的各种信息,主要包括生产经营、工程管理、文书档案等。协同平台的缺乏将无法对上述资料进行有效的关联、处理和应用,最终形成信息孤岛,导致信息化系统价值大大降低,无法达到有效积累、资源共享和重复利用等行业要求。

(3)不能完全满足业务需求。

随着经济转型升级和高质量发展的要求,包括水利信息化、水生态与景观设计、水土保持及环境影响评价等在内的水利行业细分专业及产业的需求快速发展,传统意义上的信息化建设已无法满足业务需求的发展要求。此外,当前水利行业生产、经营等工作生成的数据积累已形成了大数据的雏形,如何有效分析挖掘数据,充分发挥价值,并为水利工程运行管理决策提供技术支撑,已成为水利行业最直观的客观需求。

以大数据时代为背景的水利行业信息化建设工作必须顺应时代要求,继往开来、与时俱进,以满足水利事业高质量发展为目的,全面支撑水利行业提升水旱灾害防御能力、水资源集约节约利用能力、水资源优化配置能力、大江大河大湖生态保护治理能力,从而为全面建设社会主义现代化国家提供有力的水安全保障。

1.1.5.1　各专业系统发展历史及现状

目前,国内建设的大中型水利工程主要包括水利枢纽或水库工程、引供水工程、区域性水资源调配工程、灌区工程等,工程的运行管理基本配套建设相应的自动化及信息化系统,用于实现工程现场水雨情、工情、灾情、水质、图像视频等数据采集,实现设备的远程控制和调节、工程运行监视及工程运行调度决策支持。

国内水利工程综合自动化系统由于起步较晚,许多工程都是由多个专业子系统集成而成,如泵闸站计算机监控子系统、工程安全监测子系统、雨水情测报子系统、水质监测子系统、视频监视子系统、生产管理信息子系统等。

这些专业系统发展历史简要回顾如下。

1. 水利工程计算机监控系统

水利工程计算机监控系统,是在水利工程监控系统的基础上发展起来的,借鉴了水利工程监控系统的许多经验。水利工程监控方式从早期的机旁监视控制、全厂集中和机旁两级监控、全厂设备集中监视和控制等阶段之后,目前已发展到无人值班(少人值守)和调度/集中远方控制阶段。

由于水利工程计算机监控系统起步较晚,目前整体水平较水电厂计算机监控系统还有一定差距,主要原因在于水利工程建设规模差距较大,对监控系统配置的灵活性要求较高,既要适应大型工程的复杂控制要求,又要适应小型工程投资少、业主运维水平较低的要求;在网络安全方面,水利工程还未有正式的网络安全规范,目前大部分工程均未对计算机监控系统与其他业务系统进行严格的隔离,对于大型工程采用的安全防护措施主要参考了电力二次安全防护规范;在水利工程综合调度控制及优化调度方面,较水电厂的AGC/AVC 及梯级电站调度方面还有一定差距。

2. 水情自动测报

水情自动测报是采用现代科技对水文信息进行实时遥测、传送和处理的专门技术,是有效解决江河流域及水库洪水预报、防洪调度及水资源合理利用的先进手段。它综合了水文、电子、电信、传感器和计算机等多学科的有关最新成果,用于水文测量和计算,提高了水情测报速度和洪水预报精度,改变了以往仅靠人工测量水情数据的落后状况,扩大了水情测报范围,对江河流域及水库安全度汛和电厂经济运行以及水资源合理利用等方面都能发挥重大作用。

自从 20 世纪 70 年代中期以来,水情自动测报系统开始得到广泛应用。以南京南瑞水利水电科技有限公司(简称南瑞)、中国水利水电科学研究院(简称水科院)、南京水利水文自动化研究所为首的一批专业院所在 80 年代中期开始介入水情测报系统的跟踪和研究,以南瑞承建的丰满系统、水科院承建的黄龙滩系统为标志,国内水情自动测报系统进入了大规模引进吸收阶段。

目前,国内的水情自动测报系统随着国内水利信息化的快速发展,在核心数据采集器设备方面集成度不断提高,通信组网方式由早期的短波、超短波专用通信信道发展为融合多种公共信道的混合通信组网方式,测量传感器也从传统的水位雨量扩展到墒情、气象、流量传感器,大大丰富了水情测报系统的应用范围。同时,与水情测报系统有同源技术的山洪预警系统、中小河流综合治理系统、水资源实时监测系统等也进一步拓展,推进了水情测报系统的发展。

3. 工程安全监测

工程安全监测近几十年来发展很快,这一方面是因为世界各国对水力资源的不断开发和利用,兴建的大坝及其他类型的水工建筑物已达数十万座,水工程的安全问题已成为公众关心的重大问题之一;另一方面也因为工程安全监测技术涉及很多专业,有众多专业人士的积极参与和配合。国际大坝会议(ICOLD)40 多年来召开了 14 次大会,其中 13 次都列入了有关大坝安全的议题,并发布了多项公报,对大坝及其地基的安全监测提出了一系列要求。一些发达国家如美国、意大利、法国、加拿大、日本等都设立了专门负责大坝安全的管理机构,制定了相应的法规、法令和制度。

水工程的安全问题始终是政府和公众关心的重大问题之一。早在 20 世纪 60 年代,水电部主管部门就编制出版了《水工建筑物观测技术手册》,80 年代颁布了《水库工程管理通则》。此后,国家水利和电力部门分别成立了大坝安全管理中心和大坝安全监察中心专门负责各自领域的大坝安全监督和监察。1991 年,国务院颁布了《水库大坝安全管理条例》之后,有关部委又陆续颁发了《水库大坝安全鉴定办法》、《水库大坝安全评价导则》(SL 258—2000)、《水电站大坝安全管理办法》、《水电站大坝安全注册规定》以及《混凝土大坝安全监测技术规范》(SDJ 336—89)、《土石坝安全监测技术规范》(SL 60—94)等,使我国的水工程安全管理和安全监测工作逐步规范化。2002 年 8 月颁布的《中华人民共和国水法》从国家立法的角度强调了保障水工程安全的重要性,进一步促进了我国水工程安全监测事业的发展。

工程安全监测服务于工程建设,与建设过程密不可分,有很强的工程性,同时它涉及了多个学科和多个专业,有很强的技术综合性。有自己的专业特点,但又依附于多个专业而发展(包括水工结构、岩土力学、仪器仪表、计算机技术、自动控制、数值计算、系统科学以及工程设计与施工等),可以认为它是一个跨学科、跨专业的综合性工程科技领域。

从工程安全监测的发展趋势来看,其主要目的已从当初的验证设计转为监视工程安全,并且越来越强调对建筑物及其地基整体性状进行全过程(从施工到蓄水、运行)的监测。由于水工程建设环节多,任何一座水工建筑物从施工到完善必然隐含了诸多风险,近几年人们开始从风险分析的角度来看待工程管理。安全监测的目的就是要及时发现和处理这些风险因素可能造成的工程安全事故,进而杜绝事故或把事故的损失降低到最低程度。为了适应安全监测系统功能需求的不断提高,监测仪器及数据采集方式已从人工测读向自动化方向发展,监测资料分析逐渐从被动性的后处理向主动性的实时分析过渡,安全监测的重点也从监测向监控转变。这些都要求用全新的观念去研究、设计、布置、管理工程安全监测系统。

安全监测系统一般由三个部分(或三个子系统)组成,即监测仪器仪表量测系统,监测数据采集传输系统,监测数据管理、分析、解释和安全评价系统。仪器仪表量测系统是监测系统的基础,是取得监测数据资料的主要来源;数据采集和传输系统保障监测数据从监测现场准确、可靠、迅速地传达到监测中心;数据管理分析系统负责对监测数据进行管理、处理和分析,对建筑物的安全状态做出评价。

4. 水质监测

水质监测的提出始于 20 世纪 50 年代,随着化学污染对环境造成的破坏,以及相关技术的提高,人们渐渐关注环境这一重大问题。最初环境监测主要是针对已经发生的典型的污染事故的被动式监测,随着技术的进步和环保意识的加强,环境监测慢慢转向主动监测污染源和人们生活环境方向。

水质监测系统是 20 世纪 70 年代发展起来的,在美国、英国、日本、荷兰等国已有相当规模的应用,并被纳入网络化的"环境评价体系"和"自然灾害防御体系"。将异常环境情况、污染传播源及影响规模通过系统的通信网络传至控制中心,为决策部门把握灾害的性质状态,制定灾害的防治对策提供依据。

国内开展水质监测系统的研究较晚,1983 年国家才首次发布《地面水环境质量标准》,2000 年前环保和水利部门普遍应用人工现场采样、实验室仪器分析为主的传统水样监测方式,存在监测频次低、采样误差大、监测数据分散、不能及时反映污染变化状况等缺陷。

随着国家对环境保护工作的逐渐重视,在《国家环境保护"十五"规划》《国家环境保护"十一五"规划》执行期间,逐步开始水质自动监测站(网)和水质自动监测系统的建设,形成了《环境信息系统集成技术规范》(HJ/T 418—2007)、《水污染源在线监测系统验收技术规范(试行)》(HJ/T 354—2007)等较完整的技术体系,建立了以《中华人民共和国水污染防治法》《污染源监测管理办法》《全国饮用水水源地环境保护规划》为指导纲领的行业监管体系。

纵观我国的环境水质在线监测体系建设,经过多年发展,已初步建成具有我国特色的环境连续自动监测管理和技术体系,并已逐渐形成覆盖全国的环境监测网络。

水质监测系统的服务对象主要分为废水污染源在线监测和地表水质在线监测。其中,废水污染源监测的主要对象是对按排污量核定的国控、省控、市控污染源企业(如重点污染行业企业、城市污水处理厂等),主要管理部门为环境保护部;地表水监测主要对河流断面、饮用水水源地、湖泊、水库等的水质进行监测,主要管理部门有环境保护部、水利部。目前,水利工程水质监测系统分析仪器基本采用国外设备,数据采集单元无统一的采集标准与接口,水质自动监测子系统基本独立运行,未实现与其他子系统的统一数据共享平台。

5. 视频监控系统

视频监控系统是安全防范系统的组成部分,它是一种防范能力较强的综合系统。视频监控以其直观、方便、信息内容丰富而广泛应用于许多场合。

近年来,随着互联网技术和信息技术的迅猛发展,视频监控系统中也充分运用了芯片技术、音频采集技术、编码压缩等先进技术,视频监控系统也经历了模拟视频监控、半数字视频监控以及全数字视频监控三个时代,视频监控产品也进行了不断的升级、完善和优化,为水利工程安全防范提供了更加有力的支撑和支持作用。而以计算机、网络通信技术为基础,以智能图像分析为特色的网络视频监控系统逐渐成为监控领域的发展方向。

1.1.5.2　传统的信息化系统架构分析

传统的信息化系统架构如图 1-1 所示,各子系统功能相互独立,没有实现水利工程的整体联合调度和经济运行,以及工程安全分析评估。各子系统生产厂家不完全相同、采用的硬件及软件平台不同,导致目前的水利工程综合信息化系统存在构成复杂、资源配置冗余、子系统数据接口不统一、数据无法直接共享、运行管理不便及后期管理维护费用高等问题,阻碍了水利工程信息化综合水平的提高,不利于水利工程运行管理水平、安全水平及工程效益的进一步提高。

在业务与数据交互上,由于各系统相互独立,无统一的信息模型,只能通过通信方式实现数据交换。这种模式造成用户管理不便、重复投资、运行效率低下等突出问题,已不

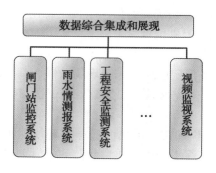

图 1-1　传统的信息化系统架构

能很好地适应水利现代化发展的需求。主要存在以下问题：

（1）系统均按技术专业领域独立建设，都是由多个功能单一的信息化子系统集成而成，如泵闸站监控子系统、工程安全监测子系统、水情测报子系统、水质监测子系统、视频监视子系统、生产管理信息子系统等，尚未真正将各个子系统融合为综合信息化系统。

（2）各子系统生产厂家不完全相同，采用硬件及软件平台不同，数据接口不统一，因此系统间相互独立，数据无法直接共享，无统一的数据中心，无法实现水利工程的整体的联合调度及经济运行，工程安全分析评估等。

（3）运维方式差异大、技术要求高，同时日常工作被分解到多个自动化系统中操作执行，缺少统一的监控与调度。

（4）存在跨区域、多工程、多对象综合管控难，工程运行调度管理难，站点众多分散、基础条件差，自动化测控计量难，自动化安全防护能力弱等问题。

（5）很多大型水利工程信息化管理出现了流程复杂、运维效率低、管理不便、重复投资等问题。

传统的综合自动化信息化系统建设模式，已不能很好地适应水利现代化发展的需求，迫切需要一种新型的，能融合多专业的，具有统一软、硬件平台的系统架构。

当前，水利工程信息化系统趋向一体化管控，需要从软硬件基础平台、统一现地测控总线、智能化决策支持等方面进行一体化设计，从而实现水利工程的统一管理、科学调度和安全运行，充分发挥工程建设效益，节约运营成本。

1.2　水利工程一体化综合管控技术

1.2.1　水利工程一体化管控的概念

1.2.1.1　一体化管控的概念

水利工程根据自身运行的需要，建设了相关的监控、遥测、视频、管理等多套信息化系统，而工程运行管理机构与部门的业务工作，往往会分散到多个系统中执行，同时部门对运行管理的总结、统计与分析，又需要多个系统的信息汇聚，业务流与系统结构、信息流存在较大矛盾。

水利工程一体化管控,是指从业务场景出发,构建一套适合水利工程运行管理、水资源调度、工程巡检、设备维护等日常工作需求的综合自动化与信息化整体解决方案。其一体化管控架构如图 1-2 所示。水利工程一体化管控系统由五层四体系组成,即物联感知层、通信网络层、数据资源层、应用支撑层、业务应用层,各层遵循建设运行管理体系、系统运行实体环境、标准规范体系和安全体系。该体系的实现需要一系列的技术进行支撑,主要技术包括一体化测控技术、一体化管控支撑技术、辅助决策技术、人机交互技术、新一代信息技术、安全防护技术等。

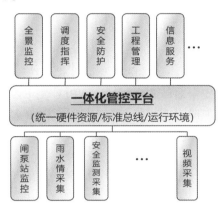

图 1-2　一体化管控架构

一体化测控是基础,主要实现数据采集和调令的执行;一体化管控支撑是枢纽,为各类业务数据的汇聚管理和应用模块定制开发提供了基础平台;人机交互技术是实现,为运行人员提供了便捷优化的操作界面;辅助决策技术是智库,为工程的调度运行提供决策支持;安全防护技术是保障,为信息化系统的安全稳定运行提供守护;新一代信息技术为上述功能的实现,提供了更加稳定、更加友好、更加便捷的实现手段。

水利工程一体化管控系统在五层四体系下基于这些技术进行关键模块与产品的研究与开发,形成一种新型的,融合多专业的,可集中部署分级应用,具有统一软硬件平台、产品及标准的水利工程(群)多源联合一体化调度管控整体技术解决方案。

1.2.1.2　一体化管控的先进性

水利工程一体化管控系统具有统一软硬件平台、产品及标准,系统解决了现有水利信息化系统中数据、应用难以共享,流域统一管理困难等问题。

水利工程一体化管控系统提出了规范的信息集成标准、信息通信标准、应用开发规范、人机集成规范等技术标准,能整合生产运行过程中的实时、准实时和非实时等各类数据,以及各类应用中的资源与应用,将原有孤立的应用联系起来,在各类应用之间形成统一分布的、互相协调、数据和应用共享、一体化的自动化系统平台,实现了水利工程运行管理的智能化。

水利工程一体化管控系统打破了传统水利自动化系统专业多、软硬件产品繁杂、使用不便、维护不便等困难。在统一的系统平台上做了"减法",在工程管理水平和效率上实现"乘法"效应。

水利工程一体化管控系统方案与产品可广泛应用于各类水利工程的自动化综合管控、水利工程群的集控管控、联合水量调度等业务应用中。

1.2.2 一体化测控技术

一体化测控技术是构建水利工程一体化管控系统的重要支撑技术。在此技术上构建的低成本、高可靠性的一体化硬件平台全面实现了水利工程中水雨情测量仪器、气象监测仪器、工程安全监测仪器、水质监测仪器、供水计量仪器、状态监测仪器的测量及远程采集硬件基础的,并支持闸门、水泵、阀门等执行机构的自动化运行及远程监控。

1.2.2.1 硬件相关技术

1. 主处理模块多功能集成技术

新型低成本 32 位处理器为核心器件的精简嵌入式系统硬件模块,集成水雨情测报采集器、气象测报采集器、工程安全监测主单元、小型 PLC 主 CPU 等多种工作模式,工作模式根据水利工程应用需求人工或自动切换,实现水利工程中多种信息测量采集及多种执行机构的自动化运行及远程监控。

2. 传感器分布式测量技术

新型低成本 32 位处理器为核心器件的单片机硬件系统系列模块,分别具有差动电阻式、振弦式、差动电感式等多种传感器的多通道单一测量功能,在主处理模块的统一管理下实现水利工程中工程安全监测仪器的多种组合类型、多个测量通道、低成本、高可靠分布式测量。

3. 多种通信网络互联集成技术

支持双绞线、光纤、以太网、GPRS/CDMA、超短波、卫星等多种通信模块的接入,实现现地测控通信网络的多通信介质的无缝连接,完成水利工程中测控装置的低成本、高可靠、一体化互联互通。

4. 多种电源模块环境能量收集技术

支持多种电源模块,实现光能、风能、地热等环境能量与电能之间的转换存储,满足完成水利工程中野外监测通信设备电能供给需求。

1.2.2.2 软件相关技术

软件为一体化测控系统的集成和高效可靠运行提供保障,主要技术包括以下几个方面。

1. 服务总线技术

服务总线采用面向服务(SOA)的组件模型架构,面向服务的架构将业务流程和底层 IT 基础设施作为安全的标准化服务对待,可供重用和组装,以处理不断变化的业务需求。SOA 中的服务具有定义良好的接口,此接口由消息接收和发送的一组消息定义,而且接口的实现在部署之后将绑定到所记录的服务端口。

服务总线支持通信各方间的服务交互的虚拟化和管理。它充当 SOA 中服务提供者和请求者之间的连接服务的中间层。各模块仅负责各自业务,通过体系结构的管理内核实现动态注册、应用调度、事务管理、生命周期控制等功能,它是一个灵活的服务管理框架,可促进可靠而安全的系统集成,并同时减少应用程序接口的数量、大小和复杂度。

2. 消息总线技术

一体化测控需具备通信消息基于平台的发布机制,即从平台端向用户端的消息通信机制,同时在异步处理中,客户端也需要通过消息实现调用的异步机制,因此在应用服务层平台需建立起统一的消息机制,实现点对点、订阅/发布模式的消息通信,消息可以传递实时更新数据,或定义的事件,发送各类数据与参数,消息框架应能支持系统报警、数据更新、应用间数据交互等多种应用的需求,同时消息总线需考虑传输效率、企业级扩展,以及消息类型的通用性,使得平台在投入运行后可方便地通过消息总线传递各类数据与事件。

1.2.2.3　物联网传输技术

物联网技术在提供一个智能设备间的无缝衔接网络,其设备资源信息通过统一的服务器进行管理,设备间通过网线连入工作网,实现网络设备间的标准化通信。其核心和基础仍然是互联网,是在互联网基础上的延伸和扩展的网络;将传统的基于测控单元端的控制通信延伸和扩展到设备与设备之间,进行信息交换和通信。

水利工程中物联网技术主要用于水资源管理、水务信息管理以及制水过程管理。主要技术包括传感器技术、RFID 技术(射频识别技术)、智能嵌入技术、数据融合技术。在水利工程中采用物联网技术建立近距离、微功耗、安全可靠的统一无线网络,实现自动化监测、巡检、视频监控等辅助系统的内部信息交互,可节约大量的传输电缆和通信设备,解决工程内无线网种类繁多、投资和运维成本高的问题。

1.2.3　一体化管控支撑技术

一体化管控支撑技术建立了适应各级管理信息协同共享的支撑环境,为水利工程的监视、分析、控制、预警、调度和辅助决策提供了灵活开放的信息化结构和高效可靠的技术支撑。一体化管控支撑技术主要包括以下几个方面。

1.2.3.1　信息采集交互技术

数据采集与交互实现全线现场各类专业数据的采集处理与信息下发,实现与其他外部系统的通信与数据交换,包括采集闸/泵站设备运行状态、水情、安全监测、水质监测等数据,并按统一数据资源管理平台接口要求写入数据资源管理平台。

1. 监控类数据采集与处理

实时采集各管理站现地监控系统上送的各监测数据、运行报警、操作信息等,格式化处理后写入统一数据库,包括:

(1)接收现地监控系统的数据。

(2)向现地监控系统转发控制命令和数据。

(3)实现与信息化综合平台的数据交换。

(4)预留与其他系统的通信接口。

2. 水情类数据采集与处理

1)数据采集与处理

中心系统接收来源于水情采集遥测站的实时的水情信息;与授时中心(或 GPS 时钟)自动对时,并完成本中心所直接管辖遥测站的对时功能,保证时钟统一;分别对不同的遥测数据量采用不同的正确性校验方法,对采集数据的正确性进行校验,剔除掉不合理数据、伪数据,保证写入数据库中的数据正确性;对遥测站设备异常、环境异常、实时数据异常情况,根据预先设定的报警限值(可设定高、中、低三个报警级别)进行报警判断;若有报警自动推出报警画面,在网上发布报警信息,并在数据库中记录报警。同时,根据用户要求决定是否进行语音告警和电话报警。

2)数据处理

数据处理包括数据的检查、重发控制、数据转换、存储控制、实时数据入库、常规数据处理、水务计算、历史数据提取、水情应用数据处理等几部分,其中常规数据处理包括时段数据处理和数据统计,水务计算包括水库的入库流量、出库流量、各类水量的计算。计算项包括水位的记录和统计、水位流量关系查算等。

3. 工程安全监测类数据采集与处理

可以设置各种测量方式、测量参数,方便地获得各种测量数据、进行模块故障诊断。

数据采集过程中,可以及时进行数据检验,并对越限数据进行报警。可以配置和添加系统中使用的测量仪器和测量模块,扩充系统。

支持多协议模块组网,新老测量模块采用的通信协议不同,但可以共存于一个测量系统中,便于系统的扩充。

4. 系统各层级之间的数据交互

系统各层级之间的数据交互主要包括管理站分中心与调度中心之间数据的交互,交互内容为闸阀和泵站监控、水情测报、安全监测等数据。

1.2.3.2 数据资源管理技术

数据资源管理平台,通过建立横跨各安全分区以及调度中心与管理站分中心之间的数据交换总线,同时提供对实时数据库、关系数据库、文件数据库等标准接口,从而实现水利工程监控、监测等各类信息的存储、管理及与应用系统、信息采集平台的交互。

数据资源管理平台针对水利工程各业务工作流程的特点,建立统一的数据模型,通过采用成熟的数据库技术、数据存储技术和数据处理技术,建立分布式网络存储管理体系,满足海量数据的存储管理要求,通过采用备份等容灾技术,保证数据的安全性,整合系统资源,保证数据的一致性和完整性,并形成统一的数据存储与交换和数据共享访问机制,为一体化应用平台建设及闸阀和电站监控、水情、安全监测等应用系统提供统一的数据支撑。

数据资源管理平台的总体架构包括数据存储管理平台、数据库以及数据库维护管理系统等部分。数据资源管理平台的总体结构如图1-3所示。

数据资源管理平台主要是完成对数据存储平台的管理,对数据存储体系进行统一管理,包括存储、数据库服务器及相关网络基础设施,针对业务应用系统运行管理要求实现对数据的集中存储管理。

1.2.3.3 应用支撑平台技术

应用支撑平台是连接数据资源管理平台和应用系统的桥梁,是以应用服务、中间件技术为核心的基础软件技术支撑平台,其作用是实现资源的有效共享和应用系统的互联互通,为应用系统的功能实现提供技术支持、多种服务及运行环境,是实现应用系统之间、应用系统与其他平台之间进行信息交换、传输、共享的核心。应用支撑的主要功能如下:

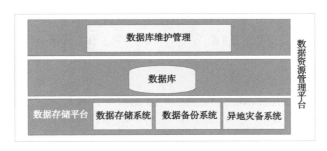

图 1-3　数据资源管理平台的总体结构

（1）应用支撑平台为各类业务应用系统提供统一的人机开发与运行界面。加速应用系统的开发，提高开发质量。

（2）能对系统实现统一的监视与管理。对整个系统中的节点及应用配置管理、进程管理、安全管理、资源性能监视、备份/恢复管理等进行分布式管理，并提供各类维护工具以维护系统的完整性和可用性，提高系统运行效率。

（3）服务总线应采用面向服务（SOA）的组件模型架构，面向服务的架构将业务流程和底层 IT 基础设施作为安全的标准化服务对待，可供重用和组装，以处理不断变化的业务需求。SOA 中的服务具有定义良好的接口，此接口由消息接收和发送的一组消息定义，而且接口的实现在部署之后将绑定到所记录的服务端口。服务总线支持通信各方间的服务交互的虚拟化和管理。它充当 SOA 中服务提供者和请求者之间的连接服务的中间层。各模块仅负责各自业务，通过体系结构的管理内核实现动态注册、应用调度、事务管理、生命周期控制等功能，它是一个灵活的服务管理框架，可促进可靠而安全的系统集成，并同时减少应用程序接口的数量、大小和复杂度。

（4）具备通信消息基于平台的发布机制，即从平台端向用户端的消息通信机制，同时在异步处理中，客户端也需要通过消息实现调用的异步机制，因此在应用服务层平台需建立起统一的消息机制，实现点对点、订阅/发布模式的消息通信，消息可以传递实时更新数据，或定义的事件，发送各类数据与参数，消息框架能支持系统报警、数据更新、应用间数据交互等多种应用的需求，同时消息总线需考虑传输效率、企业级扩展，以及消息类型的通用性，使得平台在投入运行后可方便地通过消息总线传递各类数据与事件。

1.2.4　辅助决策技术

辅助决策技术充分考虑水利工程本身的特点，利用各类分析手段与算法，结合水利工程运行情况，融合现有知识，建立适应调度管理的数据模型，利用分布式的应用服务集成充分融合现有各业务流，发挥智能调度决策的优势，提供综合实时监视、趋势预测、报警预警、调度分析为一体的调度管理智能化功能，确保水利工程运行管理智能化、一体化，最大程度地使整体运行效益最大化。

1.2.4.1　数据分析技术

1. 回归分析计算

回归分析反映了数据库中数据的属性值的特性，通过函数表达数据映射的关系来发现属性值之间的依赖关系。它可以应用到对数据序列的预测及相关关系的研究中去。

回归分析可分为线性回归和非线性回归,线性回归又可分为一元回归和多元回归,回归分析多用于研究各个要素之间的相关关系,因此多与相关分析一起应用,回归分析一般较多采用最小二乘法的方式拟合相关函数。

2. 人工神经网络

神经网络作为一种先进的人工智能技术,因其自身自行处理、分布存储和高度容错等特性非常适合处理非线性的以及那些以模糊、不完整、不严密的知识或数据为特征的处理问题,它的这一特点十分适合解决数据挖掘的问题。人工神经能自主学习参数之间复杂的交互关系,而无须了解背后的物理学原理。它具有自适应、自学习能力,可通过输入输出集调整自由参数的映射关系,并使用各种学习算法和容错原理。

1.2.4.2 水文水利模型

1. 洪水(短期)预报模型

1)新安江模型

新安江模型是一个完整的降雨径流模型,其产流部分是蓄满产流模型,可以用于湿润和半湿润地区。当流域面积较小时,新安江模型采用集总模型,面积较大时,采用分单元模型。分单元模型把流域分为若干单元面积,对每个单元面积,利用河槽汇流曲线计算到达流域出口断面的流量过程。然后把每个单元的出流过程相加,从而获得流域出口断面的总出流过程。它具有概念清晰、结构合理、使用方便和计算精度较高等优点,在我国湿润半湿润地区有着广泛而有效的应用。模型主要输入参数为降雨(P)、蒸散发能力(E),输出为水位、流量过程。

2)马斯京根河道汇流模型

分段马斯京根演算就是将演算河段划分为 n 个单元河段。用马斯京根法连续进行 n 次演算,以求得出流过程。马斯京根法最早是在马斯京根河流域上使用,因此称为马斯京根法,该法主要是建立马斯京根槽蓄曲线方程,并与水量平衡方程联立求解,进行河段洪水计算。在有支流汇入的情况下采用"先演后合法"进行计算,即分别计算出各支流的洪水演算公式,将每个上游站的流量分别进行演算,然后相加而求得出流过程。

3)实时校正模型

实时校正就是在实时洪水预报系统中,每次预报做出之前,根据当时的实测信息,对预报模型的参数、状态变量、输入向量或预报值进行某种校正,使其更符合客观实际,以提高预报精度。

校正方法在具体运用于不同流域、不同特性的场次洪水时,可能出现不同的校正效果,从随时采用最优校正算法的角度出发,可基于前期试校正预报精度在实时预报前寻求、确定当前最优的校正方法,该方法在一定程度上克服了使用单一校正方法难以适应不同流域、洪水特性的缺点。

实时校正模块自适应挑选算法是在每个最新的预报时刻,根据一定的评价指标,对模块采用的实时校正方法进行比较和挑选,运用于实际预报段的校正预报。

2. 径流(中长期)预报模型

长期径流由于受多种不确定因子(如气候变化、人类活动和地形地貌变化等)的影响,因果规律并不完全清楚,水文资料信息也不是很充分,往往表现出随机性、模糊性、灰色性等复杂特性。为提高年、月、旬径流量的预报精度,需尽可能搜集长系列的历史入库、区间径流资料,水库控制流域内的同期降雨资料等。对于建站时间较短的水库,需搜集邻近水文站的历史断面流量资料,采用流域面积比等还原计算方法延长历史系列长度。水库在安装流域水情遥测系统之后,一般具有一定长度系列的流域面平均降雨整编资料;之前则尽可能利用流域内水利、气象等其他系统已建雨量站资料,按泰森多边形法、算术平均法计算流域面平均雨量。

对搜集的降雨、径流资料,尤其是通过计算延长的历史资料,需考查其代表性、可靠性、一致性,避免在历史资料中出现明显不合理的趋势、跳跃或者突变。

经过参数率定以后,将构成多种年径流量预报模型,以及在不同分期内的多种月、旬径流量预报模型,并可以被中长期实时预报界面调用。通过简单的预报对象选择、预报时间范围和时段类型选择操作即可实现模型的调用计算及预报结果的图表展示。通过人工干预可以选用或修改模型结果,并发布供调度模块应用。

针对历史资料缺乏、不具备建模条件的水库流域,其入库或区间径流预报方法可采用前期值,历史均值或邻近流域的预报成果,预报方案配置系统中给出了相应的处理设置。

3. 水动力学模型

水动力学模型的基本控制方程为圣维南(Saint-Venant)方程组,是一维明渠非恒定流方程组。在工程应用中的水流运动形式可以用其来描述,如河道内的洪水运动、感潮河流的水流运动。

Saint-Venant 方程组包括以下连续性方程和运动方程:

$$\begin{cases} \dfrac{\partial Q}{\partial x} + B_w \dfrac{\partial Z}{\partial t} = q \\[2mm] \dfrac{\partial Q}{\partial t} + 2u \dfrac{\partial Q}{\partial x} + gA \dfrac{\partial Z}{\partial x} - u^2 \dfrac{\partial A}{\partial x} + g \dfrac{n^2 |u| Q}{R^{4/3}} = 0 \end{cases}$$

式中:t 为时间坐标;x 为空间坐标;Q 为断面流量,m^3/s;Z 为断面平均水深,m;q 为单位河长上旁侧入流流量,m^3/s;u 为断面平均流速,m/s;A 为过流断面面积,m^2;B_w 为水面宽度,m;R 为水力半径,m;n 为河道糙率。

圣维南方程组是属于二元一阶的双曲型拟线性方程组,现在仍然无法直接求出它的解析解,一般都用有限差分法来求其数值解。

1.2.4.3　水质模型

1. 污染物通量模型

污染物通量是指特定污染物通过某一河流断面的量,它可分为瞬时通量和时段通量。瞬时通量指瞬时通过某一断面污染物的量,通常用瞬时流量与浓度的乘积表示。时段通量指规定时段内流过河流指定断面的污染物的量。

按实际应用的要求可根据时段内物质通量的变动幅度、强度、总量控制要求、污染控制时期时段,分为长时通量和短时通量。如对某一河流的某一断面,长时通量包括年通量、多年通量,短时通量包括日通量、周通量、月通量、季通量、水期通量等。污染物通量单位通常以吨每年(t/a)、克每秒(g/s)表示。

通过各监测设备的监测数据,建立水环境污染物通量模型,解析水环境污染物的时空变化规律,可以为污染物排放控制及可视化决策管理提供科学依据和技术支持。

2. 水质污染源扩散模型

水质模型是描述水体中各水质组分所发生的物理、化学、生物和生态学等诸多方面变化规律和相互影响关系的数学方法。研究水质模型的目的主要是描述污染物在水体中的迁移转化规律,为水环境污染规划和水资源管理服务。

管网中水质监测点的数目是有限的,仅依靠水质监测点提供的数据很难了解管网中水质变化情况,因此有必要建立环境水质模型,对管网污染物迁移扩散状况进行动态模拟,为管网的管理调度和辅助决策提供帮助。

水质模型主要包括稳态水质模型、准动态水质模型和动态水质模型,模型求解方法在空间上可分为欧拉法和拉格朗日法,在时间上可分为时间驱动和事件驱动。

3. 水环境评估模型

1)联合调度期间

联合调度具备两种评估机制,一种是分别记录调度前、调度后水质的实际监测值,将两者的对比结果进行评估,优点是均为实际监测值,准确性较高;另一种是把调度结束点作为时间节点 T,记录调度前水质的实际监测值后,对假设不发生联合调度,在时间节点 T 的水质情况进行模拟推演,作为调度前水质的估算值,再与调度后时间节点 T 的水质实际监测值进行对比评估,优点是以同一时间节点作为评估条件。

2)开闸配水期间

开闸配水是将外江的水引入内河,通过引入"活水"改善内河的水质。在一个开闸配水周期,分别记录流域各水质监测站点在配水开始时的水质监测项值和在配水结束时的水质监测项值,将两者的对比结果近似为本次开闸配水对水质的改善情况。同时,实时记录各水质监测站点水质监测项值随配水时间的变化情况,以及监测项值平稳几乎不再变化的时间节点,将起始点到该节点监测项值的变化率近似为配水对某座水质监测站水质的影响程度,把变化率接近零的若干水质监测站点作为本次配水对内河水质改善的边界,由此统计出本次配水对内河水质改善的影响范围。

1.2.4.4 闭环控制策略及优化运行算法

闭环控制是自动控制中的基本技术之一,但是水利工程具有输水距离长、水流时滞性大、分水口众多、管理人员众多、闸泵阀设备众多、信号采集及控制对象稳定性差等特点。因此,要使常规的闭环控制在输水工程推广应用,需要结合长距离输水工程将闭环控制策略进行调整,以满足工程的实际应用需求。

优化运行算法是为了满足优化运行的方案生成的需求,在实际的工程应用中发现,目标函数的求解往往存在维数灾或者边界条件的无法清晰定义,常规的算法往往无法直接解决该类问题,因此需要对求解算法开展研究,以实现优化运行目标函数的快速求解。

1.2.4.5 智能预警和决策支持技术

智能预警和决策支持技术在水利工程一体化管控技术体系中占据重要地位,是体现系统智能化的基础环节。预警和决策技术广泛应用于各个子系统技术环节中,共同构成完整的、面向不同主题的智能预警和决策辅助体系,在确保水利工程安全运行的同时,形成良好的人机交流互动平台,并为实现水利工程优化经济运行的最终目的提供基础技术条件。

水利工程预警体系主要包括水文预报预警、防汛应急预警、发电能力不足预警、供水能力不足预警、水质安全评价及预警、工程安全分析及预警、消防预警、动力环境预警等。依靠一体化管控支撑平台的实时数据采集处理功能,针对物理特性建立的各种数学仿真模型,以及改进的快速智能优化求解算法,所有预警模块均可以实现自动在线预警响应及预警处理。

1.2.4.6　安全分析评估技术

安全分析评估是水利工程安全监测的资料分析环节,也是充分发挥安全监测作用、体现安全监测根本目的和意义的关键性环节。

工程安全监测分析与评估需要扎实的专业理论和丰富的实践经验,一般来说,需要在监测资料整理、整编的基础上,对安全监测成果进行初步分析,借助于各种综合图形和表格,对监测成果的大小、变幅、变化规律、变化趋势等进行考察、对比、统计、判断、推测,形成对被测建筑物工作状态的初步认识,为后续进一步深入分析奠定基础。

安全监测成果的模型分析是在足够的监测成果数据及其他相关信息数据的支持下,实现监测量影响因子的设定及其数据自动生成、多种回归拟合算法(如多元线性逐步回归、偏最小二乘回归等)计算,包括统计模型、混合模型、确定性模型在内的监测量物理模型方程的建立、变形监测量一维分布模型的建立、模型方程的检验、模型方程的分解分析、各分量的对比分析、不可逆量的趋势性分析等诸多安全监测资料深入分析功能。

安全监测数据异常判别是工程建筑安全评价的基础。通过判别方法识别建筑局部点的异常。工程建筑局部异常判别是根据建筑物的监测布置和监测设计,其同一监测部位、或同一监测项目、或同一物理过程的各种监测量构成一个相关监测量集合,对该集合中所有监测量的单点异常判断结论进行综合分析,以判断该局部部位(或项目)是否发生异常。工程建筑总体安全评价是对工程整体安全性而言,工程建筑物的不同部位其重要性不尽相同。根据建筑物各局部监测部位的重要性,采用合适的权重系数,综合考虑各部位的关键程度、结构形式、地质条件等因素,量化每个部位的重要性,从而实现对工程建筑总体安全的评价。

1.2.4.7　设备故障诊断及专家辅助决策技术

1.设备故障诊断

设备故障诊断主要是指泵、闸、阀的故障诊断,该过程是一个判断分析的过程,从数据采集、计算到对故障检修维修分析,其主要由 5 个子模块组成,即数据库模块、诊断知识库模块、推理机模块、自学习功能即智能学习模块和解释模块。

2.专家辅助决策技术

专家辅助决策系统的核心是一整套基于规则的知识库。专家辅助决策一般由数据库、知识库、推理机、解释机制以及计算机接口五部分组成,其中知识库中存储诊断知识,也就是故障征兆、故障模式、故障成因、处理意见等内容,而数据库中存储了通过测量并处理得到的当前征兆信息,推理机就是使用数据库中的征兆信息通过一定的搜索策略在知识库中找到对应征兆下可能发生的故障,然后对故障进行评价和决策,解释机制可以为此推理过程给出解释,而人机接口用于知识的输入和人机对话。

19

1.2.5 人机交互技术

1.2.5.1 可视化技术

可视化技术是利用计算机图形学和图像处理技术,将数据转换成图形或图像在屏幕上显示出来,再进行交互处理的理论、方法和技术。可视化技术将图形生成技术和图像理解技术结合在一起,它既可理解送入计算机的图像数据,也可以从复杂的多维数据中产生图形。

水利工程一体化管控系统的建设需要在设计合理的可视化数据模型前提下,充分结合二维、三维可视化技术,深入研究和理解各物理量变化关系、与时空要素的关系,辅助解决各类复杂问题。水利工程数据可视化技术主要包含以下内容。

1. 网络关联关系可视化

网络关联关系是大数据中最常见的关系,基于网络节点和连接的拓扑关系,直观地展示网络中潜在的模式关系,例如河网或交汇点,是网络可视化的主要内容之一。除了对静态的网络拓扑关系进行可视化,大数据相关的网络往往具有动态演化性,对动态网络的特征进行可视化也是不可或缺的内容。

2. 时空数据可视化

时空数据是指带有地理位置与时间标签的数据。传感器与移动终端的迅速普及,使得时空数据成为大数据时代典型的数据类型。时空数据可视化与地理制图学相结合,重点对时间与空间维度以及与之相关的信息对象属性建立可视化表征,对与时间和空间密切相关的模式及规律进行展示。水利工程中的基于 GIS、BIM 等技术的数据展示是时空数据可视化的重点。

3. 多维数据可视化

多维数据指的是具有多个维度属性的数据变量。多维数据分析的目标是探索多维数据项的分布规律和模式,并揭示不同维度属性之间的隐含关系。大数据背景下,数据挖掘和分析技术均属于多维数据可视化。

1.2.5.2 BIM 与三维技术

建筑信息模型(BIM)是以建筑工程项目的各项相关信息数据作为基础,建立起三维空间(3D)的建筑模型,通过数字信息仿真模拟建筑物所具有的真实信息。它具有信息完备性、信息关联性、信息一致性、可视化、协调性、模拟性、优化性和可出图性八大特点。水利工程是建设工程与机电安装工程的结合体,通过 BIM 与 3D 技术的应用,将工程数字化信息贯穿于整个建设管理中,可解决信息的沟通、协调问题,为设计、施工以及运营单位等参建主体提供协同工作的基础。

1.2.5.3 WebGL

网页图形库(Web Graphics Library,WebGL)是一种 3D 绘图协议,这种绘图技术标准允许把 JavaScript 和 OpenGL ES 2.0 结合在一起,通过增加 OpenGL ES 2.0 的一个 JavaScript 绑定,WebGL 可以为 HTML5 Canvas 提供硬件 3D 加速渲染,这样 Web 开发人员就可以借助系统显卡在浏览器里更流畅地展示 3D 场景和模型,还能创建复杂的导航和数据视觉化。WebGL 完美地解决了现有的 Web 交互式三维动画的两个问题:第一,它通

20

过 HTML 脚本本身实现 Web 交互式三维动画的制作,无须任何浏览器插件支持;第二,它利用底层的图形硬件加速功能进行图形渲染,是通过统一的、标准的、跨平台的 OpenGL 接口实现的。

WebGL 技术对 3D 或 BIM 模型的渲染是利用客户端设备(工作站、PC、移动设备等)的硬件能力来进行 3D 加速渲染,对服务器没有压力和要求,同时,由于浏览器自身的本地缓存机制,二次加载 BIM 模型时,省去了再次从网络下载模型的时间,BIM 的渲染速度更快,用户体验更出色。

1.2.5.4　模拟仿真技术

水利工程运行管理侧重于展示和管理与地理位置相关的各类模拟数据信息,需要深入研究运行调度管理中的业务特点和流程,使模拟数据的展示和分析符合实际需求,提供多种绘制样式,能够对数据的大小、状态、变化过程等情况进行模拟展示。用户可以结合底层叠加的影像和矢量数据,对整个系统可能的运行状态、相互关系等有着全面和清晰直观的认识。

仿真技术依托于业务数据流的研究,分析各类业务的运行模式,建立相应的仿真模型模拟实际调度与运行的情况,通过虚拟现实技术、三维 GIS 技术、BIM 技术、图形可视化技术将这些信息动态地展示,提供仿真模拟的互动,如改变边界条件修正模拟过程等。仿真技术侧重于通过水利工程设施模型、调度模型等建立与实际自动化监控、调度管理相符的虚拟运行监控与调度环境,通过可视化的手段进行展示互动,模拟实际运行的各类工况,为整个水利工程自动化运行管理提供了仿真环境。

1.2.5.5　地理信息技术

地理信息技术(GIS)又称为地学信息系统或资源与环境信息系统,是一种特定的、十分重要的空间信息系统。GIS 技术是在计算机硬、软件系统支持下,对整个或部分地球表层(包括大气层)空间中的有关自然组成或人工物体的地理分布数据进行采集、储存、管理、运算、分析、显示和描述的技术系统。在水利工程的应用中,GIS 技术侧重于广域空间的工程构造物的空间位置信息描述,BIM 则侧重于工程构造物的精细化空间组成信息描述。GIS 和 BIM 之间属于一种相互补充、互相完善的关系。BIM 用来收集、整理建筑物在全寿命周期的信息,GIS 则收集、处理建筑物外部地理环境信息。两者的融合,展示了一个附着大量建筑信息的虚拟建筑模型,将微观和宏观邻域结合起来,共同为水利工程的建设和运行管理提供虚拟可视化功能。

1.2.6　新一代信息技术

1.2.6.1　云计算技术

云计算技术将服务器、存储设备等硬件组合起来,通过服务的方式提供给用户。屏蔽了硬件底层的复杂性,用户只需轻量级终端就能便捷地使用服务。使用云平台时,用户无须购置 IT 基础设施硬件、运营维护管理,就可以根据需求便捷地获取软件、平台等服务。企业也可通过少量的技术和适当的费用快速搭建起所需的信息系统。云计算技术主要体现在可伸缩性、动态可扩展性、快速部署性、资源使用按需计量和按需自助服务等方面。

1.2.6.2 大数据分析技术

大数据分析是指对规模巨大的数据进行分析,大数据技术包含数据仓库、数据安全、数据分析、数据挖掘等热门技术。水利工程大数据分析技术本质是基于河网水文、水力模型参数之间的物理关系,对自动化观测数据(自动化装置采集的历史数据)进行分析,寻找参数内部或参数之间的规律,利用这些规律对未来的水位、流量等数据进行预测。

大数据分析的关键技术包括以下几个方面。

1. 大数据采集技术

(1)智能感知层:主要包括数据传感体系、网络通信体系、传感适配体系、智能识别体系及软硬件资源接入系统,实现对结构化、半结构化、非结构化的海量数据的智能化识别、定位、跟踪、接入、传输、信号转换、监控、初步处理和管理等。

(2)基础支撑层:主要包括分布式虚拟存储技术,大数据获取、存储、组织、分析和决策操作的可视化接口技术,大数据的网络传输与压缩技术,大数据隐私保护技术等。

2. 大数据预处理技术

大数据预处理技术主要包括对已接收数据的辨析、抽取、清洗等操作。

(1)抽取:因获取的数据可能具有多种结构和类型,数据抽取过程可以帮助我们将这些复杂的数据转化为单一的或者便于处理的构型,以达到快速分析处理的目的。

(2)清洗:大数据,并不全是有价值的,有些数据并不是我们所关心的内容,而另一些数据则是完全错误的干扰项,因此要对数据通过过滤"去噪",从而提取出有效数据。

3. 大数据存储及管理技术

大数据存储及管理要用存储器把采集到的数据存储起来,建立相应的数据库,并进行管理和调用。重点技术包括可靠的分布式文件系统(DFS)、能效优化的存储、计算融入存储、大数据的去冗余及高效低成本的大数据存储技术;分布式非关系型大数据管理与处理技术,异构数据的数据融合技术,数据组织技术,大数据建模技术;大数据索引技术;大数据移动、备份、复制等技术;大数据可视化技术;数据销毁、透明加解密、分布式访问控制、数据审计等技术;突破隐私保护和推理控制、数据真伪识别和取证、数据持有完整性验证等技术。

4. 大数据分析及挖掘技术

数据挖掘就是从大量的、不完全的、有噪声的、模糊的、随机的实际应用数据中,提取隐含在其中的、人们事先不知道但又是潜在有用的信息和知识的过程。数据挖掘技术方法包括分类或预测模型发现、数据总结、聚类、关联规则发现、序列模式发现、依赖关系或依赖模型发现、异常和趋势发现等。根据挖掘方法可粗分为机器学习方法、统计方法、神经网络方法和数据库方法。机器学习中,可细分为归纳学习方法(决策树、规则归纳等)、基于范例学习、遗传算法等。统计方法中,可细分为回归分析(多元回归、自回归等)、判别分析(贝叶斯判别、费歇尔判别、非参数判别等)、聚类分析(系统聚类、动态聚类等)、探索性分析(主元分析法、相关分析法等)等。神经网络方法中,可细分为前向神经网络(BP算法等)、自组织神经网络(自组织特征映射、竞争学习等)等。数据库方法主要是多维数据分析或 OLAP 方法,另外还有面向属性的归纳方法。

5.大数据展现与应用技术

大数据技术能够将隐藏于海量数据中的信息和知识挖掘出来,为人类的社会经济活动提供依据,从而提高各个领域的运行效率,大大提高整个社会经济的集约化程度。

1.2.6.3　物联网技术

物联网领域可分为三层架构,包括应用层、网络层以及感知层。感知层通过收集物理信息并处理,实现数据信息化;通过本地网络层无线或有线的方式对相应数据进行收集与传输;最终可以实现物联网系统多种智慧化应用。

采用分布式数据采集,可以同时接入多个智能网关,通过网关连接不同类型的 PLC、RTU、传感器、智能终端等设备。数据接入物联网云平台,提供公有云或私有云两种部署方案,云端部署云端发布,用户可通过 PC、PAD 或手机进行数据访问和控制。

物联网技术在水利工程中可代替传统的组网环境,提供一个智能设备间的无缝衔接网络,其设备资源信息通过统一的服务器进行管理,设备间通过网线连入工作网,实现网络设备间的标准化通信。其核心和基础仍然是互联网,是在互联网基础上的延伸和扩展的网络;将传统的基于测控单元端的控制通信延伸和扩展到设备与设备之间,进行信息交换和通信,是通过射频识别、红外感应等信息传感设备,按约定的协议,把相关设备与互联网相连接,进行信息交换和通信,以实现对设备的智能化识别、监控和管理。具有基于标准和互操作通信协议的自组织能力,其中物理的和虚拟单元具有身份标识、物理属性、虚拟的特性和智能的接口,并与信息网络无缝整合。它将与互联网、企业网充分融合,提供一致的网络数据通信服务。

1.2.6.4　人工智能技术

人工智能是计算机科学的一个分支,它试图了解智能的实质,并生产出一种新的能以人类智能相似的方式做出反应的智能机器。该领域的研究包括机器人、语言识别、图像识别、自然语言处理和专家系统等。人工智能是对人的意识、思维的信息过程的模拟。

人工智能系统具有自我学习、推理、判断和自适应能力,主要应用在优化设计、故障诊断、智能检测、系统管理等领域。人工智能在水利领域应用的场景会越来越多,会给水管单位的生产和管理带来许多改变。

1.2.6.5　微服务架构技术

微服务架构是一项在云中部署应用和服务的新技术。微服务可以在"自己的程序"中运行,并通过"轻量级设备与 HTTP 型 API 进行沟通"。关键在于该服务可以在自己的程序中运行。通过这一点我们就可以将服务公开与微服务架构(在现有系统中分布一个API)区分开来。在服务公开中,许多服务都可以被内部独立进程所限制。如果其中任何一个服务需要增加某种功能,那么就必须缩小进程范围。在微服务架构中,只需要在特定的某种服务中增加所需功能,而不影响整体进程。

1.2.6.6　数字孪生技术

数字孪生(Digital Twin)技术在物理世界和虚拟世界之间建立了一道桥梁,可将经典水文、水利、水质理论与水利工程信息化系统深度融合,解决"智慧水利"中的科学决策问题。调度决策是水利部"预报、预警、预演、预案"的智慧水利建设要求的关键环节,优化决策是国务院"碳达峰、碳中和"行动方案的重要举措。数字孪生技术能将现有信息化系统与经典水文、水利、水质、自动控制等理论充分融合,为工程运行管理提供科学决策与调度,实现"信息水利"向"智慧水利"的跨越。

水利工程数字孪生基础组成主要分为两个部分:物理实体和虚拟体。物理实体提供水利工程的实际运行状态给虚拟体,虚拟体以物理实体的真实状态为初始条件或边界约束条件进行决策模拟仿真。经决策仿真验证后的操作方案将会反馈到物理实体的信息化系统,从而实现对物理实体(如闸、泵等设备)的控制操作。数字孪生技术的架构设计如图1-4所示。

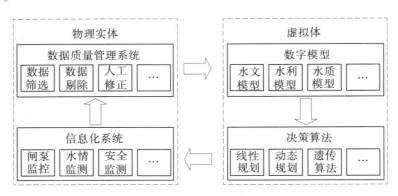

图 1-4　数字孪生技术的架构设计

物理实体从广义上讲包括信息化系统和数据质量管理系统。信息化系统主要包括闸泵监控、水情监测、工程安全监测、水质监测等系统。物理实体的状态数据来源于信息化系统的监控采集值,但由于传感器异常、通信故障等,工程上一般会出现监控采集值的异常,导致监控采集值并不能反映物理实体的真实状态,这将导致虚拟体的决策错误。因此,物理实体还应包含专门的数据质量管理系统,能够对异常数据自动筛选、剔除,并能提供人机交互的数据修正功能。

虚拟体从广义上讲包括数字模型和决策算法。数字模型主要包括产汇流模型、河网水动力模型、水质模型等,以及黑箱模型,如神经网络模型、时间序列模型等。但是,仅有数字模型还不足以支撑对水利工程的调度决策,因此对虚拟体来讲,还必须有决策算法做支撑,这些算法不仅包括传统的线性规划、动态规划算法,还包括遗传算法、粒子群算法等智能算法,以及能满足大规模并行计算的技术手段。

数字孪生技术可实现引调水、城市河网等水利水务工程的调度过程模拟仿真及最优化决策,实现调度过程中水情变化趋势的预报、危险工况的预警、调度方案的仿真预演以及最优调度方案的自动生成,为系统节能降耗及降本增效提供有力支撑,预期将全面提高水业务管理部门的预警、决策、调度、指挥能力,为水生态治理、确保用水安全,以及促进河湖流域的生态可持续发展、构建人水和谐共生的绿色生态环境提供技术保障。

1.2.7　安全防护技术

安全防护是水利工程一体化管控安全稳定运行的客观需求和基础支撑,通过深化研究纵深安全防护,全面采用各种技术措施和严密的管理手段,可以有效地抵御对水利工程的网络破坏和攻击,防止由此导致的水利工程一体化管控系统崩溃或瘫痪,保证管控系统的安全稳定运行。

水利工程一体化管控系统遵循"安全分区、网络专用、横向隔离、纵向认证、安全监测"的安全防护策略,采取多重措施满足国家信息安全等级的保护要求。应采用接入控制、安全存储、防病毒和行为监控等的客户端综合应用技术,引入主动防范技术,形成具有安全预警、安全监控、安全防护和安全管理的纵深防护体系。

(1)安全分区。系统划分为生产控制大区和管理信息大区。生产控制大区部署实时控制系统、具有实时控制功能的业务模块以及未来有实时控制功能的业务系统,管理信息大区部署其他管理业务系统。

(2)网络专用。生产控制大区和管理信息大区自成网络,如果生产控制大区内在与其终端通信时需使用无线网络,应设立安全接入区,并采用横向单向安全隔离装置,实现与生产控制大区之间的隔离。

(3)横向隔离。系统各安全区之间采用不同强度的安全设备进行隔离。在生产控制大区与管理信息大区之间设置经国家相关部门检测认证的专用横向单向安全隔离装置。

(4)纵向认证。系统在生产控制大区与广域网的纵向连接处采用纵向加密认证措施,实现双向身份认证和数据加密。

(5)安全监测。系统采用网络安全监测技术,对系统内的相关主机、网络设备、安全设备的运行状态、安全事件等信息以及网络流量进行采集和分析,实现系统网络安全威胁的实时监测与审计。

第 2 篇　设计应用

2.1　总体设计

2.1.1　目标与内容

2.1.1.1　设计原则

水利工程一体化管控系统结构复杂、技术难度大、功能众多、涉及面广,需要考虑与已建系统整合,为确保预期目标的实现,建设时应遵循以下原则。

1. 需求牵引、突出重点

系统建设坚持以需求为导向的原则,紧紧围绕着水利工程生产、运行、信息服务的各项业务,进行全面的业务需求分析,进行系统设计和建设,在满足基础业务应用的同时,突出重点建设内容,急用先建。

2. 新旧统筹、全面提升

应细致梳理已建信息化系统的状况、取得的经验及存在的不足,紧密结合水利工程总体运管需求,为水利工程管控设计出技术先进、新旧统筹、功能齐备、重点突出的智慧平台,打造"管控一体化"理念,做好信息化系统的升级改造与新建项目的进度衔接,最大程度地利用好信息化资源。

3. 集中部署、分级应用

大中型水利工程管理规模大、层级较多,而基层运管人员信息化专业基础相对薄弱,信息化资源分散部署,给系统运维带来较大困难,维护及时性难以保障。应在充分考虑提高通信网络系统可靠性的前提下,在全方位的自动化远程监测监控基础上,以服务构建系统平台、权限定制应用资源的系统设计理念,以集中在主、备调度中心部署系统平台提供系统应用服务,分级结构用户按需访问应用资源的整体系统应用方案,进一步提升系统的技术先进性,满足用户最大限度地减轻现场维护难度的需求。

4. 统一平台、开放共享

系统建设涉及闸泵站监控、水雨情测报、工程安全监测、水质监测、水量调度等诸多专业,业务应用范围大、内容广。系统设计应充分考虑统一平台的思路,按照"大系统设计、分系统建设、模块化链接"模式开展,高效整合各类信息资源,实现数据与应用的深度共享,防止信息孤岛的产生。同时,注重平台的标准化、开放性及兼容性,满足不同厂家各类资源接入的需求,确保后续软硬件应用资源建设的可扩展性和灵活性。

5. 先进实用、安全可靠

系统建设应充分考虑国家及行业对信息安全的要求,以相关标准为基础,将网络信息安全摆在首位,充分考虑网络、通信、系统平台等安全性,采用冗余、加密、安全分区、系统加固、自主可控等措施,进一步提升系统整体安全可靠性,以完整的安全方案保障系统安全可靠运行;同时,系统的建设涉及远程自动化控制,高效稳定的运行对工程的安全至关重要,确保系统先进、实用、安全、可靠。

6. 数字赋能、提升能力

系统建设要坚持水利业务与新一代信息技术融合创新,充分运用大数据、人工智能、区块链、高性能计算等新一代信息技术,激活数据要素潜能,强化数字技术与实际业务的充分融合,通过"四预"功能实现,赋能水利工程管理、水资源管理与调配等重要领域,形成数字化治理新模式,全面提升工程管理和公共服务能力。

2.1.1.2 设计目标

水利工程一体化管控系统运用当前先进的计算机、自动控制和信息处理技术,从标准现地测控、软硬件基础平台、场景化应用体系、自动化安全防护等方面进行整体设计。设计以信息采集准确可靠、数据传输稳定高效、数据处理自动智能、业务流程友好协同、信息服务便捷通畅为出发点,构建多元测控感知层,建设集数据汇聚、存储、交换、分析、服务于一体的综合管控平台,高效整合和优化配置信息资源,在此基础上实现智能监控、智能研判、智能调度、智能管理、智能服务等应用,构建涵盖水利工程自动化、信息化的全业务体系,实现水利工程"全面感知、可靠传递、智能处理、高效协同、便捷应用"的目标。

2.1.1.3 设计内容

通过系统需求分析,借鉴目前国内外同类系统的开发经验,系统设计应采用先进的、科学的信息技术,搭建系统总体框架,尽可能地避免重复建设,为系统开发建设和运行维护打下坚实的基础。系统逻辑构成包括现地监测监控、综合通信与计算机网络、一体化管控基础平台、应用系统、安全体系、标准规范体系、建设运行管理体系、实体环境等部分。

1. 现地监测监控

(1)实现对发电机组、泵组、阀门、闸门进行自动化远程监控。

(2)实现对水情数据及遥测站设备运行状态的远程监测。

(3)实现对水质数据召测及设备故障告警的远程采集。

(4)实现对安全监测模块中的数据召测及模块故障诊断。

(5)实现视频监控及安防监控。

(6)其他监测监控业务。

2. 综合通信及计算机网络

综合通信网络系统的主要目标是为工程调度运行管理系统所涉及的各级管理机构之间提供数据、图像等各种信息的传输通道。综合通信网络系统主要包括通信传输系统和计算机网络系统。

综合通信网络通过租用运营商网络或自建光缆模式完成通信系统建设,通过控制专网、业务内网和业务外网模式建设计算机网络系统,为管理系统建设提供基础支撑。

3. 信息安全体系

在全面分析和评估水利信息化系统各要素的价值、风险、脆弱性及所面对的威胁基础之上,遵照国家等级保护的要求建设。一个单位内运行的水利信息系统可能比较庞大,为了体现重要部分重点保护、有效控制信息安全建设成本、优化信息安全资源配置的等级保护原则,可将较大的信息系统划分为若干个较小的、可能具有不同安全保护等级的定级对象,并开展定级。信息安全体系规划应以策略为指导,以管理为核心,以技术为手段,通过构建技术体系、管理体系、服务体系,实现集防护、检测、响应、恢复于一体的整体安全防护体系。

4. 标准规范体系

标准规范体系的建设内容分为两部分:一是明确可以遵循执行的国家标准规范、国际标准规范和行业标准规范;二是制定或完善仅在本系统中应用的标准规范。

标准规范体系框架由总体标准规范、技术标准规范、业务标准规范、管理标准规范、运营标准规范等部分组成。

5. 实体环境

实体环境需要完成机房配套工程和指挥场所实体环境建设工作,建设范围覆盖运行调度中心、分中心、会商中心等。

6. 一体化管控基础平台

1)信息采集平台

信息采集系统主要完成泵闸监控、水情、水质、工程安全、工程运行等监测信息和视频安防信息的采集和接入工作。

同时,通过数据共享,获取第三方单位的共享信息数据。

2)数据资源管理平台

数据资源管理中心是基于 SOA 各类服务访问的数据库、文件和应用整合外部系统资源。建设内容应涵盖系统的数据库、大数据、数据产品、数据库维护系统和数据库管理系统等。

数据资源管理中心集中部署在调度中心,保障工程运行期的应用系统建设运行需求。

3)应用支撑平台

基于 SOA 架构的应用支撑平台提供了一个管理、监测并协调所有服务请求的环境,既是开发环境也是运行环境。平台建设内容包括应用服务器中间件、应用集成平台、应用构件平台、公共服务和监控管理平台。

应用支撑平台集中部署在调度中心,保障工程运行期的应用系统建设的运行需求。

7. 应用系统

工程应用系统根据工程需求进行定制性开发,一般包括多源全景监控、调度决策、工程管理、信息服务、门户与移动应用等。

2.1.2 需求分析

2.1.2.1 现地监控监测自动化需求分析

1. 闸泵阀现地监控需求

水利工程闸泵阀分布距离广,如采用人工调度需要大量人力,且难以实现精确配水,因此对这些闸阀的监测和控制必须借助于闸阀监控系统,实时地完成各个闸阀状态等数据的实时自动采集、传输、接收和处理,并用计算机将实时处理的数据进行统计计算,输出各种图形、报表和预报结果。

各现地闸泵阀控制既可以在调度中心进行远程实时控制调度,也可以在现地手动或电动控制调度。通过闸泵阀自动控制,可缩短闸泵阀启闭时间,减少水资源的浪费,减轻工作人员的劳动强度,从而提高调度管理水平。

2. 水情测报需求

建设水情测报系统能够实现调度中心各级用户对水情站点水位、流量等的数据监测和查询,包括实时数据、历史数据的各类曲线、图表查询,以便掌握流域内水情、流量状况。

在重要站点设置水情测报设备,能实时掌握整个水利工程的水情概况,为水资源调度提供科学的依据,提高数据采集和处理的可靠性。

3. 水质监测需求

城市生活及工业用水、生态环境用水对供水水质有较高的要求。通过设置水质监测点,实现 24 小时连续在线水质监测。水质数据能远传到调度中心,主要领导和相关处室人员能及时掌握工程范围内的基本水质状况。

4. 工程安全监测需求

凭借经验和人工的巡视等传统手段来了解水工建筑物的运行情况,不论是巡检的次数、覆盖面,还是准确性,都不能完全满足工程运行的安全要求,因此必须建立工程安全监测系统,通过电子测量技术和网络通信及软件技术的集成化作业实现信息自动化管理,以提高监测的实时性和可靠性,与人工巡视检查互为补充,通过通信通道将监测数据和人工巡检结果传至工程监测中心,进行综合分析并定期提交工程安检报告,为工程安全运行提供决策依据。

5. 视频监视需求

水利工程的环境往往特别复杂,主要依靠人工巡视不太现实,巡视时间不固定,更不能实现 24 小时的实时监视,对有些故障无法判断只能依靠推断,缺少实时资料的证实。

视频监控系统是工程管理的辅助设施,实现对各设备设施,管理运行状况和水情、工情等情况的远程实时了解,帮助管理者对控制区进行现场实景观察,为工程安全运行管理提供有力保证。

6. 动力环境及安防监控需求

机房是整个工程信息化系统网络通信、数据汇聚的关键场所,布置有网络通信设备、服务器等,且部分站点无人值守,因此设置动力环境监控系统,实时监测机房内的基本环境参量(如温湿度、烟雾等)、门禁状态、入侵情况,及时发现火灾、水灾和非法入侵,并具备远程切断动力电源的能力,保证系统安全稳定运行,保卫工程安全。

2.1.2.2　信息化综合应用需求

1. 水量调度管理需求

1)水量调度日常业务处理

水量调度日常业务处理功能主要完成水量调度日常业务处理工作,包括基层数据收集、信息录入、汇总上报,水量分配方案报批,调度方案和指令生成、下发,实施情况的监视分析等。

2)水量分配方案编制

水量分配方案编制是依据水量分配规则,运用水量分配模型,平衡用户与水源地之间的供需矛盾,制定科学有效的年、月、旬配水计划。

3)实时水量调度

实时水量调度的主要功能是在调水计划的基础上编制全线安全可行的水量调度指令并进行全线控制。

4)应急调度方案

应急调度功能能够接受闸站监控系统反馈的运行险情、工程安全监测管理系统反馈的工程安全险情、水质监测系统反馈的突发水质污染险情以及各级管理机构接到的辖区特殊需水要求等,按照水质监测系统、工程运行安全系统和工程安全系统等安全相关系统提出的针对险情的调度要求,采用相应的应急调度预案,发布应急调度指令,来满足不同水量调度应急险情的要求。

5)水量统计与水费计算

水量统计与水费计算能依据闸站监控系统的运行数据,统计分析流域内闸阀站、分水口的实时水量过程,并对引水过程根据水量损失分摊原则按日、旬、月、年进行引水量分时段统计,为水费征收、调度评价、效益分析、信息发布等提供数据支持。

6)水量调度方案评价

该功能利用评价模型和评价指标对年、月、旬水量分配方案进行事后评价。评价内容包括输水能力、输水效率、调度效果、供水保障率、计划执行情况、水量损失、收益率等。评价结果用于滚动修正调度方案。

2.一体化管控的需求

传统的闸阀监控系统、水情测报系统、工程安全监测系统等自动化系统,独立建设、独立运行、独立维护、"各自为政",形成一个个信息孤岛,各系统的资料数据不能形成资源共享,不能有效地综合利用,造成信息资源的浪费。因此,非常有必要采用一体化管控平台技术,将传统的闸阀监控、水情测报、工程安全监测等业务统一至同一个平台上,实现统一的数据采集、统一的数据存储与管理、统一的监视与应用。

由于工程要采集、存储、处理,调用的数据量大、类型多,因此必须建立一个数据中心对信息进行加工,使各种类型的信息、数据形成统一的格式,便于信息的管理和共享。在数据中心的基础上实现闸阀、水情、安全监测、视频等各类业务的综合监视与综合应用,提高工程的运行调度管理水平,及时、全面、快捷地了解工程的运行状况。

对闸控、水情、安全监测、视频、动环等产生的数据文件,统一进行存储管理,建立目录和索引,便于资料的综合查询与分析应用。

3.数据存储、备份恢复需求

系统数据常因服务器故障或其他原因导致丢失或无法恢复,因此在系统设计中充分考虑系统备份和恢复,保证应用系统的安全性和可靠性。一般考虑建设基于云计算架构的集群式存储系统,将多个存储单元节点形成统一的存储资源池向上提供存储应用服务。

4.工程管理需求

根据日常工程运行维护管理工作覆盖工程管理考核、安全标准化建设、水利行业强监管等方面的业务需求,日常业务功能繁杂、流程多变,覆盖控制运用、检查评级、工程观测、维修养护、安全生产、制度建设、档案管理、水政管理和度汛准备等业务。

5. 移动应用需求

智能手机等便携式智能设备越来越普及,日常管理工作对移动应用的需求非常迫切,通过移动应用服务可以为运行管理人员随时随地提供查询服务,了解当前的生产运行情况及具体突发事件的相关信息,提高生产运行及事件的处理效率。

6. 公众服务需求

提供内外网门户,为公司内用户和社会公众提供应用交互接口。内网门户设定权限访问模式,领导和相关处室工作人员通过内网门户进行身份验证后,进入个性化工作界面,查阅相关信息。外网门户提供公共参与、监督水资源管理的功能,及时向用户、公众和社会发布水资源管理、流程审批动态信息,提高全民的节水、惜水、保护意识。

7. 大屏展示需求

大屏幕可以任意显示 RGB、模拟视频和数字视频信号,可以任意切换显示窗口的大小和分屏功能,可以随意调用各个子系统的终端,同时集成显示各个系统的实时运行工况,还可完成会商功能。在管理处通过大屏幕液晶电视集中展示各个系统的工况、视频画面,同时可完成会商功能。

8. 三维仿真需求

工程环境表现方面,三维仿真能直观、形象、全面地表现整个工程及沿线周边环境,为全面认识和了解工程提供一个三维可视化的虚拟平台。

工程管理方面,通过三维仿真平台,把所有工程按空间地理位置有机组织在一起,并能对工程的特征属性、监测信息、管理信息进行有效集成。

2.1.2.3 性能需求分析

(1)可靠性:系统运行安全可靠,故障不能影响调度控制,系统有足够的备用措施,全部设备和软件系统 7×24 小时不间断运行。

(2)可维护性:能够方便地进行用户管理,方便地定义任意用户的功能模块访问控制,能够方便地进行各类资源的统一管理,主要包括服务器、计算机终端、各类数据、各类软件资源等,能够方便地进行各类升级。

(3)可用性:按照需求实现全部调度控制作业及相关作业功能,并计算无误。

(4)扩展性:能够适应未来需求的变化,方便灵活地增加新功能模块,最大限度地保护现有投资,最大限度地延长系统生命周期,最大限度地保护系统投资,充分发挥投资效益。

(5)灵活性:现有功能可重组生成新业务功能,当某些业务需求变化时,能够方便地进行业务流程定义和重组。

(6)易用性:适应各类用户和各业务特性,界面友好,尽可能地提供可视化操作界面,对于某些用户信息界面能够自组织定义。

(7)应用系统其他性能需求。

①要求系统功能齐全,响应速度快,人机界面友好,易操作,易维护,具有较强的容错能力,与相关系统、平台、数据等的接口设计全面清晰,系统运行稳定、安全可靠。

②考虑到后期工程的建设发展,系统具有良好的可扩展性。

③系统人员多、规模庞大,为了提高系统的性能,要求系统能够进行灵活的资源管理、

功能访问权限管理、身份统一认证等。

④系统运行需要获取外部各种数据,同时需要向外部提供各种信息,系统具有高度的信息共享能力,能够转换使用各种异构数据资源。

2.1.2.4 安全需求分析

当前,信息系统所面临的安全威胁与日俱增,安全威胁的来源也日益广泛,包括利用计算机欺诈、窃取机密、计算机病毒、恶意诋毁破坏等行为以及火灾或水灾,其中利用计算机进行的安全攻击行为呈蔓延之势,而且手段更加复杂。水利工程一般是涉及民生的关键基础设施,其信息化系统需具备完善的安全保障,主要包括以下几个方面:

(1)应用安全需求:各应用系统应具有很高的安全性,具有系统级容灾措施。

(2)数据安全需求:具有各层次的数据安全需求,尤其是数据存储过程、数据访问、数据传输等方面具有很高的安全需求。

(3)运行软硬件安全需求:各层的操作系统、中间件系统应具有很高的安全需求,各类系统软件需要经过安全认证;系统运行硬件环境要求有很高的可靠性。

(4)网络安全需求:满足国家网络安全规定,保障系统无故障运行,保障系统免受各种攻击。

(5)通信安全需求:满足国家有关安全规定,保障系统正常运行,保障系统免受各种攻击。

(6)现场设备安全需求:系统数据采集主要依靠现场设备的正常运行,数据是整个系统运行的关键基础;自动化监控设备虽然部分在室内,但同样需要巡查维护人员密切注意维护设备的安全。

2.1.3 总体技术路线

水利工程一体化管控系统涉及各类自动化监测监控、调度管理、工程管理等应用,数据源众多,监控对象层级差别大,应用间交互性强,因此需要技术先进、结构高效、支持大规模应用、海量数据存储管理的整体技术架构与解决方案支撑。通过 C/S 与 B/S 相结合的系统架构,以及各功能区间的协同,完成一体化管控的目标。

C/S 架构设计上采用组件化、面向服务(SOA)的平台框架,通过对各层关键技术的封装与抽象,梳理各层规范标准,提供简单高效的系统结构与规范,提供组件化功能构建的方法,使系统具备良好的扩展性与交互性,同时无复杂的底层技术,从而为整个系统的建设提供支撑。通过组件化的 SOA 架构,可以方便融合集成各类数据与应用的企业级集成框架,为工程不同机构的业务用户提供个性化的应用界面,并通过集中部署、分级应用,实现各类业务应用的统一环境。

B/S 架构以微前端、微服务方式开发,依托云原生容器化技术实现系统中各个微服务在云平台中部署运行。数据交互协议采用 https 协议通信,保障通信的安全不可篡改。数据存储综合采用关系数据库、分布式数据仓库、缓存库、时序库、全文检索库、分布式存储等数据库存储技术,实现海量数据存储的需求;数据计算和分析计算综合采用大数据计算、人工智能机器学习模型算法实现高性能高并发数据分析计算需求。展示层以 HTML5 标准为基础,结合当前最流行的 vue、react 前端框架,面向大屏、桌面、移动实现全终端展示。

2.1.4　总体框架

　　系统总体架构运用先进的信息和通信技术,以数据的自动采集、远程监控、通信网络、大容量数据存储和处理、智能化决策支持、动态互操作、地理信息系统等为技术基础,全面、及时地采集所需数据,快速进行数据传输,安全可靠地进行数据存储管理,并以业务流程为主线,以一体化管控平台为基础,采用多层结构化软件系统技术架构开发应用系统的方式建设,为闸/泵站监控、水情水调、泵站状态监测、水质监测、气象监测、视频监控、工程安全监测、决策支持、工程管理、综合办公等业务提供数字化的操作平台和技术支撑环境,通过强有力的一体化基础支撑、安全防护管理系统及标准规范体系,为全面提高水利工程各项业务的处理能力,实现水利工程管理过程的自动化,为工程安全运行提供基础保障。

　　系统总体框架构成包括五层四体系,即基础设施层、通信网络层、数据资源层、应用支撑层、业务应用层,各层遵循建设运行管理体系、系统运行实体环境、标准规范体系和安全体系,系统总体框架如图 2-1 所示。

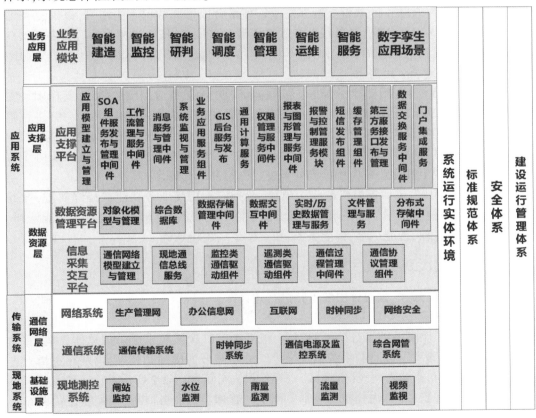

图 2-1　系统总体架构图

　　(1)基础设施层:主要包括现地测控系统,是信息化系统的主要信息(数据)来源与控制信息输出的关键平台,是信息化系统关键平台/子系统,包括各类信息从采集、传输、加工处理、存储和管理,它包括自动采集、人工上报、外单位接入的各类信息;包括接受上级应用系统及本地测控系统的闸站监控、水情采集、视频监视等控制信息,并转发至现场执行机构及摄像机,实现闸门等设备自动控制及摄像机的远程操作。

(2)通信网络层:包括网络系统与通信系统,网络系统为本信息化系统各平台及平台中的各节点间提供数据交换网络通道。网络系统承载在通信传输系统上,即由通信传输系统为网络系统提供组网链路。在网络与通信传输网之间依据不同层次和带宽需求采用不同的接口连接。通信系统主要由通信传输系统、通信电源及监控系统、综合网管系统等部分组成。

(3)数据资源层:数据资源管理平台的主要作用是满足海量数据的存储管理要求;整合系统资源,避免或减少重复建设,降低数据管理成本;整合数据资源,保证数据的完整性和一致性;通过数据的容灾备份,保证数据的安全性。数据资源层主要由信息采集交互平台和数据资源管理平台组成。

信息采集交互平台利用底层的信息采集与控制终端,通过对异构和不同数据源的数据进行整合,实现与其他系统的通信与数据交互,打通了各系统之间的数据流转通道,是建立一体化信息平台建设的基石。数据资源管理平台以资源数据库为纽带,以信息采集交互平台的建设为基础,整合各条线业务数据资源,为各业务条线和相关部门提供基础专业数据共享,同时为进一步的统计和分析应用提供基础数据服务,有效解决了数据资源整合及数据共享的复杂应用需求。

(4)应用支撑层:应用支撑平台是连接数据资源层和业务应用层的桥梁,其作用是实现资源的有效共享和应用系统的互联互通,为应用系统的功能实现提供技术支持、多种服务及运行环境,是实现应用系统之间、应用系统与其他平台之间进行信息交换、传输、共享的核心。应用支撑平台通过统一的访问入口,提供一个支持信息访问、传递,以及协作的集成化环境,实现个性化业务应用的高效开发、集成、部署与管理。

(5)业务应用层:包括各类智慧应用模块,业务应用层是业务功能的最终实现,业务应用层的各应用模块根据工程需求定制化开发,主要包括智能建造、智能监控、智能研判、智能调度、智能管理、智能运维、智能服务、数字孪生应用场景等。

2.1.5 系统层次划分

系统采用横向分区、纵向分层的思路进行建设。

2.1.5.1 横向分区

横向上,为了保障系统运行控制的安全,根据国家二次系统安全防护总体方案,遵循"核心加固、边界隔离"的原则,系统按安全等级的不同分为内网和外网,内网在逻辑上进一步划为控制区和业务内网区(管理区)。系统横向分区如图2-2所示。

业务内网区(管理区)内分布的是本工程生产管理类的业务应用,而控制区内分布的则是本工程运行监控类的生产应用,后者的安全级别高于前者,因此两区需通过物理隔离装置进行隔离,以避免低安全区系统影响高安全区系统的正常运行。

在控制区设控制网,用于承载实时性要求最强、安全性要求最高的闸阀站监控信息、水情测报信息、工程安全监测信息等。

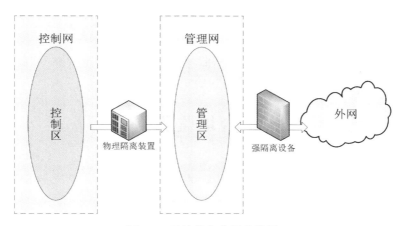

图 2-2　系统横向分区示意图

在业务内网区设管理网,用于承载视频监控等相关的各项业务应用系统的信息。考虑到信息内网上承载的部分业务系统需要与控制网上承载的闸/阀站监控系统信息进行一定的数据交互,因而在控制网与管理网之间通过单向隔离设备进行联通,严格控制区间流量的信息交换,保证控制安全。

业务外网主要提供互联网接入业务,用于门户服务、日常办公下载文件、网上信息查询等。纵向各级用户通过调度中心提供的 Internet 三层交换机访问互联网,外网与内网的管理区接口,但通过配置强隔离设备,确保各类监控系统的安全。

2.1.5.2　纵向分层

水利工程通常覆盖范围大,因而整体运行管理具有管理机构地域分布广、层次多、管理内容复杂的特点,为了使管理信息及时、准确地发布和传达,保障整个工程管理的有效有序,在纵向上,系统可分为现地层、分中心层、中心层,根据不同的水利工程的调度管理的特点,中心层还可以由多层管控中心构成。系统纵向层次如图 2-3 所示。

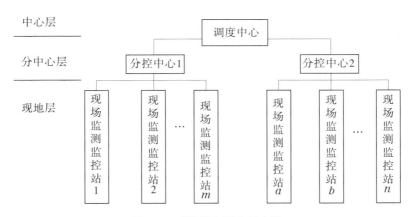

图 2-3　系统纵向层次示意图

现地层:闸/泵、现地 PLC/RTU 等现地设备,以及闸/泵现地监控,水情、状态监测,水质监测,工程安全等现地监测系统,完成现场数据采集、处理和现地监控,在上一层发生故障时可独立完成相关设备的监视和控制。

分中心层:各分中心所辖范围内闸/泵站监控、水情水调、泵站状态监测、水质监测、气象监测、视频监控、工程安全监测、决策支持、生产管理等业务。

中心层:各分中心所辖范围内闸/泵站监控、水情水调、水质监测、气象监测、视频监控、决策支持、生产管理、综合办公等业务。

2.2 现地监测监控

2.2.1 现地监测

2.2.1.1 水情监测站

1. 概述

水情监测站是水情自动测报系统的组成部分,主要监测对象为水库、河道、渠道等的水位。水情自动测报系统是利用传感器、通信、自动控制、计算机等技术和水文预报技术,自动采集水库、河道、渠道上下游实时的水情信息,并提供预报服务的综合自动化系统,适用于水电站水情自动测报、中小河流治理、山洪灾害预警、城市防汛指挥等领域。

2. 系统组成

水情监测站是实施远方数据采集、存储和发送的水情监遥测站。通常由水位传感器、数据采集器、通信终端、电源系统和辅助设备组成。

3. 常用设备

1) 水位传感器

在水情自动测报系统中,传感器是最前端的原始数据采集设备,其测量精度直接影响到洪水预报的精度和水库调度的合理性。水情自动测报系统所测量的水位数值,直接决定了河道或水库的流量大小,与洪水预报的结果密切相关。近年来,随着超声波多普勒、激光、雷达波等技术的发展,各种新型的测量技术不断涌现,尤其在水位测量方面,出现了适应不同量程、不同安装条件、不同测量精度的各种设备,给系统建设带来了极大的方便。

(1) 浮子式水位计。

浮子式水位计在水情自动测报系统中应用久远,结构简单,技术成熟,适合大规模应用。2000 年之前是浮子式水位计的使用高峰期,占全部水位计的 90% 以上。根据其水位轮编码器读取方式不同又可分为机械式格雷码编码器、光电式编码器、磁电式编码器,其样式如图 2-4 所示。

随着各种新型传感器的出现,浮子式水位计面临一些挑战,特别是在一些大型流域的水情自动测报系统中,其固有的缺点(如需要建井、泥沙含量较大的地方容易堵塞测井)影响了适用范围;而在一些量程和精度要求不高、泥沙含量小、流速较慢、建井方便的系统中,浮子水位计依然是首选。

(2) 投入式压力水位计。

投入式压力水位计的传感器探头安装在水下,通过直接测量水体的静压力来计算水深。相比于浮子水位计,其优点在于不用建设水位井,对土建条件较差的现场尤其适用,只需要从被测水位处铺设一根电缆保护管,将投入式水位记的探头连同电缆管道穿至管道末端即可。它具有结构简单、工艺相对成熟、制造成本低等特点,其样式如图 2-5 所示。

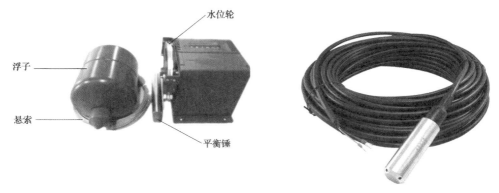

图 2-4　浮子水位计　　　　　　　　　　　图 2-5　投入式压力水位计

　　投入式压力水位计可分为压阻式、振弦式、压电陶瓷、石英晶体等类型,压阻式传感器的应用最早,也最广泛。振弦式、压电陶瓷、石英晶体等传感器在近 10 年来也逐渐开始应用。

　　投入式压力水位计的缺点在于长时间使用后需要进行标定,对于北方寒冷环境,渠面结冰会对传感器保护管和电缆等产生冰推效应,破坏传感器的安装环境。其水位计的安装如图 2-6 所示。

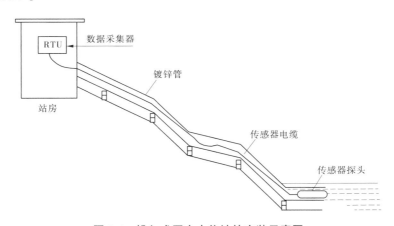

图 2-6　投入式压力水位计的安装示意图

　　①压阻式压力水位计。

　　压阻式压力水位计通过将被测水位的压力转化为电阻值,经过转换电路变成信号输出。最早的压阻式水位计采用压敏电阻做敏感器件,随着半导体技术的发展,采用扩散硅技术的压阻式水位计得到了广泛应用。压阻式压力水位计具有结构简单、工艺相对成熟、制作成本低等特点。扩散硅压阻式水位计的长期稳定性不如采用陶瓷、石英等材料的压力传感器,其温度漂移和灵敏度漂移相对较大,使用一段时间需要进行校准。一些水位浮动较大且绝对测量误差要求较高的应用场合,不建议采用扩散硅压阻式水位计。

②振弦式压力水位计。

振弦式压力水位计内部有一根张紧的弦,其固有振动频率和其受到的张力有关,张力越大,固有振动频率越高;当把传感器所受的压力转变为钢弦所受的张力后,压力就可以通过钢弦振动频率反映出来。其最初应用于建筑工程的应变、位移或裂缝测量,目前在水文测量领域得到逐步应用,其长期稳定性高于压阻式水位计。

③石英晶体压力水位计。

利用石英晶体特性测量压力有两种原理:一种是依据压电效应原理,即利用外界压力在石英晶体表面形成电荷,通过测量电荷的多少计算外界相应的压力;第二种是利用石英晶体的谐振频率随外力的改变而改变的特性,通过测量其谐振频率来计算对应的压力。

石英压电效应压力传感器主要用于工业控制领域,其长期稳定性好,但精度不高,在水利领域应用较少。石英谐振压力传感器可以达到很高的精度,但加工要求高,温度变化也会对其精度造成一定的影响。

石英压力传感器具有以下特点:

a. 分辨率高。石英晶体可以感知细微的压力变化,将其转化为自身固有频率的变化,分辨率一般比使用其他材料的传感器高出几个数量级。

b. 精度高。石英晶体的可重复性和迟滞性非常好,可以做到很高的精度。

c. 长期稳定性好。石英晶体的化学结构稳定,固有谐振频率的长期变化非常微小。

d. 功耗低。仅需很小的电压激励就可产生振动,功耗很小。

e. 温漂低。比一般材质传感器的工作温度范围宽,温漂也比这些材质的要低。

f. 信号接入方便。晶体是频率控制元件,输出数字量稳定可靠,易于计算机接口。

④气泡式压力水位计。

气泡式压力水位计通过测量水体静压力,将压力转变为水深。气泡式压力水位计的压力探头没有直接安装在水下,所感知的压力通过气体来传导。气泡式压力水位计安装在站房内,从站房到水下铺设了一根气管,通过测量站房气管末端的气体压力获取水体静压力。

相对于投入式压力水位计,气泡式压力水位计的优点在于非接触式测量,被测水体即便有一定的腐蚀性,也不会影响到传感器的电气部分;从被测水体到安装水位计的位置无电气连接,减少了设备引雷的可能性;其感压单元部分安装在站房内,维护更加方便。通常在适合安装投入式压力水位计的地方都适合安装气泡式压力水位计,如果站房到被测水体的管路铺设距离超过 150 m,可采用双气路恒流式气泡水位计,以保证测量精度。

气泡式压力水位计的缺点在于气泡孔小,容易堵塞;氮气瓶、气路恒流器气压泵等设备调节装置需要较大安装空间。

气泡式压力水位计主要分为恒流式气泡水位计、自泵式气泡水位计、带气泵的恒流式气泡水位计。

a. 恒流式气泡水位计。

恒流式气泡水位计主要由高压氮气瓶、减压阀、气路横流器、气管及压力变送器等部件组成。

b. 自泵式气泡水位计。

与恒流式气泡水位计相比,自泵式气泡水位计没有类似氮气瓶的稳定气源以及气路恒流器这样的调节装置,所用的气体是外部空气,通过自身携带的气泵吸入气管中。所有部件集中在一个机箱内,不必在现场调节气泡速率,减小了安装工作量。但自泵式气泡水位计量程小,测量精度低,综合误差通常为 0.05% ~ 0.1%;在维护方面也有缺点,需要定期更换干燥剂,在正常湿度环境下,如果测量频率为 5 分钟/次,大约 1 个月就需要更换 1次。此外,气泵的工作寿命有限,测量频率越高,气泵的寿命越短。

带气泵的恒流式气泡水位计。

带气泵的恒流式气泡水位计结合了恒流式气泡水位计和自泵式气泡水位计的特点,带有一个贮气罐和一套气路恒流装置。与恒流式气泡水位计相比,取消了氮气瓶这个笨重的设备,给安装带来了很大的方便;与自泵式气泡水位计相比,不需要每次测量都打气,通常每天打气 2 次就够了,可延长气泵的使用寿命。但这种水位计依然采用直流气泵,最大量程为 30~40 m。

⑤磁致伸缩水位计。

随着科学技术的迅猛发展,高新技术在各行业中得到了广泛的应用,最早应用于各类石油、化工行业液位测量的磁致伸缩液位传感器,在大坝水位、水库水位监测与渠道水位等的监测中也得到了推广应用。

在磁致伸缩水位计的传感器测杆外配有一浮子,此浮子可以沿测杆随液位的变化而上下移动。在浮子内部有一组永久磁环。当脉冲电流磁场与浮子产生的磁环磁场相遇时,浮子周围的磁场发生改变从而使得由磁致伸缩材料做成的波导丝在浮子所在的位置产生一个扭转波脉冲,这个脉冲以固定的速度沿波导丝传回并由检出机构检出。通过测量脉冲电流与扭转波的时间差可以精确地确定浮子所在的位置,即液面的位置。磁致伸缩水位计样式如图 2-7 所示。

磁致伸缩水位计在水情监测方面的技术优势:适合于高精度要求的清洁液位的液位测量,精度达到 1 mm,最新产品精度已经可以达到 0.1 mm;安装方式多样,可安装在渠道侧墙,也可建井安装,不影响渠道流体;防爆型设计,适合各种场合;唯一可动部件为浮子,维护量极低;内置一体式锂电池,满足野外无市电情况下的长时间稳定测量。

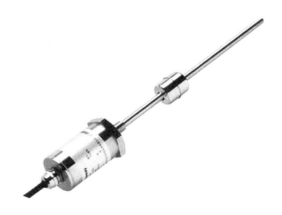

图 2-7　磁致伸缩水位计样式

磁致伸缩水位计的量程较小,对于量程较高的场景无法应用。被测流道流速较大时,会对测井产生引流效应,造成测量误差。对于泥沙含量较大的渠道,容易在测井产生泥沙淤积,影响正常测量。

⑥超声波水位计。

超声波水位计由微机控制的数字式智能型液位测量仪表。它应用回声原理,是非接触型测量仪表。仪表的探头和处理器集成一体化,结构紧凑,安装方便,适用于江河、湖

图2-8　超声波水位计

泊、水库、河口、渠道、船闸及各种水工建筑物处的水位测量。其超声波水位计样式如图2-8所示。

由于传感器的减幅振荡时间特性,从其下方一定距离内反射的回波传感器无法接收,这一距离称为盲区距离。传感器膜片到水面之间的最小距离取决于传感器的设计参数;最大测量范围取决于空气对超声波的衰减以及脉冲从介质表面反射的强度,量程一般在15 m以内。

与浮子式水位计和投入式水位计相比,其优点主要有:非接触测量,不受水体污染,不破坏水流结构;不需建造测井,节省土建投资;一体式设计,法兰或螺纹连接,安装方便;无机械磨损,稳定耐用;供电电源和输出信号使用同一根线缆,调试检修方便;自动温度补偿和压力校正。

超声波水位计缺点是量程较小,在渠道安装需建立杆及悬臂,对于较高的渠道,在低水位测量时会有超出量程的可能;对较宽的梯形渠道,横臂一般超过5 m就容易在刮风时产生晃动,对测量精度造成影响;容易受水雾、风浪的影响,尤其是闸下水位,水流急,浪涌大,所以闸下不宜安装超声波水位计。

⑦雷达水位计。

雷达水位计也称微波水位计,是一种基于传输时间的下探式测量系统。雷达水位计测量从参考点到被测介质面的距离。雷达脉冲由天线发射,在介质表面反射,再被天线接收,然后被传输到水位计中的电路部分,微处理器计算信号值,并识别由介质表面反射的雷达脉冲形成回波。雷达水位计测量原理如图2-9所示。

介质表面到参考点的距离D与脉冲的传输时间t成比例,有$D=ct/2$,其中c为光速。

雷达水位计可分为调频连续波式水位计和脉冲波式水位计两种。调频连续波式水位计采用FMCW体制(频率调制波),可以达到计量级的精度;但功耗大,电子电路复杂。脉冲波式水位计为间断性脉冲,功耗可以做到很低,通常在0.5 W内;可用二线制供电,适用范围更广。目前常用的雷达水位计基本都是脉冲波式的。量程有20 m、35 m、70 m等,精度达到0.04% FOS。

雷达水位计的缺点为在渠道安装需建立杆及悬臂,对较宽的梯形渠道,可能存在无法探到渠底,造成测量误差;横臂一般超过5 m,容易在刮风时晃动,对测量精度造成影响。

雷达水位计采用一体化设计,无可动部件,不存在机械磨损,使用寿命长;采用非接触式测量,不受被测介质密度、浓度等物理特性的影响;微波能穿过真空,不需要传输媒介,抗干扰性强,具有不受大气、水蒸气影响的特点,这也是雷达水位计优于超声波水位计的原因。

雷达水位计目前在国内外应用广泛,市场早期价格相对较高,随着水利信息化的发展和生产加工水平的提高,近几年性价比凸显,我国的水情测报系统在2014年后才逐渐有所应用,目前正在逐渐取代超声波水位计。

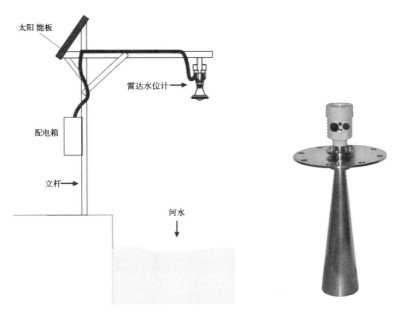

图 2-9　雷达水位计测量原理

2) 数据采集器

数据采集器通过内置或外置的传感器自动记录与时间或者位置相关的数据并能与其他设备进行数据交换,通常情况下,数据采集器具有体积小、电池供电、便于携带等特点,配备微处理器和数据采集单元,有自动数据采集、存储、远程传输和电源管理功能,还有扩展传感器接口和通信接口以及软件升级的功能。

数据采集器也称为数据采集单元、数据记录仪、遥测终端机等,国外说法为 Date Logger、Date Recorder、Remote Terminal Unit(RTU)等,目前业内比较认可的叫法为 RTU。

水情自动测报系统中的 RTU 主要用于自动采集雨量、水位、流量、闸位、蒸发等水文要素,目前也广泛应用于采集风速、风向、温湿度、气压、辐射等气象要素,以及水质、大气质量、能见度、地质灾害等其他环境要素。

针对水利行业,RTU 检测一般遵循《水文自动测报系统设备 遥测终端机》(SL 180—2015)的规定,RTU 的通信规约主要有《水文监测数据通信规约》(SL 651—2014)和《水资源监测数据传输规约》(SZY 206—2016),这两种协议是由国家水利部提出并组织制定的。两种协议主要规定了水文或水资源监测系统中智能传感器与遥测终端的接口及数据通信协议、测站与中心站之间的数据通信协议,适用于江河、湖泊、水库、近海、水电站、灌区及输水工程等各类水文监测系统和水资源监测(控)系统,亦适用于其他水利监测系统。

二者的区别如下:

(1)上报报文不同。

水文协议常用报文为测试报、均匀时段水文信息报、遥测站定时报、遥测站加报、遥测站小时报、遥测站图片报或中心站查询遥测站图片采集信息、中心站查询遥测站实时数据、中心站查询遥测站时段数据等，包含主动上报功能与查询功能。

水资源协议常用报文为遥测终端自报实时数据、随机自报报警数据、查询遥测终端实时值、查询遥测终端固态存储数据等，包含主动上报功能与查询功能。

（2）协议要素不同。

这两种协议的要素最大的不同之处是水文协议每一种要素都定义了要素标识符，用于区分上报的要素，而水资源协议的要素并没有用要素标识符区分，而是通过定义每种报文上报内容的格式和通过控制域 C 不同来区分。从应用上来说，《水文监测数据通信规约》（SL 651—2014）协议用要素标识符来区分要素的方式更加明确好用。

3）通信传输

在有网络覆盖的水情测站可以考虑采用有线传输，主要通过串口服务器将 485 信号转为以太网传输至中心站。对没有有线传输条件的工程可以考虑无线水情遥测系统传输。

目前，水情遥测系统中常用的遥测网信道有 VHF、SMS、GPRS/CDMA、PSTN、北斗卫星、国际移动卫星、VSAT 系统等。此外，GlobalStar、OmniTrracs、风云卫星等一些资源也有部分在使用。

（1）超短波通信终端。

超短波通信方式在水情信息采集传输中应用广泛，主要包含超短波 VHF 信道、LoRa、NB-IoT、ZigBee、Wi-Fi 和蓝牙等。

超短波 VHF 信道是一种地面可视通信信道，其传播特性依赖于工作频率、距离、地形及气象等因素。国内常用通信频段为 230 MHz。是国内最早采用的通信方式，具有技术成熟、总体可靠性高、通信质量好、设备简单、投资较少、建设时间短、易于实现、无通信费用、传输延时小等特点，主要适用于平原、丘陵地带或者站点分布相对集中的系统。缺点为：通信距离较近，受地形影响较大，电波通过山岳、丘陵、丛林地带和建筑物时，会被部分吸收或阻挡，使通信困难或中断。在长距离传输时或者有阻挡的区域一般要设立中继站进行转发，中继站点一般不超过 3 个，近几年逐渐被 LoRa 替代。

LoRa 是一种远距离、低功耗局域网无线标准通信技术，国内常用通信频段 433 MHz。LoRa 的物理层（PHY）使用了一种独特形式的带前向纠错（FEC）的调频啁啾扩频技术。它最大的特点就是在同样的功耗条件下比其他无线方式传播的距离更远，实现了低功耗和远距离的统一，它在同样的功耗下比传统的无线射频通信距离扩大 3~5 倍。这种扩频调制允许多个无线电设备使用相同的频段，只要每台设备采用不同的校验码和数据速率就可以了。其典型范围是 2~5 km，最长距离可达 15 km，具体取决于所处的位置和天线特性。

LoRa 为建设在农村和野外的水情站面临的高功耗和通信距离等的实际问题提供了高效、灵活和经济的解决方案，在这些情况下，NB-IoT、ZigBee、Wi-Fi 和蓝牙也无法达到很好的效果。

无线 ZigBee 是基于 IEE802.154 协议的一种新兴无线网络技术，是一种短距离、低功耗、低数据速率、低成本、自组织的无线网络通信技术，采用直接序列扩频技术，具有抗干扰性强、误码率低等优点，在水情、大坝、边坡等监测领域有广泛的应用空间。

（2）GSM 通信终端。

GSM 即 GPRS/CDMA 通信信道，通用分组无线业务（General Packet Radio Service，GPRS），是在现有 GSM 系统上发展起来的一种承载业务。CDMA 为基于扩频技术的码分多址。

通过 GPRS 或 CDMA 信道进行数据传输，可以使用数据终端单元 DTU 封装网络传输和控制协议，能提供从遥测站到中心站间的同透明数据传输通道，简化了遥测站设计，具有实时在线、按流量计费、接入速度快、传输速度高等特点，在水情遥测项目中得到了推广应用；但是存在设备价格高、功耗大、无效通信流量高等不足。也有系统集成商能提供 GPRS MODEM 驱动程序，控制 GPRS 通信资源，极大降低无效通信流量和功耗水平，使系统建设更加合理，运行维护成本更低。

（3）Inmarsat-C 卫星终端。

海事卫星，即 Inmarsat 卫星通信系统，是由国际海事卫星组织管理的全球第一个商用卫星移动通信系统。

Inmarsat 卫星通信系统具有安全可靠、技术成熟、雨衰低、设备体积小、天线波束宽、容易寻星和对星、安装方便等特点；除了可以提供低速率（4.8 kbps 或 3.1 kHz）语音和数据服务，还提供高速率（共享可达 492 kbps，流 IP 最高可达 256 kbps）数据服务，并且可以和公共电话网相联通，可满足短报文、语音、图像甚至视频的传输等应用需求。

信道一次最大可传输 32 字节信息，要求设计专用的数据传输协议；每 32 字节传输费用约为人民币 2.2 元；1 次发信需要 2~5 分钟。目前，该系统正在不断完善中，作为最早引入水情自动测报系统应用的卫星通信资源，其高可靠性以及作为备用手段仍可发挥重要作用。

（4）北斗卫星终端。

北斗卫星导航系统是我国自主研发的全天候、全天时卫星导航系统，致力于向全球用户提供高质量的定位、导航和授时服务，包括开放服务和授权服务两种方式。

北斗卫星导航系统采用有源主动双向测距方式进行定位，具有双向短报文通信功能，是北斗卫星导航系统区别于其他导航系统的最大特点之一，也是其可以应用于水情遥测信息系统中的根本原因。在水情自动测报系统中使用北斗卫星进行数据传输是借助于北斗民用运营平台实现的，目前我国较大的两个民用运营平台是神州天鸿和北斗星通。系统架构由北斗空间卫星、地面网管中心和用户终端三部分组成。用户终端发送信息经卫星转发，地面网管中心，之后网管中心通过卫星系统或者通过地面网络转发至接收中心。

北斗卫星系统是我国拥有完全自主知识产权的通信资源，保证国内用户的利益不受国际形势变化的影响；通信传输延时小，典型的传输延时为 2 s；通信费用按每次发送的帧统计，每帧报文长度可达 98 字节，每帧约人民币 0.5 元；有通信回执体制，回执确认体制保证数据传输的可靠性；通信覆盖区域广阔，无缝覆盖我国全部国土以及周边地区；采用抗干扰、保密性强的编码方式；地面控制中心站采用 C 波段收发，用户终端采用 L/s 波段收发，系统通信受雨衰的影响小；卫星终端集成度高，外型小巧，仰角大，安装简便；终端功耗小，适用太阳能电池供电；终端设计抗恶劣环境，维护简易，可在无人值守状态下工作。

北斗卫星终端包括用户主机、接收/发射天线、天线电缆。按使用功能可分为普通型和指挥型。普通型可提供定位、通信、导航等基本功能,多用于遥测站;指挥型除提供基本功能外,还可完成兼收、通播等指挥功能,常用于大型水情自动测报系统的中心站。

与 Inmarsat-C 系统相比,北斗卫星具有可传输容量大、传输费用低、时延较小、碰撞率低、设备费用低等优点。

4)电源

建设在泵房或观测房附近有市电供应的水情站,可以采用市电供电。

无市电的遥测站电源宜采用蓄电池配太阳能板浮充的方式,蓄电池的配置应考虑安装和维护的方便性。有条件的地方可采用蓄电池配交流/直流转换器浮充的方式,同时应考虑交流电引入的干扰。

蓄电池的规格宜采用:直流 12 V,允许变幅为−10%~+20%。遥测站和中继站蓄电池的容量配置应考虑设备功耗,保证设备在连续无日照情况下正常工作 7 d 以上。

太阳能充电控制器应具有平稳地为蓄电池充电的能力,并有防止过充电的保护措施。

4. 功能指标

1)系统功能

水情自动测报系统应包括但不限于以下功能:准确可靠地采集和传输水情信息及相关信息、进行统计计算处理和存储、生成相应的报表和查询结果、提供符合要求的水文预报。水情自动测报系统还可进行水库调度分析计算、水务管理和其他功能扩充。

能采用自报式、应答式或自报兼应答式的工作体制。宜采用自报兼应答式的工作体制。

能自动采集雨量、水位和其他水文气象参数,并由数据采集器进行校验和本地存储。本地存储的传感器数据能通过便携计算机(或其他终端)现场提取,或者由中心站远程提取。宜提供现场数据显示功能。

能定时发送传感器数据和电池电压等工况信息至中心站。发送数据应含站号信息;宜含采集时间、数据类别和发信序号等信息。雨量数据宜发送累计值,水位数据宜发送实际值。

能实现超阈值加报。雨量数据宜实时采集并超阈值加报,水位数据宜定时采集并超阈值加报。

能读取和修改遥测站参数。传感器测量时间间隔、定时发信时间间隔和阈值等遥测站参数能通过便携计算机(或其他终端)现场读取和修改,或者由中心站远程读取和修改。

能对实时日历时钟进行现场或远程校时。

能进行人工置数。可选配人工置数设备,采用独立装置或集成在数据采集器中。

能进行低电压告警。告警信息宜含工作温度、充电状态和相关信息。

2)系统技术指标

(1)测量周期。

系统单次完成水情数据收集、处理和预报作业的时间应不超过 20 min。

(2)畅通率。

系统数据收集的月平均畅通率应达到 95%以上。当实际来报次数少于定时应来报次数则视为该时段不畅通。月平均畅通率按下式计算：

$$M = \left(1 - \frac{\sum\limits_{i=1}^{N} T_i}{\sum\limits_{j=1}^{N} T_j}\right) \times 100\% \qquad (2\text{-}1)$$

式中：M 为考核期内系统数据收集月平均畅通率；T_j 为第 j 个遥测站当月实际工作总时段数；T_i 为第 i 个遥测站当月不畅通总时段数；N 为系统遥测站总数。

（3）平均无故障时间。

遥测站、中继站和中心站单站设备的 MTBF 应大于 6 300 h。MTBF 的验证符合《水文仪器可靠性技术要求》（GB/T 18185—2014）。

（4）精度。

水情预报精度应满足水情预报规范《水文情报预报规范》（GB/T 22482—2008）的要求。

5. 安装调试

1）设备安装

浮子式水位计应固定在具有消浪性能的水位测井的基座上。

气泡式水位计的入水管管口宜设置在最低水位以下 0.5 m、河底以上 0.5 m 处，入水管应固定安装，管口高程应稳定。

压阻式水位计感压单元宜置于最低水位以下 0.5 m 并固定安装；压力传感器的感压面应与流线平行且不受水流直接冲击。

超声波水位计和雷达水位计安装时最重要的一点是确保超声波或雷达波的发射方向完全竖直，而现场很难用合适的工具来检验。通常水位计都带一个标准面，该标准面和雷达波的发射方向垂直，安装时确保该标准面水平即可。水平气泡仪。工程人员在现场安装超声波水位计时需要配备一个水平尺；安装雷达水位计时将仪器内置水平气泡仪的气泡调整到居中。此外，要确保发射点的位置与四周阻挡物的水平距离足够大。一般来说，这与水位计本身的散射角有关，散射角越大，要求水位计和阻挡物的水平距离越大；还与被测水面的高度有关系，发射点距离被测水面的竖直距离越大，要求阻挡物的水平距离也越大。通常，应确保水位计安装位置和阻挡物之间的距离不小于 1 m。

其他方式的传感器，应采用符合设备特性的安装方式，综合考虑土建施工和安装维护的要求。传感器和数据采集器不在同一建筑物内安装时，传感器信号电缆应穿镀锌管地埋至数据采集器。

数据采集器、蓄电池和其他控制设备应安装在具有防晒、防潮和防尘的站房或者密封机箱等装置内。暴露在室外或箱体外的电缆应有机械防护装置。

安装在户外的设备 80% 的故障原因是遭雷击，因此防雷是所面临的最大问题，传感器、遥测站、中继站和中心站应有保护和接地措施，应符合《水利水电工程水情测报系统设计规定》（NB/T 35003—2013）第 7.2 条的要求。

各种电缆的连接部分应进行防水处理和机械保护，接头之间应可靠接触，线缆尽量避免直角转弯。

2）安装测试

传感器应进行准确度试验。传感器应参照产品试验要求进行适当简化的准确度检验。不具备模拟试验条件的传感器应提供仿真输出。

遥测通信设备应进行传输可靠性试验。应参照通信设备的试验要求，由数据采集器定时发送不少于 100 次测试信息，在中心站接收系统中进行统计和分析，传输成功率应不小于 95%。

用电流表测量遥测通信设备的接收电流和静态电流，应符合技术参数要求。

用电流表测量数据采集器的工作电流和静态电流，应符合技术参数要求。

2.2.1.2 雨情监测站

1. 概述

雨情监测站属于水情自动测报系统的组成部分，随着近年水利信息化的发展，水雨情自动监测系统的一体化、低功耗产品的应用，使得水雨情自动测报设备操作过程更容易上手，待机过程时间加长、多样化的功能也可以实现不同的工程现场需求。

2. 系统组成

雨情监测站主要功能为雨情信息的远方数据采集、存储和发送，通常由雨量计、数据采集器、通信终端、电源系统和辅助设备组成。

3. 常用设备

雨情监测站传感器主要为雨量监测传感器，传感器应经过相关机构检验和认证，其余监测站相关设备可参考 2.2.1.1 水情监测站内容。

常见雨量计有虹吸式和翻斗式两种。其中，虹吸式雨量计没有电信号接口，需要人工辅助测量，早期有人值守的水文站大多安装的是这种雨量计，值守人员需要定期取出雨量计中的记录纸，然后通过计算获得降水情况，至今这种雨量计还在大量使用。其现场应用实物如图 2-10 所示。

图 2-10　虹吸式雨量计现场应用实物

从 20 世纪 80 年代开始，能够输出数字脉冲信号的翻斗式雨量计逐渐在水情自动测报系统中得到应用。翻斗式雨量计结构简单,性能可靠,方便接入自动数据采集器。目前,在国内水情自动测报系统中,95%以上的雨量计采用翻斗式。一些新型的技术开始得到应用,主要有称重法、浮子容栅法和光学法,但产品在实用性上与翻斗式雨量计还有差距,主要表现为造价高、功耗大、工艺复杂。

雨量传感器应满足如下要求:

(1)工作环境:

①温度:0~50 ℃。

②湿度:95%RH,40 ℃。

(2)技术参数。

①分辨力:0.5 mm 或者 1.0 mm,特殊需求(如自动气象站)时可选 0.1 mm。

②测量误差:±4%。当降雨强度在 0.01~4 mm/min 范围内,可按式(2-2)计算:

$$E = \frac{P_i - P_s}{P_s} \times 100\% \tag{2-2}$$

式中:E 为测量误差;P_i 为仪器测定值,mm;P_s 为仪器自身排水量,mm。

③可靠性:MTBF 不小于 40 000 h。

(3)宜采用双干簧式翻斗雨量计。

(4)应具有防堵、防虫、防尘措施。

4. 功能指标

参考 2.2.1.1 水情监测站系统技术要求。

5. 安装调试

1)设备安装

雨量计应固定在水泥基座或其他支架上,应采用符合设备特性的安装方式,综合考虑土建施工和安装维护的要求。传感器和数据采集器不在同一建筑物内安装时,传感器信号电缆应穿镀锌管地埋至数据采集器。

数据采集器、蓄电池和其他控制设备应安装在具有防晒、防潮和防尘的站房或者密封机箱等装置内。暴露在室外或箱体外的电缆应有机械防护装置。

雨量计、遥测站、中继站和中心站应有保护和接地措施,应符合《水电工程水情自动测报系统技术规范》(NB/T 35003—2013)第7.2条的要求。

各种电缆的连接部分应进行防水处理和机械保护,接头之间应可靠接触,线缆尽量避免直角转弯。

2)安装测试

雨量计模拟测试按中雨强(1.5~2.5 mm/min)注入清水,计数值不小于10 mm,测试结果应符合技术要求。

遥测通信设备应进行传输可靠性试验,应参照通信设备试验要求,由数据采集器定时发送不少于100次测试信息,在中心站接收系统中进行统计和分析,传输成功率应不小于95%。

用电流表测量遥测通信设备的接收电流和静态电流,应符合技术参数要求。

用电流表测量数据采集器的工作电流和静态电流,应符合技术参数要求。

2.2.1.3 流量监测站

1.概述

随着自动化和计算机水平技术越来越发达,以及国家加大对水利行业投资以及大型远距离输水、供水工程的建设,自动化测量流量的手段和应用也越来越广泛,自动化测量流量也逐渐成为当今行业的趋势。

近年来,流量计量技术得到快速发展,随着科技水平的不断提高,通用的测量方法和设备也日趋成熟,同时出现了一些新的流量测量方法和设备。因此,针对不同的场景,选择经济型和技术性均可行的流量测量传感器,对实现精准量水的自动化尤为必要。

1)基本概念

在水文中,河流流量的定义是单位时间通过某一河流断面的水的体积。流量的算法是以载体内流体的平均流速乘以载体横截面面积换算而得,单位为 m^3/s、m^3/h 等。

流速是指液体流质点在单位时间内通过的位移。渠道和河道的水流各点的流速是不相同的,靠近河(渠)边的流速较慢,河中心近水面处的流速最大,为了计算简便,通常用横截面的平均流速来表示该断面水流的速度。

在流体中通常同一断面的每层的流速、每个截面的流速都是不一样的,所以要采用平均流速。实际液体由于存在黏滞性而具有两种流动形态。液体质点做有条不紊的运动,彼此不相混掺的形态称为层流。液体质点做不规则运动,互相混掺,轨迹曲折混乱的形态叫作紊流,也叫湍流。其流体层流和紊流流动形态如图 2-11 所示。

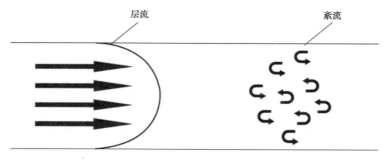

图 2-11 流体流动形态:层流和紊流

2)流量测量方式

现阶段渠道/河道流量测量的方式主要分为建筑物法和传感器测流法,如图 2-12所示。

目前,在线测流量的主流传感器基本分为四类:超声波测流、电磁测流、雷达波测流、机械式测流,如图 2-13 所示。

2.系统组成

以超声波时差法流量监测站为例,测流站主要由测流传感器、水位计、信号电缆、流量计现地主机、供电系统和安装附件等组成,若考虑流量数据平台,则上位机包含对外通信接口设备、流量监测主机、平台软件等。

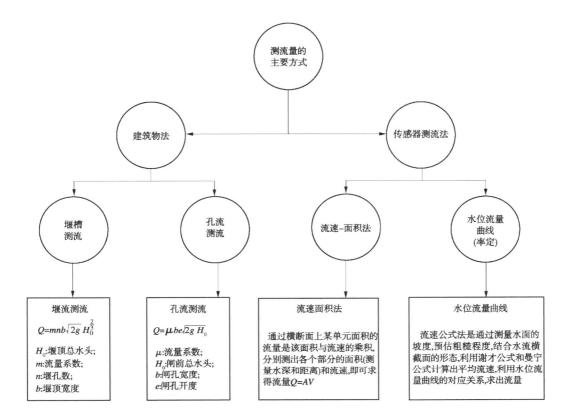

图 2-12　渠道/河道流量测量方式

3.常用设备

1)超声波时差法流量计

超声波时差法流量计主要用来测量相对洁净流体的流量,也可以测量杂质含量不高的均质流体,针对具有规则形状的有压流体以及流速较为均匀的大流量的测量准确度很高。在水文测量领域,对于天然河道形状的不规则性以及水体中杂质含量很高的并不适用,在一些具有规则形状的明渠中和压力管道中,由于其可靠性和准确性而得到广泛应用。

超声波测流系统是通过测量超声波在顺流和逆流中的传播时间差来计算声路上的流速,再根据各个声路上的流速,用加权积分的方法计算出流量。

在大口径管道、方涵、明渠中测量流量,需要布置多个声路来测量多个流速,然后对流速进行加权积分计算流量。采用多声路测流速、加权积分计算流量,能有效地解决流态分布变化对流量测量精度的影响,在相对直管段很短时也能达到较高的测量精度。

(1)工作原理。

流量计采用时差法测流。如图 2-14 所示,在上下游分别布置有 2 只换能器 A 和 B。其间距为 L,流体流速为 V,C 为室温下静水中声速。在水流的作用下,声波沿正向传播所经历的时间(称为正向传播时间 T_u)比逆向传播所经历的时间(称为逆向传播时间 T_d)要小。

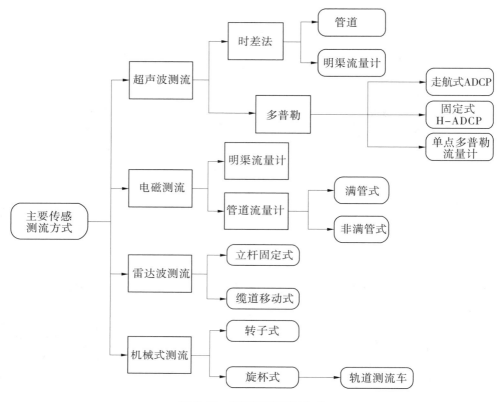

图 2-13　主要传感测流方式

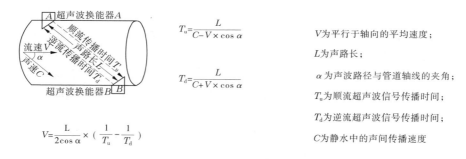

图 2-14　时差法超声波原理

正逆向传播时间可以表示为：

$$T = \frac{L}{C + \varepsilon \times \overline{V_a} \times \cos\varphi} \qquad (2\text{-}3)$$

式中：V_a 为平行于轴向的沿 L 方向平均速度；L 为声路长；φ 为声波路径与管道轴线的夹角；C 为静水中的声速；ε 为声波传播方向（正向 $\varepsilon = +1$，逆向 $\varepsilon = -1$）。

由式（2-3）可以导出在 1 个声路上的流速表达式：

$$\overline{V_a} = \frac{L}{2\cos\varphi} \times (\frac{1}{T_u} - \frac{1}{T_d}) \tag{2-4}$$

考虑到流速与管道轴线不平行时存在横向流,正逆向传播时间可表示为

$$T = \frac{L}{C + \varepsilon(\overline{V_a} \times \cos\varphi + Y \times \overline{V_t} \times \sin\varphi)} \tag{2-5}$$

式中: V_t 为流速的横向分量(垂直于轴向分量); Y 为声波方向系数,当图 2-14 中声波由 P_1 发射 P_2 接收时, $Y = -1$,当声波由 P_2 发射 P_1 接收时 $Y = +1$ 。

此时,某一声路的平均流速可以计算为

$$\overline{V_a} = -Y \times \overline{V_t} \times \tan\varphi + \frac{L}{2\cos\varphi} \times (\frac{1}{T_u} - \frac{1}{T_d}) \tag{2-6}$$

为了消除 $-Y \times V_t \times \tan\varphi$ 项,采用交叉声路对称布置,形成交叉的测量面 A 与 B ,如时差法超声波原理图 2-14 所示;对于测量面 A , $Y = \pm 1$;而对于测量面 B , $Y = \mp 1$;当对测量平面 A 和测量平面 B 的流速进行平均时,由于横向流对测量时间的影响就被抵消了。

然而,对于直径较大的圆管,流态复杂多变,为了提高测量精度,一般采用多声路的布置方式,详见交叉声路布置示意图 2-15。根据 IEC 规程,可采用 2 声路、4 声路和 8 声路,将各声路上的流速对测量断面进行积分,得到通过测量断面的流量,流量公式表示为

$$Q = \sum_{i=1}^{n} W_i \times \overline{V_a}i \times A_v \tag{2-7}$$

式中: A_v 为 V_a 所在平面的微分面积; W_i 为积分权值,与采用的声路数和采用的积分方法有关; n 为一个测量面所采用的声路数。

交叉声路对称布置的空间如图 2-15 所示。

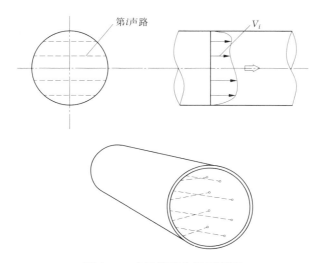

图 2-15　交叉声路布置示意图

对于渠道,流态也是呈不均匀分布的,为了提高测量精度,一般采用多声路的布置方式,如图 2-16 所示,测量流速同时要测量水位;对通过测量断面流体的流速进行积分,得到通过测量断面的流量:

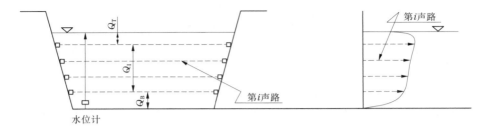

图 2-16　明渠断面声路布置示意图

流量计算公式为

$$Q = Q_T + Q_I + Q_B$$

式中：Q 为渠道断面流量；Q_T 为渠道上层流量；Q_I 为渠道中间各层流量；Q_B 为渠道底层流量；Q_T、Q_I 和 Q_B 又分别由以下各式计算求得：

$$Q_T = \frac{1}{4}(1 + k_t) \times V_t \times (s - h_t) \times (W_t + W_s)$$

$$Q_I = \sum_{i=1}^{n} \frac{1}{4}(V_i + V_{i+1}) \times (W_i + W_{i+1}) \times (h_{i+1} - h_i)$$

$$Q_B = \frac{1}{4}(1 + k_b) \times V_b \times (h_b - h_0) \times (W_b + W_0)$$

式中：V_t 为最上层工作声路测得的流速；V_i 为第 i 声路测得的流速；V_b 为最下层工作声路测得的流速；s 为明渠水位；k_t 为渠道表层流速系数；k_b 为渠底流速系数；h_t 为最上层工作声路高程；h_i 为第 i 工作声路高程；h_b 为最下层工作声路高程；h_0 为渠底高程；W_t 为最上层工作声路处的渠宽；W_s 为渠道水流表层处的渠宽；W_b 为最下层工作声路处的渠宽；W_0 为渠底宽度。

累积水量的计算：

累积水量是通过流量的累加计算出来的，即这个累积水量是将每秒钟的瞬时流量累加计算出来的。

$$V = Qt$$

流量计具有水位流量测量功能，通过建立的水位流量关系数据库存入主机，当水位低于最低声路时，所有的声路均无法工作，无法测量水流的流速，此时通过测量当前水位，查询数据库内对应的实时流量，对于中间水位，如 $h_1 < h < h_2$，采用插值计算，如表 2-1 所示。

表 2-1　水位流量关系

水位	流量
h_1	Q_1
h_2	Q_2
⋮	⋮
h_{10}	Q_{10}

（2）系统结构。

根据现场需求和现地设备的分散程度以及距离中心站距离的实际情况可选用分布式和单元式两种系统结构。

①分布式系统结构。

分布式系统结构如图 2-17 所示，流量计由主机、换能器和电缆组成，流量测量主机由工业级服务器和总线通信控制模块组成，负责对现地单元超声波发射、接收的控制和数据采集，并实现数据存储、处理、显示、打印、通信等功能；并可以选装模拟量输入模块以实现机组效率计算。

现地单元在流量测量主机的控制下，负责超声波信号发射、接收，并将信号数据与信号状况上传到主机，一台现地单元可测量多个声路换能器，或者声路换能器加水位换能器。

主机与现地单元之间采用现场总线通信，根据通信距离、抗干扰能力、防雷击等要求可选用超 5 类屏蔽线、光纤等。

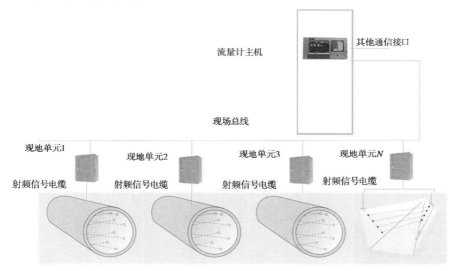

图 2-17　分布式系统结构

②单元式系统结构

单元式系统结构如图 2-18 所示，换能器通过防水射频电缆直接接入流量测量主机，超声波信号发射、接收、处理、计算、显示、存储和通信等功能都集中在主机内完成，提供开关量输出、4~20 mA 模拟量输出和 RS-485 串口输出（Mudbus-RTU 规约），主机采用挂壁式安装，通过市电供电或太阳能加蓄电池的方式供电。

③换能器。

声路换能器成对安装于被测流道上，每对换能器面对面地构成一个声路，通过其内部压电晶体的电声转换效应来测量声波在两个换能器之间流体中的传播时间。它具有双重功能：接收来自电缆的电脉冲信号，并将其转换为 1 MHz（或 500 kHz、200 kHz）的超声波信号发射至水中；也能接收来自流体中的超声波信号，并将其转换的电脉冲信号送到接

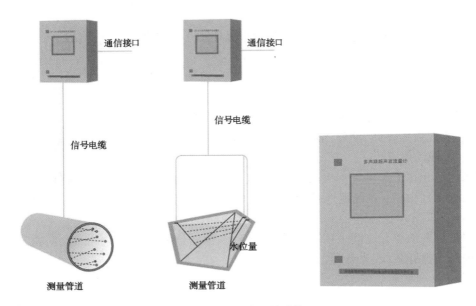

图 2-18　单元式系统结构

收机。

　　装置可根据不同的流道条件配置不同类型的换能器。换能器的类型决定了与之相对应换能器座的类型。换能器有插入式换能器、内贴式换能器和明渠换能器之分。插入式换能器适用于暴露的钢管,这种换能器配有专门的换能器安装座,更换换能器时不影响管道的正常工作。内贴式换能器适用范围更广,主要针对被埋设的管道以及混凝土管,其电缆由管内部经穿缆器引出,内贴式换能器及引出电缆都采用双体备份结构以延长检修周期,相应的组合也有多种。明渠换能器主要用于方涵、方渠、梯形渠等,具有安装方便的优点。

　　2)超声波多普勒流量计

　　(1)工作原理。

　　ADCP 全称为 Acoustic Doppler Current Profilers,即声学多普勒流速剖面仪,是 20 世纪80 年代初发展起来的一种新型测流设备。因其原理的优越性,具有能直接测出断面的流速、不扰动流场、测验历时短、测速范围大等特点,目前被广泛用于各大水利输水工程。

　　根据声学多普勒效应,当声源和观察者之间有相对运动时,观察者所感受到的声频率将不同于声源所发出的频率。这个因相对运动而产生的频率变化与两物体的相对速度成正比。超声波发射器为一固定声源,随流体一起运动的固体颗粒起了与声源有相对运动的"观察者"的作用,当然它仅仅是把入射到固体颗粒上的超声波反射回接收器。发射声波与按收声波之间的频率差,就是由于流体中固体颗粒运动而产生的声波多普勒频移。由于这个频率差正比于流体流速,所以测量频差可以求得流速。进而可以得到流体的流量。

　　超声波多普勒流量计主要有走航式、固定式、单点式。

　　目前,只有少数国内外厂商掌握了基于多普勒测流方法的核心技术,美国的 RDI 公司和 YSI 公司为其中的代表,国内固定 ADCP 比较有优势的国电南瑞,创造性地配套了自动升降机,可根据水位变化自动将传感器调整到标准高层。

（2）系统结构。

在多普勒流量计中,最主要的部件是换能器,由超声波发射器和超声波接收器组成。发射器发射的超声波经水体中的杂质颗粒反射,被接收器接收。由于杂质颗粒是以一定速度运动的,发射波和回波之间存在频差,这个频差就是因颗粒运动所产生的多普勒频移。这个频率差正比于流体流速,测量频差可以求得流速。

超声波多普勒测流要求被测流体介质应含有一定数量能反射声波的固体介质。不同厂家的流量计对被测介质的要求一般不同。选择此类超声波流量计既要对被测介质心中有数,也要对选用的超声波流量计的性能、精度和对被测介质的要求有深入的了解,否则在实际运用中会出现较大的测量误差。

①走航式 ADCP。

走航式 ADCP 通常具有 3 个以上换能器,同时发射和接受 3 个波束以上的声信号,获得 3 个以上的相对速度,信号按波束独立处理并转换成波束向相对速度,利用波速间的角度,将波束向（波束坐标）的相对速度转换为水平速度和垂向速度（地球坐标）。

②固定式 ADCP。

固定式 ADCP 利用声学多普勒效应进行测流。如图 2-19 所示,它的换能器发射出一定频率的超声脉冲,该超声脉冲碰到水体中的悬浮物质后产生后向散射回波信号,该信号被固定式 ADCP 所接收。水中悬浮物质随水流漂移,使该回波信号频率与发射频率之间产生一个频差, 即多普勒频移。根据这一频移的大小和符号（正负）, 即能计算出水中悬浮物的流速和流向,此流速、流向和水流流速、流向一致。根据超声波传输距离的不同,固定式 ADCP 将断面划分为多个测量单元,分别测量多个测量单元中的平均流速。用一个公式来表示这个频移的关系：

$$V_{t} = \frac{f_{d}}{2f_{t}+f_{d}} C$$

f_{d}:接收到声波的频率变动(多普勒频移);
f_{t}:声源发射的超声波频率;
V_{t}:声源与接收体之间相对运动的速度;
C:声波传播的速度。

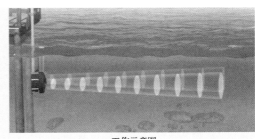

工作示意图

图 2-19　固定式 ADCP 工作示意图

③单点式。

传感器有两个换能器,一个发射,一个接收。如图 2-20 所示,当传感器正对着水流方向,也就是逆流测量的前提下：

a.水流静止情况下,接收到的频率跟发射频率一样。

b.流速越快,接收传感器接收到的频率越快,会高于发射的频率。

c.流速越慢,接收传感器接收到的频率越慢,但是会高于发射的频率。安装使用时必须将传感器正对着水流方向。

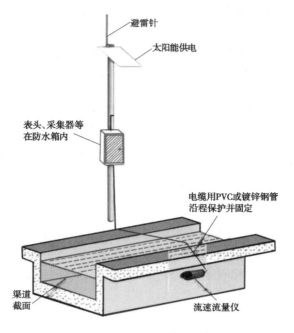

图 2-20　单点式传感器

3)电磁流量计

(1)工作原理。

电磁流量计:基于法拉第电磁感应定律来测量流量 $U=BLv$(U 为感应电动势, B 为磁场强度, L 为导体长度, v 为导体速度),铜线绕成的线圈产生交变的磁场 B。受控电流保证在整个测量过程中磁场强度保持恒定。导体的长度 L(在测量管内径的两个测量电极之间的距离)是一个常数。方程中唯一的变量是导体的流速 v。仪表能够直接测得电极间的感应电压,感应电压线性的正比于流体分流速,进而求出流速,电磁流量计测量的不是体积而是流速。

(2)系统结构。

①电磁管道流量计。

电磁管道流量计(满管)(见图 2-21):

精度等级:宜选用满量程输出误差小于 ±1.5%~±2.5% 的流量计;前后置直管段长度:前置直管段长度应大于 5 倍管径,后置直管段长度应大于 2 倍管径,在此范围内不应安装闸阀;流速、口径:选定的仪表口径可与管径不同。上限流速不大于 5 m/s,下限流速不小于 0.5 m/s。

变送器应有耐压密封性能试验报告。

电磁管道流量计(非满管):

电磁管道非满管流量计是一种利用流速-面积法,连续测量开放式管线(如半管流污水管道和没有溢流堰的大流量管道)中流体流量的一种流量自动测量仪表。它能测量并显示出瞬时流量、流速、累计流量等数据,特别适用于市政雨水、废水、污水的排放和灌溉

(a)插入式　　　　　　　　　　　　　　　(b)管段式

图 2-21　电磁管道流量计

用水管道等计量场所的需要。

电磁管道非满管流量计是由一个电磁流速传感器、一个超声水位传感器和一个流量显示仪组成,连续测量管道中流体的流速和液位用户只要输入圆形管道的内径或方形管道的宽度,非满管流量计就会自动计算出管道内的流量,并自动显示出管道内的瞬时流量、流速、累计流量等测量参数。

②电磁明渠流量计。

电磁明渠流量计测量系统以流速-水位运算法为基础,并采用了先进的伺服水位跟踪测速系统和微处理器,从而确保测速和运算的准确性的一种新型智能化流量系统,根据渠道的宽度和测量精度的要求,采用明渠测流的数学模型。

电磁明渠流量计工作原理如图 2-22 所示,根据传感器实测的水位值、流速值和已置入的渠道几何尺寸、边坡系数、渠道精度、水力坡道、流速垂直平面修正系数,并按照预定的数学模型计算出渠道的断面平均瞬时流量。

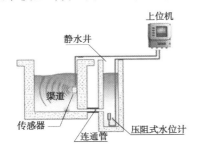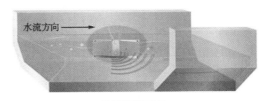

图 2-22　电磁明渠流量计工作示意图

4)雷达波流量计

(1)工作原理。

雷达波流量计工作时向水面发生电磁波,电磁波遇到运动的水面会发生散射,并构成回波,由于接收到的回波频率相对于发射频率发生一定偏移,由多普勒频率方程可求得水面流速,一个运动目标会在雷达传感器产生一个低频输出信号。这个信号的频率取决于移动速度,幅度取决于安装的距离、反射率和运动目标的尺寸大小。多普勒频率 F 和运动速度成正比关系。定点式雷达流速仪的系统可接入多个雷达探头,相当于布设多个测量垂线,结合断面参数,计算断面流量,定点测量。

（2）系统结构。

①固定式雷达流量计。

固定式雷达流量计如图2-23所示，它采用先进的平面微波雷达技术，通过非接触方式测量水体的流速和水位，根据内置的软件算法，计算并输出实时断面流量及累计流量，根据测量断面宽度可配置不同数量的雷达波传感器，以提高测量精度，可用于河道、灌渠等场景的流量测量。

以物理学中的多普勒频移效应为基础，当水流运动时将与流量计之间发生相对运动，从而使得仪器所发出的雷达波信号产生频率的偏移，频率的偏移和水的流速成正比，通过测量频率偏移测量水体的流速，再利用脉冲雷达测得水位、结合断面数据计算出动态过水面积，根据测量的流速和过水面积计算出瞬时流量。

②缆道雷达流量计。

移动式雷达波在线流量监测系统遵循无人值守、简单实用、方便维护、精度可靠的原则，采用雷达波实时监测垂线测速，同步采集相应水位，按部分面积法计算流量，实现流量自动监测。测流方法遵循《河流流量测验规范》（GB 50179—2015）和《水文缆道测验规范》（SL 443—2009），数据输出符合《水文资料整编规范》（SL/T 247—2020），数据与整编软件无缝对接。

缆道式雷达测流系统是集测流、无线传输、流量测验、数据库管理、网站发布、水文站业务处理于一体的全自动流量测验系统。如图2-24所示，通过互联网查看测站水位、流速、流量和设备工况，中心水文站人员通过互联网远程下载市局中心数据库中的测站数据，在计算机上分析处理，生成各种水文报表，彻底摆脱传统水文从测验到整编的手工作业方式，用现代科技手段实现水文三大核心业务"测、报、整"的升级换代。

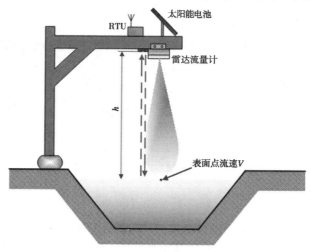

图2-23　固定式雷达流量计工作示意图

5）机械式流量计

（1）工作原理。

机械式测流是根据水流对流速转子的动量传递而进行工作的。当水流流过流速转子

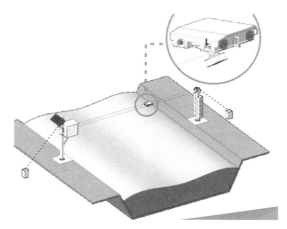

图 2-24　缆道雷达流量计工作示意图

时,水流的直线运动能量对转子产生转矩,此转矩克服转子的惯量、轴承等内摩阻,以及水流与转子之间相对运动引起的流体阻力,从而使流速仪转子转动。在一定水流速度范围内,流速仪转子的转速与水流速度呈现比较稳定的近似线性关系。通过使用专门设计的设备,计测转子在预定时间内的转数,再查阅流速仪相应检定公式或检定关系曲线,就可得到或计算出水流速度。也可通过二次仪表输入相关系数后,自动测算水流速度。

（2）系统结构。

①旋杯式流速仪。旋杯式流速仪一般适用于低流速(如小型灌渠)的测量。其样式及工作示意图如图 2-25 所示。

 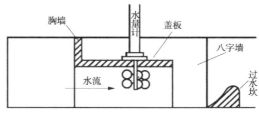

图 2-25　旋杯式流速仪及工作示意图

起转速度一般为 0.016~0.06 m/s;测速范围一般为 0.02~6 m/s。

②旋桨式流速仪。旋桨式流速仪相比旋杯式流速仪,起转速度要求更大,测量范围也更大,可用于江河、湖泊、水库、水渠等过水断面的平均流速测量。其样式如图 2-26 所示。

起转速度一般为 0.03~0.05 m/s;测速范围一般为 0.04~15 m/s。

6)设备选型

(1)按渠道/河道宽度从大到小选型。

通常渠道/河道流量测量主要有以下三种用途:

①计量:如灌区、配水调度等,对精准要求较高。

②水文测流:各大水文局重点关注区域内流量数据,对数据精度要求严谨。

③防汛防洪:如山洪灾害、城市洪水排涝等,比较关注流量数据的相对变化。

按渠道/河道宽度从大到小选型依次为高频声学测流层析仪、H-ADCP/ADCP、轨道

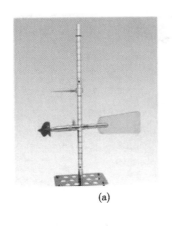
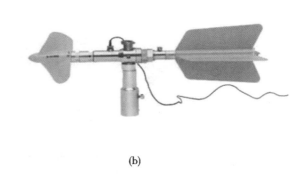

(a)　　　　　　　　　　　　　　　(b)

图 2-26　旋桨式流速仪

测流车、时差法明确流量计、雷达/单点多普勒流量计、超声波流量计。

（2）按照用途选型。

在水利行业中,灌区流量测量主要以计量为目的,同时要考虑经济适用,水文站的流量测量则对精度有着较高的要求,防汛防洪更关注流量的相对变化。根据流量测量的不同用途进行设备的科学选型尤为重要,总结如表 2-2 所示。

表 2-2　设备选型

灌区灌溉(计量)	水文站(精度)	防汛防洪(相对变化)
轨道测流车	ADCP	雷达波流量计
时差法明确流量计	轨道测流车	电磁流量计
电磁流量计(满管)	高频声学测流层析仪	单点多普勒流量计
ADCP	时差法明渠流量计	

4. 功能指标

1）设计原则

为实现精确量水、安全输水、科学配水的建设目标,流量监测的设计原则如下:

（1）量水方式科学规范、因地制宜。参照量水系统规范及标准,尽量利用工程现有建筑物进行测量,必要时修筑挡水堰。

（2）量水设备经济适用、先进可靠、测量精准。选用常规通用、适当先进可靠,并适用于现场测量条件的量水设备,测量精度满足量水规范及标准。

（3）标准通信协议。支持模拟量、MODBUS－RTU、MODBUS－TCP 等主流标准通信协议。

2）系统功能

流量监测系统具备以下功能:

（1）系统能够实时连续在线完成水位、流量数据的实时自动采集、传输、接收和处理;每日监测次数和自报次数可以本地设置也可以远程设置。监测采用定时自报和召测工作方式。

（2）系统能够长期地,特别是在暴雨洪水、严寒、风沙等恶劣天气条件下稳定可靠地工作。

（3）根据水位流量关系曲线,计算出实时流量。

（4）能够通过数据采集设备将采集的水位、流量等数据上送至调度分中心、调度中心应用系统的水情应用模块和监控应用模块。

（5）系统各设备符合结构简单、性能可靠、低功耗的原则,具有防雷、防风雨、防风沙的稳定工作能力,确保各测站在无人值守、有人看管的情况下都能正常工作,在流量越限、设备工作异常情况下实时告警。

（6）系统能对采集到的水位、流量等数据进行处理和存储,可存储 1 年以上的数据。

（7）系统具有设备故障、异常、监测数据超限等本地、远程自动报警功能。

（8）具有事件或定时自报、定时或查询应答等。

（9）具有自动校时、系统时钟同步功能。

（10）具有掉电数据自保护、死机自动复位功能。

5. 安装调试

1）设备安装

（1）超声波时差法流量计安装。

①施工准备:

确定换能器的安装位置,测量断面必须位于钢管平直段,上下游的直管断越长越好,且要尽量使换能器不装在接缝上;

参加施工的安装、电焊、电气等相关作业人员进行技术及安全交底,并做好资源的准备工作;

准备安装的工具以及相关辅材等;

清理施工现场,保证具备施工条件;

工作人员进入钢管前,确保上游闸门已经关闭。闸门控制装置在锁定状态,并挂"严禁操作"牌;

现场保证有足够的施工照明,保证备有防火器具或有防火措施。

②换能器安装过程及要求。

A. 定点:

根据安装说明书和现场测量渠道或管道的尺寸,通过经纬仪和水准仪确定换能器的精确位置,测量换能器的安装位置并做标记。

B. 安装换能器座:

首先将其固定在所定的位置,并用水平仪或水平尺校正。

C. 安装护缆管、管卡:

截取合适长度的保护管安装在相应位置(由换能器座确定,参考图纸);

材料准备完毕之后,要在护缆管上每隔 300 ~ 800 mm 安装管卡。要求管卡尽量避开接口处。

D. 安装换能器:

所有声路,上游安装 B 型换能器,下游安装 A 型换能器;

记录换能器的编号,以便对应接至现地单元;

使用激光笔对换能器进行定位。

E. 复测:

测量渠道参数,包括上底宽、下底宽、边坡长度、计算坡比等;

测量每个声路所有组合的声路长并做记录。为了测量的准确,要求每个声路长测两次取平均值;

使用经纬仪对每个换能器测量声路角并做记录。

(2)固定式 ADCP 安装。

①根据现场安装部位情况,确定好安装的上下高程位置。

②将 H-ADCP 升降结构件的角钢连接件安装在渠道壁上或测桥上,用水平尺保证其竖直,保证两个垂直即机构件垂直于渠底,探头垂直于水流方向。

③将 H-ADCP 仪器安装于结构件的传动固定底板上,采用不锈钢螺栓(带弹垫),将仪器电缆穿入电缆保护链中,引至顶部箱体内。

(3)管道电磁流量计。

管道电磁流量计需安装在直管段上,流量计前后的直管段长度一般不小于前 10 后 5,即管径的 10 倍和 5 倍。一般需要安装仪表井,保证安装环境的清洁及后期运维方便。传感器也可以直埋安装,无须仪表井。安装时仅需挖出管道,安装传感器,然后回填,使得安装过程快速简单而且成本较低。变送器可以根据用户的需要安装在最方便的位置。无须旁路或者辅助装置,如过滤器等,从而使得安装费用降至最低。

针对插入式电磁流量计,传感器和电子单元均可完全浸没,从而可以安装在沉浸式仪表箱内,如图 2-27 所示,通过连接在供水管道上的一个小球阀安装,通常传感器探头位于管道中线上,它也可以位于临界位置(平均速度位置),最小可距管壁 1/8 管径处。可以对水的流速进行准确的现场测量,仔细遵循安装说明,即可实现良好精度的体积流量测量。

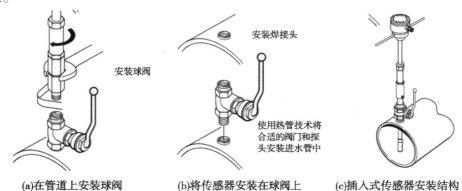

(a)在管道上安装球阀　　(b)将传感器安装在球阀上　　(c)插入式传感器安装结构

图 2-27　插入式电磁流量计安装示意图

(4)雷达波流量计。

雷达波流量计的安装方式与超声波水位计、雷达水位计类似,详见前文。

2）安装测试

流量传感器应具备检验许可证书。针对水厂、大型用水单位，需定期将流量传感器送至当地监测机构进行精准度符合。

遥测通信设备应进行传输可靠性试验。应参照通信设备试验要求，由数据采集器定时发送不少于 100 次测试信息，在中心站接收系统中进行统计和分析，传输成功率应不小于 95%。

用电流表测量遥测通信设备的接收电流和静态电流，应符合技术参数要求。

用电流表测量数据采集器的工作电流和静态电流，应符合技术参数要求。

2.2.1.4 水质监测站

1. 概述

水质自动在线监测系统是集含水样采集、水样预处理、水质自动分析、自动控制、数据采集传输、水质留样、远程监控于一体的标准化、模块化在线全自动智能环境监测系统。系统应设计合理，可靠，实用，经济，运行维护简单方便，运行维护费用低，操作安全简洁，完全符合国标、国内和水利部的国家标准和规范，满足水质的实时连续监测和远程监控的要求；可将水质及系统运行状况信息传送到监控中心，使工作人员能够及时、准确地掌握其水质状况，实现水质自动监测远程监控的目的。

系统可以实现水质的实时连续监测和远程监控，及时掌握主要流域重点断面水体的水质状况，预警预报重大流域性水质污染事故，解决跨行政区域的水污染事故纠纷，监督总量控制制度落实情况。能对水污染事故迅速建立事故相关区域的水环境污染物转移扩散和反应模型，为流域水质突发事件的预警和应急指挥提供方便快捷的技术支持。

根据《地表水自动监测技术规范（试行）》（HJ 915—2017）和《地表水环境质量标准》（GB 3838—2002）的要求：

（1）自动监测站监测参数尽可能满足国家环境质量标准需求。

（2）自动监测站监测参数选择考虑可实现在线监测的指标。

（3）配置常规监测指标实现全面及时地反映水质环境状况。

（4）选择特征污染物监测指标应对水体周围可能出现的污染。

2. 系统组成

水质监测系统集成主要包括采水单元、配水及预处理单元、控制单元、分析单元、通信单元、辅助单元等，具备智能化、标准化、流程化和可溯源的质量控制体系，能够确保采水、预处理、分析、清洗以及数据采集和传输等环节的准确可靠。水质监测系统集成如图 2-28 所示。

系统主要包括采水装置、管路、沉砂池、过滤器、进样分流装置、多参数测量池、采样杯、分析仪表、控制柜、嵌入式工控机一体机、应用软件、除藻装置、空压机、各类阀门、电源系统等设备，采用双泵双管路冗余结构，给水排水管采用优质 UPVC 管材。

进行水质监测时，由水泵抽取源水到沉砂池进行沉淀处理。同时，为了保证水温、pH、浊度、溶解氧、电导率等的准确性，直接从采水管路上分一路源水提供给常规多参数分析仪进行水质分析处理，分析完成后由嵌入式工控机采集分析结果。经过沉砂池沉淀一定时间后的源水由增压泵增压后，经竖式过滤器过滤，再经进样分流装置把源水分配给

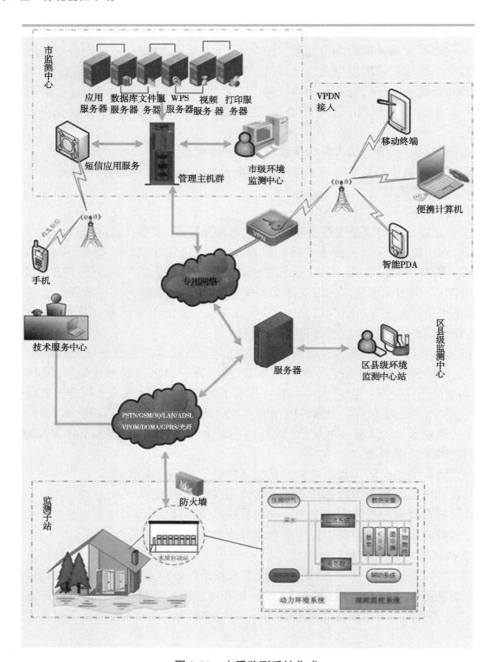

图 2-28　水质监测系统集成

分析仪表进行水质分析处理,分析完成后由嵌入式工控机采集分析结果。

水质分析完成后,每次都需要对管路进行清洗操作,防止管路内残液影响下一次的正确测量。首先,采用自来水对采水管路、配水管路及分析仪表管路进行冲洗,然后用热水或清洗液清洗管路除藻杀菌,最后用空压机的高压空气加射流装置对管路进行清洗和排空处理,保持管路内的干燥,以防止藻类在管内滋生。对于沉砂池先进行排砂处理,然后用自来水对其进行喷淋清洗,保证桶内干净、无杂物。对于多参数测量池先进行清水清洗,然后把池内灌满自来水,使多参数测量传感器浸泡在自来水中,这样能对多参数测量传感器进行有效的保护,减少仪器的维护工作量。

管路清洗水即时通过专用下水道排至监测水域保护范围外,以保证不随风向和水流的改变扩散到采水口,导致水样异常。分析仪表在运行后产生的废液具有一定的污染性,所以采用废液收集装置进行废液回收。

水质自动监测站主电源采用市电供电,后备电源选用 UPS 不间断电源(配备主机和电池),用于在停电时能保证系统正常监测一次的需要,后备电源主要连接分析仪表、控制柜、嵌入式工控机一体机、通信设备等。

3. 常用设备

水利工程项目中,对水质的监测一般为地表水水源。常规监测内容主要为 5 参数监测,具体包括温度、pH、浊度、溶解氧和电导率,对水质要求较高的工程项目中,可对 9 参数进行监测,9 参数除包括常规 5 参数外,还包括氨氮、高锰酸盐、总磷和总氮。对一些涉及人饮水工程或特殊区域的水利工程项目,可根据实际情况增加监测内容,包括藻密度、叶绿素、重金属含量等。

1) 浊度在线监测仪

浊度是水质指标的重要参数之一,在污水、饮用水和地表水处理及水的循环利用中,水中浊度的监测十分重要。

浊度仪是用来测量液体中浊度的仪器,多是采用光电法进行测量。光电法浊度仪的作用原理可分为透射光测定法、散射光测定法、散射透射光度比测定法等,统称光学式浊度仪。

2) 溶解氧在线监测仪

溶解在水中的分子态氧为溶解氧(DO)。天然水的溶解氧含量取决于水体与大气中氧的平衡。溶解氧的饱和含量和空气中氧的分压、大气压力、水温有密切关系。由于藻类的生长,溶解氧可能过饱和;水体受有机、无机还原性物质污染时溶解氧含量降低;废水中溶解氧的含量取决于废水排出前的处理工艺过程,一般含量较低,差异性大。

测定水中溶解氧含量常采用碘量法及其修正法、膜电极法和现场快速溶解氧仪法。膜电极法和快速溶解氧仪是根据分子氧透过薄膜的扩散速度来测定水中溶解氧。

溶解氧测定方法有多种,如化学 Winkle 法、电极法、光学检测法、质谱法等,其中用于自动连续测定的方法主要是电极法和光学检测法。

3) pH 在线监测仪

天然水的 pH 多在 6~9 范围内,pH 是水化学中厂用的和最重要的监测项目之一。由于 pH 受水温影响而变化,测定时应在规定的温度下进行,或者校正温度。

对溶液中氢离子活度有响应,电极电位随之而变化的电极称为 pH 指示电极。pH 指示电极有氢电极、锑电极和玻璃电极等。其中,玻璃电极法是目前应用最广泛的一种方法。在特殊情况下,当水中的含氟量比较高时,需要采用锑电极法。

4) 电导率在线监测仪

电导率是以数字表示溶液传导电流的能力。纯水电导率很低,当水中含无机酸、碱或盐时,水溶液的电导率取决于离子的性质和浓度、溶液的温度和黏度等。

电导率在线监测仪是用于测量各种液体介质电导率的精密仪器。由于各种液体的离子随所含成分和浓度不同,其导电性能也不同。从而可通过测量液体的导电性即电导率来判定所监测液体中所含溶质的成分和浓度。电导率的传统测量方法是电极法,具体可细分为两电极法和四电极法。

5)氨氮在线分析仪

氨氮中的氮元素作为一种营养盐污染物,在水体中含量较高时会引发水体富营养化,导致藻类和微生物的大量繁殖,水中的溶解氧过度消耗,引起水质恶化。水体中的氨氮主要来源有三个:一是源于人和动物的排泄物,二是源于雨水径流以及农用化肥的流失,三是工业废水的排放。因此,实时监测水体中的氨氮含量显得尤为重要。

水质氨氮在线分析仪的测量原理主要有 6 种,分别是纳氏试剂分光光度法、水杨酸分光光度法、氨气敏电极法、电导法、滴定法以及铵离子选择法。其中,最为常见的为纳氏试剂分光光度法、水杨酸分光光度法和氨气敏电极法。

6)高锰酸盐在线分析仪

化学需氧量(COD)是环境水质标准及污水、废水排放标准的控制项目之一。对于地表水,COD 是一个重要而相对易得的参数,表示了水中还原性物质的多少,是环境监测中的必测项目。测量 COD 所使用的化合物为氧化能力强、氧化速度快的物质,通常选高锰酸钾或重铬酸钾。根据浓度多少选择合适的化合物,一般针对污水和废水选择重铬酸钾,针对地表水选择高锰酸钾。

高锰酸盐在线分析仪是在水样中加入浓硫酸及一定量的高锰酸钾溶液,加热至 100 ℃进行消解后,采用分光光度法测量 525 nm 处吸光度值计算剩余的高锰酸钾浓度以换算出水样的高锰酸盐指数,或者用一定过量的 $Na_2C_2O_4$ 还原剩余的 $KMnO_4$,再以 $KMnO_4$ 标准溶液用氧化还原电位滴定法进行反滴定,测量水样的高锰酸盐指数。

7)总磷在线分析仪

磷、氮均为生物生长的必须元素,也是湖泊富营养化的关键限制性因子。如果大量生活污水、农田排水或含磷、氮的工业废水排入水体,水体中氮、磷含量超标,可造成藻类的过度繁殖,出现富营养化状态,使水体质量恶化,将对人居环境及生产生活造成严重危害。因此,总磷、总氮是衡量水质的重要指标之一。

总磷以《水质 总氮的测定 碱性过硫酸钾消解紫外分光光度法》(GB 11893—1989)的钼蓝法为基础。总磷在线分析仪一般采用 120 ℃ $K_2S_2O_8$ 消解-磷钼蓝光度法、95 ℃ $K_2S_2O_8$ 消解-磷钼蓝光度法、150 ℃ 或 160 ℃ $K_2S_2O_8$ 消解-流动注射-磷钼蓝光度法、95 ℃光催化紫外线照射电解法-磷钼蓝光度法、160 ℃ $K_2S_2O_8$ 消解-磷钼黄库仑滴定法。

8)总氮在线分析仪

总氮在线分析仪主要使用紫外吸收法和化学发光法两种测量原理。紫外吸收法以《水质 总磷的测定 钼酸铵分光光度法》(GB/T 11893—1989)(GB 11894—1989)为基础,一般采用 120 ℃碱性 $K_2S_2O_8$ 消解-紫外吸收法、60 ℃ 或 80 ℃碱性 $K_2S_2O_8$ 紫外消解-紫外吸收法、150 ℃ 或 160 ℃碱性 $K_2S_2O_8$ 消解-流动注射紫外吸收法、95℃碱性 $K_2S_2O_8$ 紫外点解消解-紫外吸收法。化学发光法一般指 700~850 ℃热分解化学发光法。

4.功能指标

1)通用功能指标

(1)操作语言。

水质自动分析仪器和控制单元所有显示须为中文,符合《信息交换用汉字编码字符集》(GB 2312—1980)。

(2)供电。

固定式水站设备的运行电压为:(220±22)V,交流频率为(50±0.5)Hz;

所有设备的电源插头为中国制式 A9120-9085-1。

(3)使用环境。

所有设备在温度 5~45 ℃、相对湿度小于 90% 环境下能够正常运行。

(4)试剂供应。

提供所有仪器试剂配制方法,并提供试剂品牌、成分及纯度。

(5)通信协议。

按照指定的传输协议要求,将所有监测数据及相关信息传输至指定的平台,包括但不限于仪器的实时状态、关键参数和监测数据等。

2)自动分析仪器

自动分析仪器需满足如下要求:

(1)高锰酸盐指数、氨氮、总磷、总氮分析仪具有零点核查、量程核查及校零校标功能。

(2)具有异常信息记录及上传功能,如零部件故障、超量程报警、超标报警、缺试剂报警等信息。

(3)具有仪器状态(如测量、空闲、故障等)和关键参数显示及传输功能。

(4)具有 RS-232 或 RS-485 或 RJ-45 标准通信接口。

(5)具备 1 小时 1 次的监测能力。

3)固定式水站

固定式水站主要包括采水单元、配水及预处理单元、控制单元、留样单元、辅助单元及视频监控单元。

(1)系统集成功能指标。

①具有仪器及系统运行周期(连续或间歇)设置功能,至少具备常规、应急、质控、维护等多种运行模式。

②具有异常信息记录和上传功能,如采水故障、部件故障、超量程报警、超标报警、缺试剂报警等信息。

③具备仪器关键参数实时上传及远程设置功能,能接受远程控制指令。

④能够实现对高锰酸盐指数、氨氮、总磷和总氮水质自动分析仪器进行自动标样核查、自动加标回收率核查、自动零点核查、自动跨度核查等质控功能,并具备自动留样功能。

⑤确保仪器、系统运行的监测数据和状态信息等稳定传输。

⑥具备断电再度通电后自动排空、自动清洗管路、自动复位到待机状态的功能。

⑦具有分析仪器及系统过程日志记录和环境参数记录功能,并能够上传至中心平台。

⑧存储不少于 1 年的原始数据和运行日志。

⑨水质自动分析仪器(常规五参数外)及控制单元须具有三级管理权限。

⑩系统应具有良好的扩展性和兼容性,根据实际应用需要,可增加新的监测参数,并方便仪器安装与接入。

(2)系统集成技术指标。

①采水单元。

A. 设计原则

采水单元包括水泵、管路、供电及安装结构部分,采用双管双泵方式,一用一备。采水单元向系统提供可靠、有效的样品水,必须能够自动连续地与整个系统同步工作。采水管路的安装必须保证安全可靠。采水泵和管路必须选用合适材质以避免对水样产生污染。采水管路必须安装保温材料,减少环境温度对水样温度的影响。必须提供采水设计方案,并对水中泥沙、藻类的生长提出相应解决措施,确保取水的代表性。具体要求如下:

a. 采样头应在水面下 0.5~1.0 m 浮动,并与水体底部有足够的距离(枯水期大于 1 m),以保证不受水体底部泥沙的影响。

b. 采用潜水泵或自吸泵提水,若采用自吸泵提水,应考虑停电再启动时的自动恢复功能。所选水泵扬程应满足当地实际需要。同时,应保证采水管路不受环境、温度而影响水温、水质。

c. 采水装置应有清洗反吹系统,防止藻类的生成,避免影响水质;取水口防堵塞措施;管路材质为内外抛光的不锈钢管路或不与被测物有任何反应、吸附的其他管路,管路安装前应清洗干净,有合理的留路设计,便于拆卸清洗,并配备足够的活动接头。

d. 采水系统能采用连续或间歇方式工作,能够根据监测要求现场或远程设置监测频次;水压、水量满足分析单元的需要,并且适当考虑将来增加分析项目的可能。

B. 功能要求

a. 充分考虑水位落差对取水的影响,避免取水口设置在死水区,确保取水深度在水面以下 0.5~1 m,取水口能随水位变化。

b. 取水口防护网:在采水头外围设计防护隔栅以有效地防止沙石、悬浮物堵塞,采水头具备防藻功能,结构设计易于日常维护。

c. 取水泵:取水泵满足仪器及相应设备的总需水量要求,有足够的输出功率,水泵扬程满足采配水要求。采用双泵双管采水,一备一用,满足实时不间断监测的要求,保证整个系统的正常运行。

d. 警示标志:设置警示灯和警示标志,提示过往船只安全,防止人为破坏。

e. 每个工作过程取水总量不低于各仪表所需水量的 200%,并且适当考虑了将来增加分析仪器的可能。在管道最低点需设排空阀。

f. 根据各个采水点到站房的距离、地形等实际情况,合理选择自吸泵、潜水泵及合理选择采水管路的大小,以保证采水子系统的进口压力和流速达到整个系统全部仪器的要求,并具有良好的性能,确保采水子系统的稳定运行。

g. 在采水管道上设有清洗水入口,可以通入自来水进行自动反冲洗或由清洗泵使用化学试剂清洗液对全长采样管道进行自动反冲洗。由气动阀的切换可以将清洗水及高压空气通过采水管路冲洗,以消除采样吸头由于长时间运行造成的淤积。

h. 采水子系统中的所有部件均选用优质产品,采水泵采用知名品牌产品,底部加装支撑装置,保证采水泵在水位较低时不接触水体底部,并不受底部泥沙的影响。保证采水子系统工作的可靠性和使用寿命。

i. 采水管路采用材质稳定的 UPVC 管,不与水样中被测物产生物理反应和化学反应,不影响水质变化,管路安装前清洗并密闭以防沾污,采水管路的使用寿命大于 10 年。为防意外堵塞和方便泥沙沉积后的清洗。

j. 采水子系统采用连续或间歇方式工作,并能够根据监测要求设定监测频次。

k. 采水系统管路预留有手动原水取水口,方便水样比对试验的采水。

l. 管道采用排空设计,使管道内不存水,配置在线除泥沙装置和灭藻清洗装置,保证系统管路内部免受泥沙和藻类影响,以保证测量的准确性。

②配水及预处理单元。

配水及预处理单元由水样分配单元、预处理装置及管道等组成。预处理单元应根据国家标准分析方法要求为高锰酸盐指数、氨氮、总氮、总磷分析仪器配备相应的预处理装置,常规五参数分析仪使用原水直接分析。

a. 配水管路设计合理,流向清晰,便于维护;保证仪器分析测试的水样应能代表断面水质情况并满足仪器测试需求。

b. 配水单元具备自动反清(吹)洗和自动除藻功能,防止菌类和藻类等微生物对样品造成污染或对系统工作造成不良影响,设计中不使用对环境产生污染的清洗方法。

c. 配水主管路采用串联方式,各仪器之间管路采用并联方式,每台仪器从各自的取样杯中取水,任何仪器的配水管路出现故障不能影响其他仪器的测试。

d. 具备可扩展功能,水站预留不少于 4 台设备的接水口、排水口以及水样比对度验用的手动取水口。

e. 能配合系统实现水样自动分配、自动预处理、故障自动报警、关键部件工作状态的显示和反控等功能。

f. 配水单元的所有操作均可通过控制单元实现,并接受平台端的远程控制。

g. 所选管材机械强度及化学稳定性好、使用寿命长、便于安装维护,不会对水样水质造成影响;管路内径、压力、流量、流速满足仪器分析需要,并留有余量。

h. 针对泥沙含量较大水体,暴雨期间、泄洪、丰水期等浊度影响较大的情况,系统应有针对性地设计预处理旁路系统,并具备自动切换预处理系统工作功能。

③控制单元。

控制单元对采水单元、配水及预处理单元、分析单元、留样单元、辅助单元及视频单元进行控制,并实现数据采集与传输功能,保证系统连续、可靠和安全运行。主要功能如下:

a. 具有断电保护功能,能够在断电时保存系统参数和历史数据,在来电时自动恢复系统。

b. 具备自动采集数据功能,包括自动采集水质、自动分析仪器数据、集成控制数据等,采集的数据应自动添加数据标识,异常监测数据能自动识别,并主动上传至中心平台。

c.具备单点控制功能,能够对单一控制点(阀、泵等)进行调试。

d.具备对自动分析仪器的启停、校时、校准、质控测试等控制功能。

e.具备对留样单元的留样、排样的控制功能。

f.能够兼容视频监控设备并能实现对视频设备进行校时、重新启动、参数设置、软件升级、远程维护等功能。

g.具备参数设置功能,能够对小数位、单位、仪器测定上下限、报警(超标)上下限等参数进行设置。

h.具备各仪器监测结果、状态参数、运行流程、报警信息等显示的功能。

i.具有监测数据查询、导出、自动备份功能,可分类查询水质周期数据、质控数据(空白测试数据、标样核查数据、加标回收率数据等)及其对应的仪器、系统日志流程信息。

④数据采集与传输要求。

a.采集自动分析仪器的监测数据,并分类保存。

b.采集自动分析仪器和集成系统各单元的工作状态量,并以运行日志的形式记录保存。

c.能够实时采集视频信息并传输至中心平台。

d.断电后能自动保存历史数据和参数设置。

e.采用无线、有线的通信方式满足数据传输要求。

f.具备对通信链路的自动诊断功能,具备超时补发功能。

⑤留样单元。

a.具备水样冷藏功能,温度在(4±2)℃。

b.留样瓶由惰性材料制成,易清洗,容量应≥500 mL,瓶数≥12 个,采样后可封闭。

c.具有留样前自动润洗、留样后自动排空的功能。

d.配置门禁系统并具备开关门记录功能。

e.具有留样失败报警功能。

⑥辅助单元。

辅助单元应包含 UPS、防雷单元、废液单元等部分,具体要求如下:

a.配备 UPS(总功率≥3 kVA,断电后至少能保证仪器完成一个测量周期和数据上传,且待机不少于 1 h)。

b.配备废液自动处理单元或废液收集单元,满足两周以上废液量的收集。

c.必须具有电源、信号等设施的三级防雷措施,保证系统稳定、可靠运行。

d.具备系统集成机柜、维护专用成套工具等。

⑦视频监控单元。

固定式水站应配置 1 套视频监控系统,至少包含 1 台硬盘录像机和 3 台摄像机,分别监控站房仪表间、站房周边及采水口。具体要求如下:

a.站房仪表间和采水口采用固定摄像机。

b.站房周边环境采用球形摄像机,球形摄像机可水平 360°、竖直 0~90°旋转,对视角、方位、焦距的调整,实现全方位、多视角、全天候监控。

c.视频信息应实现现场存储功能,存储周期应不低于 30 d,现场网络条件具备时,采用宽带实现视频信息的实时传输。

d. 视频监控系统具备断电自启功能。

5. 安装调试

1）系统安装

（1）安装准备。

进行设备安装前应做以下准备：

①测量仪器间尺寸方便布局，了解采水方式。

②安装操作手册，档案管理表单，施工计划等。

③货物及安装工具。

（2）固定式、简易式、小型式水站现场安装。

机柜布局按照配水方向，建议分析仪器摆放顺序依次为常规 5 参数、氨氮、高锰酸盐指数、总磷、总氮及特征污染物；

机柜预留扩展参数的安装与接入空间；

柜体拼装按照横平竖直、整齐美观、紧固的原则；

柜体放置于平整坚实地面，避免设备在运行过程中遭受较大震动；

小型站做好墩基设计与建设工作，保证不影响进样和排水；

柜体与仪器间、机柜间不应有电位差，应就近接入等电位接地网；

柜体内部按照水电隔离原则进行布置，标识清晰、明确、布线美观；

柜体或支撑架与各仪器的连接及固定部位应受力均匀、连接可靠，不应承受非正常的外力，必要时具备减振措施。

（3）集成管线连接。

①管路连接。

集成管路连接应做到水电分离、标识清晰、流路走向明确、设计合理，便于维护。

a. 采水管路应能满足接入水站采水管接口管径和水压水量要求。

b. 管路应选择化学稳定性好，不改变水样的代表性的管材。

c. 管道材质应有足够的强度，可以承受内压，且使用年限长、性能可靠。

d. 预处理单元应尽可能满足标准分析方法中对样品的要求，可在不违背标准分析方法的情况下根据不同仪器采取恰当的预处理方式（如沉淀、过滤、均化等）。

e. 应具有预处理旁路系统，遇有泥沙含量较大水体，暴雨期间、泄洪、丰水期等浊度影响较大的情况影响测试时，应能够自动切换至预处理旁路系统。

f. 管路连接布设整齐、接口连接可靠。

g. 管路连接应注意高度差，利于排空，在每次测试完毕后可用清洁水自动冲洗管道，冲洗完毕后自动排空。

h. 安装于管路上的配套部件应采用可拆洗式，并装有活接头，易于拆卸和清洗。

i. 主管路采用串联方式，管路干路中无阻拦式过滤装置，每台仪器之间管路采用并联方式，每台仪器配备各自的水样杯，任何仪器的配水管路出现故障不能影响其他仪器的测试。

j. 站房内原水管路应设置人工取样口。

k. 管道的配水管线铺设要科学合理,便于检修,进水管、配样管、清洗管、排水管应采用不同颜色的标识进行区分,建议标识颜色依次为进水管绿色、配样管蓝色、清洗管红色、排水管黄色。

②电气连接。

a. 各种电缆和信号管线等应加保护管铺设科学合理,并在电缆和管路两端备注明显标识;控制单元应标注电气接线图,电缆线路的施工应满足《电气装置安装工程 电缆线路施工及验收标准》(GB 50168—2018)的相关要求。

b. 控制柜配电装置应对各分析仪器、采水泵、留样器等单独配电并进行接地,安装独立的漏电保护开关,因某一设备出现故障,不影响其他仪器的正常工作。

c. 敷设电缆应合理安排,不宜交叉;敷设时应避免电缆之间及电缆与其他硬物体之间的摩擦;固定时,松紧应适当;塑料绝缘、橡皮绝缘多芯控制电缆的弯曲半径,不应小于其外径的 10 倍。电力电缆的弯曲半径应符合《电气装置安装工程 电缆线路施工及验收标准》(GB 50168—2018)的相关要求。

d. 仪器电缆与电力电缆交叉敷设时,宜成直角;当平行敷设时,其相互间的距离应符合设计文件规定;在电缆槽内,交流电源线路和仪器信号线路,应用金属隔板隔开敷设。

e. 信号线路铺设应尽量远离强磁场和强静电场,防止信号受到干扰。

f. 应根据采水距离选择合适的采水泵电缆线,同时应符合国标《额定电压 450～750 伏及以下聚氯乙烯绝缘电缆》(GB/T 5023—2008)的相关要求。

③数据传输与通信线路连接。

a. 水站控制单元与各分析仪器采用总线连接,可采用一主多从,电气连接采用 RS-232/485 或者 TCP/IP 总线形式,通信链路总线如图 2-29 所示。

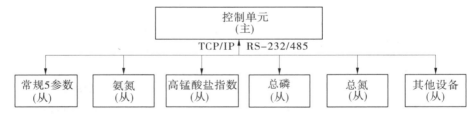

图 2-29 控制单元与各仪器通信链路总线连接示意图

b. 信号线应采用双绞屏蔽电缆,抗干扰措施,信号传输距离应尽可能缩短,以减少信号损失;

c. 信号线应与强电电缆分离。

④集成配套设备安装。

a. 应安装电力保障设备,保障系统供电稳定。

b. 应安装不间断电源设备,断电后至少能保证仪器完成一个测量周期和数据上传,且待机不少于 1 h。

c. 应安装在线预处理装置和除藻清洗装置,保证系统管路内部免受泥沙和藻类影响,并能够将清洁水或压缩空气送至采样头,消除采样头单向输水运行形成的淤积,防止藻类生长聚集和泥沙的沉积(浮船站除外)。

d. 管路中阀等部件应安装在便于检修、观察和不受机械损坏的位置。

⑤分析仪器安装。

a. 常规 5 参数仪器采配水应不经过任何预处理直接进行分析。

b. 氨氮、高锰酸盐指数、总磷、总氮及特征污染物仪器取样管,仪器至取样杯之间的管路长度应不超过 2 m。

c. 自动分析仪器工作所需的高压气体钢瓶,应有固定支架,防止钢瓶跌倒。

d. 仪器高温、强辐射等部件或装有强腐蚀性液体的的装置,应有警示标识。

e. 仪器应安装通信防雷模块。

⑥辅助设施安装。

a. 自动灭火装置安装应牢固且朝向仪器方向,应有效辐射所有分析设备。

b. 当监测数据异常时能够启动自动留样功能,留样后自动密封。

c. 在站房或船体合适的位置安装视频监控单元,保证全方位、多视角、无盲区、全天候式监控。

d. 视频监控设备可监视水质自动监测站内设备的整体运行情况,观察取水单元工作状况,水位、流量等水文情况,同时可观察水站院落、站房、供电线路等周边环境。

e. 视频监控单元安装完毕后远程上传至平台。

f. 安装站房门禁系统,自动记录站房出入情况并上传至平台。

2) 系统调试

(1) 功能检查。

①系统功能。

系统组成应完整,应具有良好的扩展性和兼容性,能够方便地接入新的监测参数;

系统应具有异常信息记录、上传功能,如采水故障、部件故障、超量程报警、超标报警、缺试剂报警等信息;

系统和仪器应能够实现对氨氮、高锰酸盐指数、总磷和总氮水质自动分析仪器加标回收率自动测试功能;

系统应具备仪器关键参数上传、远程设置功能,能接受远程控制指令;

系统应具有分析仪器及系统过程日志记录和环境参数记录功能,并能够上传至中心平台;

在不影响试剂溶解性的情况下,系统应保证分析仪器运行时所用的化学试剂处于 (4 ± 2) ℃低温保存;

系统及仪器应具备断电再度通电后自动排空水样和试剂、自动清洗管路、自动复位到待机状态的功能;

视频应实现全方位、多视角、全天候式监控,视频图像应清晰,应满足 1 个月的存储能力。

②仪器功能。

氨氮、高锰酸盐指数、总磷、总氮自动分析仪应具有自动标样核查、空白校准、标样校准等功能;

仪器应具备量程自动切换功能;

仪器应具有异常信息记录、上传功能,如零部件故障、超量程报警、超标报警、缺试剂报警等信息;

仪器应具备过程日志记录功能;

仪器应具备 RS-232、RS-485、RJ-45 等标准通信接口;

仪器应具备 1 小时 1 次的监测能力。

(2)采配水单元调试。

①采配水应满足 1 小时为周期的运行要求。

②通过控制软件依次操作各单元,检查采水泵、增压泵、空压机、除藻单元、液位计、各阀门、液位开关、压力开关、匀化装置等部件的工作状态是否正常。

③执行采配水分步流程,检查采配水管路有无漏液,5 参数检测池、预处理水箱等排水是否彻底,有无残留。

④执行清洗流程,检查自动反清(吹)洗是否正常,检查清洗管路有无漏液。

(3)仪器要求及调试。

①仪器要求。

a.分析仪器需通过环境监测仪器质量监督检验中心的适用性检测。

b.针对Ⅰ、Ⅱ类水,分析仪器检出限应不大于该监测项目断面水质类别限值。

c.当监测断面水质浓度连续超出仪器当前跨度值时,仪器应自动切换至备用跨度,备用跨度值应遵循以上要求。

②仪器调试。

仪器调试应开展自动分析仪器准确度、重复性、检出限、多点线性核查、集成干预检查、加标回收率测试、实际水样比对等测试。

(4)控制单元调试。

a.检查 VPN 设备、光纤收发器、无线模块连接是否正确。

b.检查控制单元与仪器之间的通信是否正常,检查仪器监测数据与控制单元采集的数据是否一致,并按照《国家地表水自动监测仪器通信协议技术要求》所有指令逐一调试,并做好记录。

c.检查控制单元上分析仪器关键参数与仪器设置的参数是否一致。

(5)辅助设备调试。

①检查废液收集或废液自动处理装置是否满足要求。

②检查站内安防、温湿度传感器等是否正常。

③检查站内稳压电源、不间断电源等设备是否正常。

④异常留样功能测试,验证自动留样器是否启动工作,检查留样完毕后能否进行自动密封。

⑤按要求进行视频监控设备操作,检查图像是否清晰,检查云台工作是否正常,检查视频焦距调整是否正常,视频存储功能是否正常。

(6)系统联调。

①系统调试。

设定系统运行周期(常规 5 参数 1 h/次,其他参数不低于 4 h/次),同时以 24 h 为周期运行零点漂移测试、跨度漂移测试,按需设定加标回收率自动测定周期,进行完整流程调试,包括采水、预处理、配水、自动分析检测、质控检测、管路清洗、数据采集传输等流程,进行水站系统全流程自动测试,验证系统是否正常运行,质控测试是否满足《地表水水质自动监测站运行维护技术要求(试行)》要求。

②联网调试。

a. 设置控制单元与平台通信参数,检查通信是否正常,检查仪器监测、控制单元采集及平台的监测数据及相关信息是否一致,并按照《国家地表水自动监测系统通信协议技术要求》所有指令进行调试,并做好记录。

b. 检查水站分析仪器数据是否可实时、准确上传至中心平台,数据时间、数据标识是否正确。

c. 检查水站运行状态及仪器关键参数信息是否实时、准确上传至中心平台。

d. 验证数据管理平台与水站分析仪器的各项远程控制指令,包括仪器远程参数设置、远程质控、远程启动测量、远程调阅设备运行日志等。

e. 检查水站视频是否可以远程查看,视频图像是否清晰。

(7)关键参数建档。

系统调试完毕后,应完整记录系统集成及仪器的关键参数,保证与上传至平台的信息保持一致,做好记录和存档。

3)试运行

联网调试完成后系统进入试运行,试运行应连续正常运行 30 d。

试运行开始前应提供维护方案和质控计划。

试运行期间因电力系统、采水系统等外界因素造成试运行期间系统故障,系统恢复正常后顺延相应的时间;因系统自身故障造成运行中断,系统恢复正常后重新开始试运行。

试运行期间应做好系统故障统计、试剂及标准溶液更换记录、易耗品更换记录等工作。

试运行期间监测数据上传至中心平台。

编制系统试运行报告。

2.2.1.5　设备在线监测

1. 概述

水利机械电气设备在一定的运行状态下,不同的部件(如轴承和叶轮等)会有不同的受损情况。当这些部件受损时,振动信号会以不同频率的振动波表现出来,这就可以使我们通过振动信息,识别和确定哪些部件已经损坏和这些部件的损坏进展情况。利用传感技术对机组运行过程振动、摆度、压力脉动等状态参数连续采集和在线监测,实时掌控机组当前工作状况,指导机组安全、可靠、经济运行。

2. 系统组成

泵站设备在线监测包括各种状态数据采集传感器、信号电缆、状态监测数据采集装置、上位机等。

3. 常用设备

1）传感器

泵站设备在线监测包含的传感器主要包括摆度传感器、低频振动速度型传感器、加速度传感器、键相位移传感器、轴向位移传感器、压力脉动传感器、荷重传感器等。

（1）摆度传感器。

摆度传感器可采用一体化电涡流传感器，该传感器输出直流耦合交流信号与标准电涡流位移传感器完全一样；分为分体式和一体化传感器，其中一体化摆度传感器将探头和前置器集成在一个壳体内，通过连接电缆直接输出，可方便拆卸，便于安装与维护。

（2）低频振动速度型传感器。

对于水泵机组来说，低频振动是其固有的特性，低频振动测量更需要给予重视。速度传感器具有工作采样频率低、长期运行可靠、互换性好、安装方向适应性强、防护等级高等特点。

（3）加速度传感器。

加速度传感器用于测量定子铁芯电磁振动，以及水轮机运行过程中的气蚀状况。定子铁芯振动传感器布置在定子机座附近定子铁芯外缘的中部，按径向和垂直布置，由于该处电磁干扰强，磁电式速度传感器不适用，而采用抗电磁干扰强的加速度传感器。

（4）键相位移传感器。

键相位移传感器监测机组键相信号可以直接获取键相脉冲信号，同时在大轴被测面安装键相片，当传感器对准键相片时输出高电平，远离键相片时输出低电平。感应式位移开关传感器不易受大轴摆度过大或轴心偏移过大等影响，安装和维护较为方便。

（5）轴向位移传感器。

大轴轴向位移传感器为大量程电涡流位移传感器。原理及特性与摆度传感器相同。

（6）压力脉动传感器。

水泵机组的稳定性很大程度上是由水力因素引起的，所以对机组各过流部件的压力脉动进行实时在线监测，是水泵机组状态监测系统的一项主要内容，有利于对机组的稳定性进行深入分析，有利于掌握机组的特性。

2）数据采集设备

现地采集设备主要由数据采集装置、电源装置、网络设备、软件及相应机组在线监测屏柜等组成。机组在线监测屏一般置于电机层。主要完成机组振动、摆度、水压脉动、轴向位移等的实时采集、计算和分析处理，得到反映水泵机组运行状态的各种特征量，同时可实现现地显示、故障预警和报警，并且将数据通过网络传送到后台服务器，供进一步的状态监测分析和诊断。

机组状态监测屏主要由模块化状态监测数据采集装置、相关网络通信设备及屏柜等组成。机组状态监测屏置于发电机层，每面屏显示窗口为彩色液晶屏，组成一个标准盘柜。

模块分别对来自监测元件的相关数据进行特征参数提取，得到机组状态数据，并将数据通过网络传至同一状态数据服务器，供进一步的状态监测分析和诊断。

4. 功能指标

机组状态在线监测采取开放、分层、分布式系统结构,包含传感器单元、数据采集单元和上位机单元三个层次及各单元间信号电缆等。其中传感器单元与数据采集单元组成现地系统,传感器单元包括系统所用到的各种传感器及其附属设备。数据采集单元包括数据采集装置、供电电源、触摸显示屏等,集中安装于现地监测屏柜中。上位机单元包括数据服务器、工程师工作站(布置在中控室内)等,服务器中包含相关分析和处理软件,着重于建立智能数据库,并与泵站计算机监控系统、泵站信息管理系统等进行有关信息的双向交流以完整显示、分析、处理监测数据,且能够利用网络技术与调度中心或远程诊断中心进行信息交换,充分发挥远程中心的技术分析指导功能。

5. 安装调试

水泵机组状态监测及分析系统包括各种状态数据采集传感器、信号电缆、状态监测数据采集装置、上位机等建设内容。

常规泵站单台机组设置的测点见表 2-3、表 2-4。

表 2-3　单台机组测点

序号	监测项目		数量/套	说明
1	键相(转速)		2	键相标记布置在与转子励磁主引线同一方位上,键相传感器布置于+X 或+Y 方位
2	振动	电机上机架振动	3	径向 X/Y、轴向各 1 个测点
3		电机下机架振动	3	径向 X/Y、轴向各 1 个测点
4		电机定子铁心振动	2	水平、垂直振动各 1 个测点
5		水泵顶盖(上导轴承)振动	3	径向 X/Y、轴向各 1 个测点
6		水泵叶轮外壳处振动	2	径向 X/Y 各 1 个测点
7	摆度	水泵与电机法兰连接处	2	径向 X/Y 各 1 个测点
8	脉动	水泵转轮进口压力	2	径向 X/Y 各 1 个测点 与模型试验测点位置相对应
9		水泵转轮出口压力	2	径向 X/Y 各 1 个测点 与模型试验测点位置相对应
10		水泵导叶出口压力	2	径向 X/Y 各 1 个测点 与模型试验测点位置相对应
11	电机推力轴承轴向载荷		1	轴向载荷传感器 1 套
12	机组主轴轴向位移		1	采用非接触式位移传感器
13	瓦振		4	4 个测点

表 2-4 过程量参数

序号	测点名称	数量	说明
1	扬程	1	与监控系统通信
2	流量	1	与监控系统通信
3	进水池水位	1	与监控系统通信
4	出水池水位	1	与监控系统通信
5	轴承瓦温	1	与监控系统通信
6	轴承冷却水温	1	与监控系统通信
7	轴承润滑油温	1	与监控系统通信
8	定子三相温度	1	与监控系统通信
9	电动机上下齿压板温度	1	与监控系统通信
10	油位信号	1	与监控系统通信
11	叶片角度	1	与监控系统通信

系统监测方式分为三类：现地监测方式、厂站监测方式、远程监测方式。

（1）现地监测方式是指通过泵站现地人机界面对单台机组进行状态数据监测和分析。

（2）厂站监测方式是指通过泵站中控室工作站对机组运行监测和分析。

（3）远程监测方式是指通过集控中心对本泵站机组进行状态数据监测和分析。

2.2.1.6 工程安全监测

1. 概述

水工建筑物作为重要的水利工程设施，在水资源的合理调度和管理中起着不可代替的作用，在区域性的防洪、除涝、灌溉、调水和抗旱减灾，以及工农业用水和城乡居民生活供水等方面发挥着重要作用。水工建筑物的安全关系到水利工程能否正常运行及整个水利工程的效益。因此，水工建筑物的工程安全监测问题尤为重要。

目前的水工结构安全监测系统尚未达到在线监控和实时预警的要求，仅管理水工安全监测信息，与其他信息的交互不够，无法满足管理层综合评估、科学决策、全面调度的需求，也将限制集约化、精细化管理水平的提升。

另外随着大数据技术、移动网络、智能设备等发展，安全信息管理系统也出现了一些新的发展趋势和应用。这些应用可为水工安全监测系统智能化研究提供基础。

2. 系统组成

大坝安全监测系统由安全监测传感器、采集控制系统和监测数据采集及分析软件等组成，通信网络可根据现场实际条件选用有线网络、4G/5G、北斗卫星、NB-IoT 等公共通信资源。

3. 常用设备

引供水工程一般由干渠（堤）、隧洞、闸（泵）站、分水口、渡槽、倒虹吸以及各类交叉建筑物组成。其中，闸（泵）站、分水口、渡槽、倒虹吸以及各类交叉建筑物的安全监测一般参照混凝土坝监测规范设置必要的监测项目。设置有表面和基础变形、混凝土应力应变、钢筋应力、接缝、渗透压力等监测项目。干渠(堤)的安全监测一般参照土石坝监测规范设置,主要设有表面变形、内部变形、渗透压力等监测项目。引供水工程的边坡安全监测,参照混凝土坝监测规范边坡监测的设置项目。引供水工程的隧洞安全监测,可参考大型洞室安全监测,一般在混凝土衬砌设置混凝土应力应变监测、钢筋应力监测以及接缝、渗透压力监测,围岩设置变形监测(多点变位计)、渗透压力(渗压计)监测和围岩应力(锚杆应力、锚索应力)监测。

1)安全监测

(1)变形监测。

变形包括外部变形和内部变形两个方面:外部变形是指变形体外部形状及其空间位置的变化,如倾斜、裂缝、垂直和水平位移等,因此变形监测又可分为垂直位移监测(常称为沉降监测)、水平位移监测(常简称为位移监测)、倾斜监测、裂缝监测、挠度(建筑的基础、上部结构或构件等在弯矩作用下因挠曲引起的垂直于轴线的线位移)监测、风振监测(对受强风作用而产生的变形进行监测)、日照监测(对受阳光照射受热不均而产生的变形进行监测)以及基坑回弹监测(对基坑开挖时由于卸除土的自重而引起坑底土隆起的现象进行监测)等;内部变形则是指变形体内部应力、温度、水位、渗流、渗压等的变化。通常,测量人员主要负责外部变形的监测,而内部变形的监测一般由其他相关人员进行。

通过变形观测,一方面可以监视水工建筑物的变形情况,以便发现异常变形可以及时进行分析、研究、采取措施加以处理,防止事故的发生,确保施工和建筑物的安全。

(2)渗流监测。

渗流监测是指对水工建筑物及其地基内由渗流形成的浸润线、渗透压力(或渗透水头)、渗流量和渗水水质等的观测。其目的是掌握水工建筑物及其地基的渗流情况,分析判断是否正常和可能发生不利影响的程度及原因,为工程养护修理和安全运用提供依据,并可为水利工程的勘测、设计、施工和科研提供参考资料。进行渗流观测时应同时观测上下游水位、水温及其他必要的水文气象项目。工程初次蓄水或挡水、泄水、上游高水位或水位陡变、强烈地震后或工程存在缺陷时,应加强观测。

(3)应力应变。

水工建筑物应力应变监测是指运用监测仪器和设备,对水工建筑物在内、外部荷载和各种因素作用下引起的应力大小、分布及其变化所进行的监测。应力应变监测的目的:①通过监测了解水工建筑物内部实际应力的大小、方向和分布,以检验建筑物中应力是否超出材料的强度极限,分析判断建筑物产生裂缝及其扩展甚至破坏的可能性,以便及时采取措施,保证工程安全。②将实测成果与设计假定数据对比,以检验设计假定数据、计算方法和施工方法的合理性,为以后设计和施工选取数据和方法提供资料。

应力应变监测的主要内容包括混凝土应力监测、钢筋应力监测、钢板应力监测和土压力监测。

2)监测仪表

监测仪表通常安装在观测传感器附近,是实现巡回检测时用以切换测点的专用设备。有一类集线箱本身具备模数转换功能,能将传感器输出的模拟量变换为便于传输的数字量。

观测仪表接入类型有电阻式、电感式、电容式、钢弦式以及其他形式。常用的有应变计、温度计、孔隙水压力计、测缝计、基岩变形计、垂线坐标仪、引张线遥测仪、倾斜仪和渗漏量遥测仪等各种观测项目的遥测仪器。

4. 功能指标

根据工程等别、地基条件、工程运用及设计要求设置变形、渗流、水位、应力、泥沙等常规监测项目,必要时还可设振动专项监测。根据工程安全监测布置情况构建安全监测自动化系统,宜采用分布式智能节点控制开放型的网络结构,现场数据采集单元可按设定时间自动进行巡测、选测、存储数据,并向远方的管理处报送数据。

监测功能:能够在监测中心直接对所接入的各类监测仪器进行自动化监测,实现统一管理。

操作功能:实现监视操作、输入/输出、显示打印、报告现在测值状态、调用历史数据、自诊断数据采集系统运行状态;根据程序执行状况或系统工作状况给出相应的提示;实现整个系统的运行管理、修改系统配置、系统测试和系统维护等。

掉电保护功能:系统设备具备掉电保护功能。在外部 220 V 交流电源突然中断时,能够保证数据和参数不丢失。

安全防护功能:具有多级用户管理功能,设置有多级用户权限、多级安全密码,能对系统进行有效的安全管理。

自检功能:系统具有自检能力,能对现场各数据采集装置进行自动检查,能在计算机上显示系统运行状态和故障信息,以便及时进行维护。

5. 安装调试

工程安全监测需紧紧围绕工程任务,以"监测自动化、管理信息化、决策智能化、应用移动化"为目标,构建安全监测系统,包括安全监测自动化系统、安全信息管理系统、安全分析评估及辅助决策系统和移动应用平台。

根据工程等别、地基条件、工程运用及设计要求设置变形、渗流、水位、应力、泥沙等常规监测项目,必要时还可设振动专项监测。根据工程安全监测布置情况构建安全监测自动化系统,宜采用分布式智能节点控制开放型的网络结构,现场数据采集单元可按设定时间自动进行巡测、选测、存储数据,并向远方的管理处报送数据。

2.2.2 现地监控

现地监控系统的主要组成部分就是现地控制单元 LCU(Local Control Unit),在水利工程一体化管控系统中 LCU 直接与水利工程的生产运行过程接口,是系统中最具面向对象分布特征的控制设备。

LCU 一般布置在水利工程生产运行设备附近,就地对被控对象的运行工况进行实时监视和控制,是水利工程一体化管控系统的较底层控制部分。原始数据在此进行采集和预处理,各种控制调节命令都通过它发出和完成控制闭环,它是整个监控系统中很重要、对可靠性要求很高的控制设备。

2.2.2.1 闸门监控

闸门监控系统能够实现远程自动控制及现地手自动控制相结合的方式。为了高效精确进行调水、泄洪、灌溉等配水工作,对水利工程的闸门实现自动控制。对调节精度高、频繁动作的闸门也可利用 PID 算法实现全自动控制,可进一步提高调度的高效性。

1. 闸门监控系统的应用环境

闸门监控系统主要应用于利用闸门挡水和泄水的低水头水工建筑物中,多见于渠系、河道、水库、湖泊岸坡。

闸门的分类按照工作性质的不同分为工作闸门、事故闸门和检修闸门等;按照门体的材料分为钢闸门、钢筋混凝土或者钢丝网水泥闸门、木闸门及铸铁闸门等;按照其负担的任务不同分为节制闸(拦河闸)、进水闸(取水闸)、泄洪闸(排水闸)、分洪闸、挡潮闸、冲砂闸等。按照其结构形式分为平面闸门、弧形闸门等。

2. 闸门监控系统的分类

闸门监控系统根据闸门启闭设备的不同主要分为以下几类。

1) 液压闸门监控系统

液压闸门监控系统适用于通过液压启闭机启闭的闸门。液压启闭机一般是由液压泵站、液压缸、活塞组成。活塞经活塞杆或连杆和闸门连接。改变油管中的压力即可使活塞带动闸门升降。其优点是利用油泵产生的液压传动,可用较小的动力获得很大的启重力;液压传动比较平稳和安全;较易实行遥控和自动化等。

液压启闭机启闭能力较大,操作灵便,启闭速度相对平稳,适用于中大型闸门。其样式如图 2-30 所示。

图 2-30 液压启闭机示意图

2) 卷扬闸门监控系统

卷扬闸门监控系统适用于通过卷扬式启闭机启闭的闸门。卷扬启闭机一般由电动机、减速箱、传动轴和绳鼓所组成。绳鼓固定在传动轴上,围绕钢丝绳,钢丝绳连接在闸门吊耳上。启闭闸门时,通过电动机、减速箱和传动轴使绳鼓转动,带动闸门升降。为了防备停电或电器设备发生故障,可同时使用人工操作,通过手摇箱进行人力启闭。

卷扬式启闭机启闭能力较大,操作灵便,启闭速度快,适用于弧形闸门。某些平面闸门能靠自重(或加重)关闭,且启闭力较大时,也可采用卷扬式启闭机。其样式如图 2-31 所示。

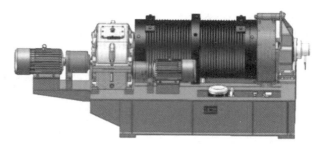

图 2-31　卷扬式启闭机示意图

3)螺杆闸门监控系统

螺杆闸门监控系统适用于通过螺杆式启闭机启闭的闸门。螺杆式启闭机是由轴架、装在轴架上的电动机、螺纹杆、连杆等组成。当闸门尺寸和启闭力都很小时,常用简便、廉价的单吊点螺杆式启闭机。螺杆与闸门连接,用机械或人力转动主机,迫使螺杆连同闸门上下移动。当水压力较大,门重不足时,为使闸门关闭到底,可通过螺杆对闸门施加压力。当螺杆长度较大(如大于 3 m)时,可在胸墙上每隔一定距离设支撑套环,以防止螺杆受压失稳。

螺杆式启闭机启闭能力较小,启闭速度慢,适用于小型闸门,其启闭重量一般为 3~100 kN。其样式如图 2-32 所示。

图 2-32　螺杆式启闭机示意图

3. 闸门监控系统的建设

闸门监控系统采用分布式分层结构,根据应用场合的不同,可分为现地闸门控制系统和厂站级闸门监控系统。厂站级监控软件主要采用成熟的 SCADA 计算机监控软件平台,针对用户管理和应用场景的特殊需求,则需要进行定制开发。

　　整个闸门监控系统以现地控制单元 LCU 为核心,配以闸门监控系统所需监测闸门的上/下游水位、上游流域的来水流量、库区的库容、闸门荷重、闸门启闭状态与开度等各类测量元件,实现在监控中心远程启闭以及闸门手/自动控制、统计及保护,并通过实时图像监控直观了解闸门的运行工况以及周边环境,辅以广播、LED 大屏、警示灯等辅助设备及时向周边进行提前预警。操作人员通过闸门监控系统监视控制闸门,提高自动化控制程度,并减少闸门动作过程中的人工误差。结合远程图像监控系统,将闸门现场的图像信息和数据信息在同一操作界面上直观地显示出来,互为印证。辅以现场声光警示装置,提醒闸门四周活动的船舶、行人、车辆以及动物注意安全,避免财产损失。整个闸门监控系统结构如图 2-33 所示。

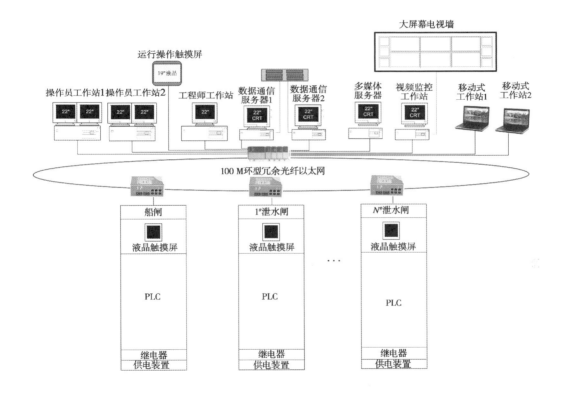

图 2-33　闸门监控系统结构

　　1)厂站级闸门监控系统

　　厂站级闸门监控系统主要包含操作员站、工程师站、数据库服务器、网络交换机以及配套操作系统、数据库、SCADA 计算机监控软件平台等。

　　2)现地闸门控制系统

　　现地闸门控制系统主要包含可编程控制器 PLC、触摸屏、开关电源、现地交换机、电机动力设备、机柜和配套附属设备组成。现地闸门控制系统结构如图 2-34 所示。

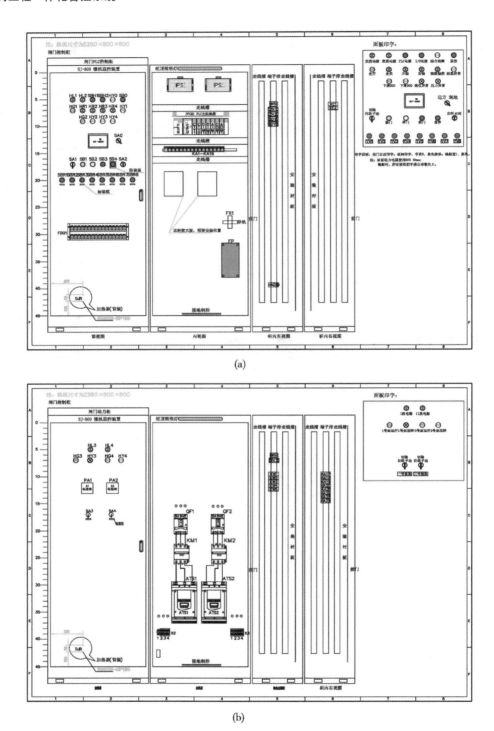

(a)

(b)

图 2-34 现地闸门控制系统结构

4.闸门动力柜的设计调试

1)机柜盘面设计

闸门系统现场布置要求是影响闸门机柜设计的重要因素,不同机组布置方式不同,盘面布置也因此有所区别。遵循原则为:闸门状态、油泵状态的重要信息需在电厂人员常操作层面反映。对于无触摸屏的闸门,现地控制系统尤为重要。

PLC 控制柜如图 2-35 所示。

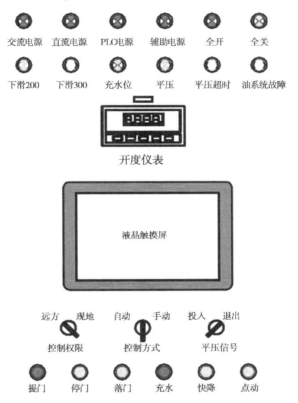

图 2-35　PLC 控制柜

显示充水位和平压信号,便于现场运行维护。快降和落门是两种不同的落门方式。快降对闸门是有一定伤害,特别对闸门底槛的密封垫。

动力柜如图 2-36 所示。

显示油位过低和油压过高信号,便于现场日后运行维护分析故障。

对于一套 PLC 控制多个闸门,并配有多个闸门控制箱,PLC 侧可以通过触摸屏显示具体闸门信息,不需要使用指示灯一一列出,现地闸门控制箱,需要显示油泵信息。

2)机柜设计要求

柜型的选择方面,适用于装电机动力设备的柜型,通常选用固定柜,且门板为整门的柜型,因为动力柜内元件基本上为整板安装,便于安装、调试和维护。

柜体通风方案,采用前门下进风上出风的形式,后门不加进出风孔。进、出风口分别

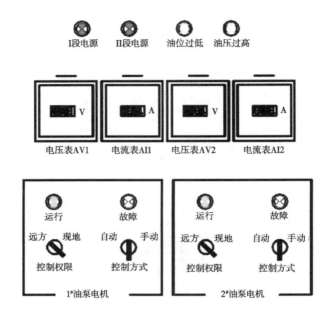

图 2-36　动力柜

装 1 个通风过滤器来防尘。小功率电机的动力柜内的元件发出的热量较少,采用自然对流的方式即可。如果是大功率电机的动力柜,由于软启动器或变频器的发热量较大,需要加快风速,可在门板上半部的出口过滤器上加装 1 个轴流风机,向外排风。

行线槽的规格有很多,常用的行线槽宽度为 25 mm、40 mm、60 mm、80 mm、100 mm,高度为 40 mm、60 mm、80 mm、100 mm,颜色首选灰色。

选择行线槽的原则:通常是根据经过此线槽的线的体积之和(含绝缘层)为行线槽容量的 80% 左右,来选择线槽的规格,余下的空间便于线的散热。计算时可以用截面的关系,即线的截面之和(含绝缘层)为线槽截面的 80% 左右。

通常大于 6 平方的线缆,不宜用行线槽来管理线束,但有时为了柜内布置整齐美观,对于特殊的线缆,如网线、元器件的预制电缆等,也放进了行线槽,在装配设计时要特殊考虑,根据线径以及弯曲半径来选择行线槽,将电缆整齐地放进行线槽内。

元器件布置的原则:柜内元器件布置,一般是从上到下,从左向右,便于操作与维护,经常操作或维护的元器件安装在较容易触及的位置,从高度上讲,尽量安装在离地面 400~1 800 mm 的高度。如果元器件较多,可考虑将不常操作的元器件安装在柜体高度 2 000 mm 左右的位置,底部元器件安装位置不能低于地面 200 mm,否则现场无法接线。

功率部件与控制部件的布置:功率部件(变压器、驱动部件、负载功率电源等)与控制部件(继电器控制部分、可编程控制器)必须分开安装,但是并不适用于功率部件与控制部件设计为一体的产品,变频器和滤波器的金属外壳,都应该用低电阻与电柜连接,以减少高频瞬间电流的冲击。理想的情况是将模块安装到一个导电良好、黑色的金属板上,并将金属板安装到一个大的金属台面上。

软启动器/变频器的布置:软启动器/变频器最好安装在控制柜内的中部,要垂直安装,正上方和正下方要避免可能阻挡排风、进风的大器件;变频器上、下部边缘距离,电气控制柜顶部、底部距离,或者隔板和必须安装的大器件的最小间距,都应该大于 150 mm;如果特殊用户在使用中需要取掉键盘,则软启动器/变频器面板的键盘孔,一定要用胶带严格密封或者采用假面板替换,防止粉尘大量进入变频器内部。

电机电缆的布置:电机电缆应与其他控制电缆分开走线,其最小距离为 500 mm。同时,避免电机电缆与控制电缆长距离平行走线。如果控制电缆和电源电缆交叉,应尽可能使它们成 90°角交叉。同时,必须用合适的夹子将电机电缆和控制电缆的屏蔽层固定到安装板上。

柜内照明:柜内顶部装照明灯,由门控开关控制。单面布置的装 1 套,前后双面布置的装 2 套。开门时灯亮,关门时灯灭。

接地系统:安装元器件的安装板等结构件与柜体框架要可靠固定,所用连接件要垫上爪形弹垫,从安装板底部用黄绿导线引至 PE 排上。柜体旋转部件的接地,应使用铜编织带连接到柜体框架上。

3)电机回路典型设计

带有软启动器/变频器的电机控制回路设计,设计思路如图 2-37 所示,以软启动器为例,其他系统软启动器启动方式大体一致,可参考图 2-37 进行设计。

"断路器+接触器+热继电器"直接启动方式的电机控制回路设计如图 2-38 所示。

5. 闸门的控制与调节

闸门现地控制柜接受中心监控系统、现地监控系统上位机的控制命令并启动 PLC 程序执行自动控制流程,实现闸门的开门、关门、停门及设定开度控制,也可通过 LCU 上的触摸屏发令,启动各设备的自动控制。

现地控制柜采用 PLC 完成对闸门的逻辑控制,PLC 首先从闸门现有的参数,如闸位、机械上/下限位、电子上/下限位、按钮输入、闸门是否有运行机械故障报警等判断现有的工况,然后通过控制指令和逻辑运算使闸门完成操作,在软件上考虑闸门上升、下降时的逻辑互锁和反向延时以防止闸、阀的机械和电气冲击,上升、下降时左右的闸位高度是否达到纠偏要求、是否超差等,所有这一切都通过 PLC 内的软件编程来实现。闸门测控仪根据从安装在闸门两端的光电闸门开度传感器传来的闸位信号,判断闸门现在的实际位置与状态,如是否已到指定位置、左右是否超偏、闸门上/下限位置、是否正在运行等。然后,根据面板操作设定及按钮操作或监控中心闸门监控计算机运行指示给 PLC 发出运行、到位、停止、自动纠偏和限位停车等指令。PLC 这些功能由硬件和程序软件来实现。所有 PLC 通过通信接口与监控中心闸门监控计算机构成一主多从结构的通信系统,完成上位机发出的采集和控制指令。监控中心计算机通过应用软件直接监控、监测闸、阀的状态,并控制闸、阀到设定开度;现地控制柜中的测控仪和 PLC 直接控制闸阀,并响应上位机的控制命令、采集命令,组成分布式系统,共同完成闸门的监控。

主要的控制方式有以下几种:

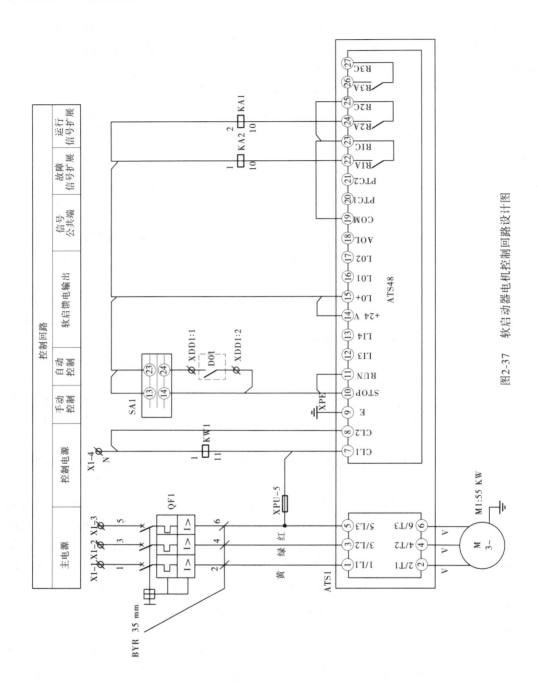

图2-37 软启动器电机控制回路设计图

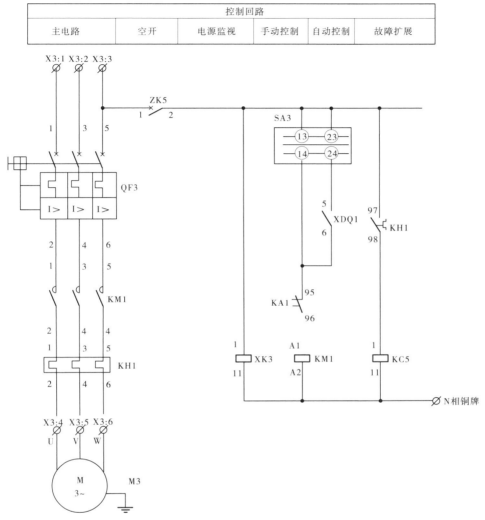

控制回路					
主电路	空开	电源监视	手动控制	自动控制	故障扩展

图 2-38　直接启动方式电机控制回路设计图

（1）现地手动方式:先将机柜控制权把手置于"现地"位置,控制方式置于"手动"位置,再通过面板上的手动按钮,接通关闭手动控制回路的弱电继电器控制电机、阀门动力回路提升、降落闸门到指定位置。

（2）现地自动动方式:先将机柜控制权把手置于"现地"位置,控制方式置于"自动"位置,再通过面板上的手动按钮或触摸屏发令给 PLC,由 PLC 执行流程驱动自动控制回路的弱电继电器控制电机、阀门动力回路提升、降落闸门到指定位置。

（3）远方手动控制:先将机柜控制权把手置于"远方"位置,控制方式置于"自动"位置,操作员在上位机界面中输入要求的闸门开度或者点击上升、下降指令,向 PLC 发出指令,PLC 响应上位机指令实现对闸门运行控制。

（4）远程自动控制:先将机柜控制权把手置于"远方"位置,控制方式置于"自动"位置,操作员根据情况设定相关水流、闸门开度等相关数据,软件对数据进行综合运算,实时向 PLC 传送控制指令,PLC 自动地执行相应动作。

2.2.2.2 泵站监控

泵站机电设备主要为水泵和动力机(通常为电动机和柴油机),辅助设备包括充水、供水、排水、通风、压缩空气、供油、起重、照明和防火等设备。泵站监控系统能够实现远程自动控制及现地手动控制相结合的方式。为了高效精确进行供排水工作,对水利工程的水泵实现自动控制。

泵站监控系统适用于供排水系统中泵站的远程监控及管理。泵站管理人员可以在泵站监控中心远程监测内水位或压力、泵组工作状态、出站流量、出站压力等,并针对实际需要控制泵组的启停。

1. 泵站监控系统的应用环境

泵站监控系统主要应用于将水由低处抽提至高处的机电设备和建筑设施的综合体中,多见于取水和引水构筑物、进水构筑物、泵房和阀门井等工程设施。

水泵站按用途分为灌溉泵站、排水泵站、排灌结合泵站、供水泵站、加压泵站、多功能泵站等;按能源分为电力泵站、内燃机泵站、水力泵站、太阳能泵站、风力泵站等;按能否移动分为固定式泵站、半固定式泵站和移动式泵站(泵车、泵船);按主泵类型分为离心泵站、轴流泵站和混流泵站等。

2. 泵站监控系统的分类

泵站监控系统根据泵站应用场景可分为供水泵站和排水泵站。

1)供水泵站

供水泵站监控系统适用于城市供水系统中加压泵站的远程监控及管理。泵站管理人员在监控中心即可远程监测泵站水池水位或进站压力、加压泵组工作状态、出站流量、出站压力等;可远程控制、自动控制加压泵组的启停;通过图像监视站内全景及重要工位,实现泵站无人值守。

2)排水泵站

排水泵站监控系统适用于城市排水泵站的远程监控及管理。泵站管理人员可以在泵站管理处的监控中心远程监测站内格栅机的工作状态、污水池水位、提升泵组工作状态、出站流量、池内有害气体浓度等;支持手动控制、自动控制、远程控制格栅机、排风机及提升泵的启停;图像监视站内全景及重要的工位。

上述泵站监控系统组成类似,均由监控中心、SCADA 计算机监控软件平台、水泵站监控设备、计量测量及摄像设备组成。

3. 泵站监控系统的建设

泵站监控系统主要实现对水泵机组、水闸、供配电系统、进出水池、直流系统、仪表系统、液压系统及其泵站运行重要部位与关键对象、参数进行有效的监测、监视、监控并做到重要数据、图像、指令的传送和接收。

泵站监控系统建设内容主要包括机组现地控制柜、公用开关站控制柜、供排水辅机控制柜、通风风机控制柜、闸门控制柜、拦污栅控制柜、泵站操作员工作站、泵站主机服务器、网络设备、UPS 及直流屏、对时装置、网络服务器柜等。泵站监控系统结构如图 2-39 所示。

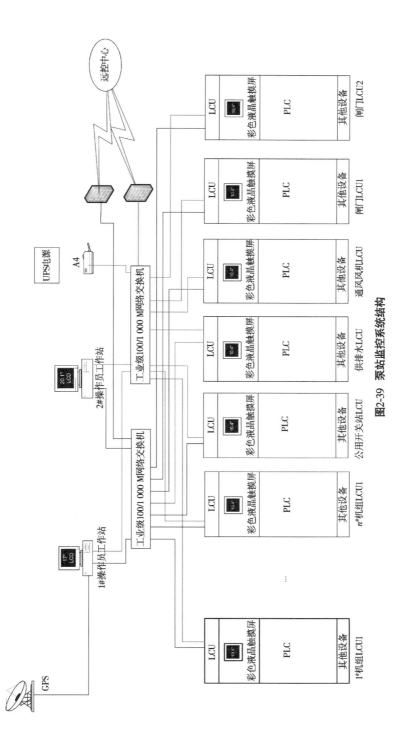

图2-39　泵站监控系统结构

4. 泵组的控制与调节

控制对象:水泵、水闸、格栅、高低压电器设备等。

控制方式:当控制方式切换到计算机控制为主的方式时,集控中心值班人员通过主控站工控机人机接口对设备进行监控,主要有:

(1)自动完成开、停机和泵闸启闭。

(2)电气设备开关合/分操作。

(3)各种辅助设备的操作。

(4)各种整定值和限值的设定。

(5)各种信号处理。

(6)其他与管理单位商定的功能。

泵组顺序控制:当泵组开、停机指令确认下发后,计算机监控系统能自动推出相应机组的开、停机操作过程监视画面。画面上反映操作全过程中所有重要步骤的实时状态、执行时间及执行情况,当操作受阻时及时提示受阻部位及受阻原因。机组的开、停机操作允许开环单步运行和闭环自动运行。计算机监控系统自动识别在不同方式下的开、停机操作要求并做出响应。

泵组辅助设备及公用设备手动控制及启、停或开、闭手动操作。

闸门顺序控制:当闸门启、闭指令确认并下发后,计算机监控系统自动推出响应闸门启、闭操作过程监视画面。画面上反映操作全过程中所拥有重要步骤的实时状态、执行时间及执行情况,当操作受阻时及时提示受阻部位及受阻原因。闸门启、闭操作允许开环单步运行和闭环自动运行。计算机监控系统能自动识别在不同方式下的启、闭操作要求并做出不同的响应。

控制与调节对象及控制与调节方式:控制与调节对象主要为闸门、水泵以及其他电器设备。当控制方式切换到计算机控制为主方式时,控制室值班人员通过工控机人机接口对设备进行监控,应能完成下列内容:按给定开度自动完成开闸、关闸操作;闸门运行过程中遇到意外情况时在监控主机以及现场进行急停操作;电器设备开关合/分操作;各种辅助设备的操作;各种整定值和限值的设定。

其他必要功能:

统计与制表。对采集的数据与检测事件进行在线计算,打印输出各种运行日志和报表。

人机接口。在线显示实时图形,使值班人员对运行过程进行安全监视并通过控制室计算机键盘在线调整画面、显示数据和状态、修改参数、控制操作等。

画面显示。画面显示是计算机自动控制的主要功能,画面调用将允许自动及召唤方式实现。自动方式指当有事故发生时或进行某种操作时有关画面的自动推出,召唤方式指某些功能键或以菜单方式调用所需要的画面。画面种类包括动态显示图、单线图、立面图、曲线、各种语句、表格等。要求画面显示清楚稳定,画面结构合理,刷新速度快且操作简单。单线系统种类包括电气主线图、启闭机控制接线图等。在这类画面上能实时显示出运行设备的实时状态及某些重要参数的实时值,同时可通过窗口显示其他有关信息。

立面图在画面上能实时显示出水位、动态显示闸门开度等参数,形象直观;并能点击弹出各启闭机的控制画面。表格类包括参数及参数给定值、特性表、定值变更统计表、各类报警信息统计表,操作统计表、各类运行报表、运行日志、水文特征值等。运行指导类包括升、降、停指导,低压系统操作指导,种类提示信息等。以上各类画面可以按值班人员要求组合在一起显示,也可以单独显示。设备状态维修的指导除正常的监视各类设备的运行状态外,还应具备设备的维修指导,达到指定的参数时给出提示,使设备的维护更科学。

语音提示功能:当各画面进行操作时应能语音提示,以及发生事故和故障时,应能用准确、清晰的语言向有关人员发出报警。

系统自检和自动重启动:包括主机自检和过程故障检测,通过检测包括对 I/O 过程通道在线自动检测,检测内容有通道数据有效性、合理性判断,故障点自动查找及故障自动报警。

数据通信主要包括以下几个方面:

(1)中控与子系统之间的通信。

(2)中控与上级部门的通信。

(3)将泵、闸的有关数据、信息送往上级部门,接收上级部门下发的各种命令,计算机与设备的数据通信。

(4)计算机与各设备之间的数据通信,其原则是速度快、数据处理能力强、安全可靠性高,使泵站达到快速敏捷、高效低耗运行。

2.2.2.3　阀门监控

阀门监控系统能够实现远程自动控制及现地手自动控制相结合的方式,来开闭管路、控制流向、调节和控制输送介质。

1. 阀门监控系统的应用环境

阀门的分类繁杂,如根据功能,可分为关断阀、止回阀、调节阀等;根据材质,可分为铸铁阀门、铸钢阀门、不锈钢阀门等;根据压力,可分为真空阀、低压阀、中压阀、高压阀等;也可以根据工作温度、结构、传输介质进行分类。由于闸门种类繁多,其应用场景就更加丰富。

针对监控系统来说,按照驱动方式的不同,可分为电磁阀和电动阀两类。电磁阀是电磁线圈通电后发生磁力吸引克服弹簧的压力带动阀芯动作,只能实现开关;电动阀是通过电动机驱动阀杆,带动阀芯动作,电动阀又分关断阀和调节阀。关断阀是两位式的工作即全开和全关,调节阀是上面装置电动阀门定位器,通过闭环调节来使阀门动态地稳定在一个位置上。

2. 阀门监控系统的技术特点

兼容性强:现场供水监控终端接口丰富,可匹配各类电动/电磁阀、电磁/超声波流量计、远传水表、模拟量/串口压力变送器等。

通信灵活:根据当地网络条件,可灵活选用 GPRS、CMDA、4G、电台、网桥等通信方式。

操作简单:监控软件界面简洁明快,图形化展现现场工艺,阀门操控简单、直观。

无缝对接:监控软件可通过 OPC、数据库等多种形式对接供水调度平台或其他综合应用系统。

3.阀门监控系统的建设

阀门监控系统主要实现对电动阀门、压力变送器和电磁流量计等重要设备与关键对象、参数进行有效的监测、监视、监控并做到重要数据、图像、指令的传送和接收。

阀门监控系统主要包含终端控制箱、网络设备等,通过有线或 5G/4G 等无线通信手段,传输至监控调度中心,实现了阀门的远程监控和调度。阀门监控系统结构如图 2-40 所示。

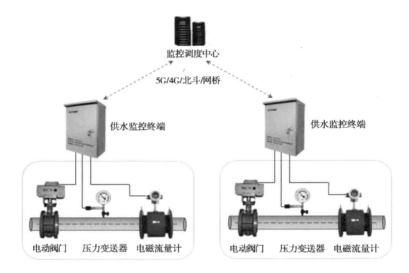

图 2-40　阀门监控系统结构

4.阀门的控制与调节

阀门监控系统 LCU 接收监控调度中心上位机的下发的控制命令并启动测控装置程序执行自动控制流程,也可以通过其他方式实现现地阀门设备的手自动控制。阀门主要的控制方式有以下几种:

现地手动方式:先将阀门终端箱控制权把手置于"现地"位置,控制方式置于"手动"位置,再通过面板上的手动按钮,接通关闭手动控制回路的弱电继电器控制阀门动力回路开启、关闭或到指定位置。

远方手动方式:先将阀门终端箱控制权把手置于"远方"位置,控制方式置于"自动"位置,操作员在上位机界面中输入要求的阀门开度或者点击开、关指令,向 PLC 发出指令,PLC 响应上位机指令实现对阀门运行控制。

自动运行方式:先将机柜控制权把手置于"远方"位置,控制方式置于"自动"位置,操作员在上位机界面设定相关水流、水位参数,将阀门控制权切换到"全自动",软件对数据进行综合运算,实时向 PLC 传送控制指令,PLC 自动地执行相应动作。

主要控制功能有以下几种:

(1)阀门监控,实时监测电动阀门的开、关状态;远程开启、关闭阀门或调节阀门开度,提高管理效率、降低管理成本。

（2）压力监测,实时监测管网压力,压力不足或过高时自动报警,保障用水合理供应、辅助调配供给。

（3）流量监测,实时监测供水流量、流量计异常自动报警,实现远程自动抄表、海量数据辅助分析用水规律。

（4）供电监测,监控现场断电时主动告警,提醒管理人员及时处置故障。

（5）安防监测,监控终端箱门打开自动报警、可扩展安防自动拍照功能,保障设备、设施安全。

（6）统计分析,自动统计日、月、年供水数据报表;一键生成时段压力曲线,方便供水统计与分析。

（7）记录存储,人员登陆日志、流量/压力历史数据、阀门操控记录、现场报警信息自动存储,便于事件追忆、事故追溯。

2.2.2.4　水厂监控

1. 水厂监控系统的应用环境

建设水厂监控系统的目的之一是对全厂设备的工作情况、仪表等工艺参数以及其他现场数据进行监视和自动调控,防止水厂生产过程运行在非正常的状态之下,提高管理人员的事故处理能力和应变速度,并且可以通过各种自动报警手段和紧急处理程序把事故隐患消灭在萌芽状态,保障水厂供水的安全可靠性和生产的连续性。

建设水厂监控系统的另外一个主要目的是实现对水厂生产过程的全方位自动控制,可以通过操作员工作站与全厂设备进行操作互动,控制现场设备的自动运行、停止和自动进行参数调节,实现生产现场和过程的无人值守管理。

另外,水厂监控系统还可以实现日常生产调度和管理的自动化,可以通过工作站自动统计日常生产报表、日常事件记录日志等文档材料,自动记录报警情况和生成历史数据库和历史曲线,为生产状况的分析提供方便。

2. 水厂监控系统的工艺特点

针对我国原水特点,普遍采用的水处理工艺主要包括混合和絮凝、沉淀和澄清、过滤、消毒等。

1）混合和絮凝

混合是指水处理工艺过程中投入的凝聚剂被迅速均匀地分布于整个水体的过程,混合阶段形成较小的颗粒。絮凝是指完成凝聚的胶体在一定的外力扰动下相互碰撞、聚集,以形成较大絮状颗粒的过程,絮凝阶段形成较大的絮粒。原水中含有各种胶体、悬浮物、溶解物、微生物等杂质,使水具有了浊度、色度、臭和味等感官属性。原水的混凝是指通过向水体中投加混凝剂,水解后产物压缩胶体颗粒的扩散层,达到胶粒脱稳而相互聚结;或者通过混凝剂的水解和缩聚反应而形成的高聚物的强烈吸附桥架作用,使胶粒被吸附黏结。通常选择混凝剂应符合如下要求:混凝效果良好,对人体健康无害,价格低廉且易得,使用方法简单。在去除原水杂质时,从混凝效果上来看,铁盐比铝盐好,而且可避免铝盐造成二次污染的问题发生,但铁盐相对具有腐蚀性,且容易造成色度。高分子混凝剂单独作为混凝剂时,其效果不如铁盐,因为它不能有效去除溶解性有机物,但当被用作助凝剂时,则可发挥其提高固液分离的功能,有效提高总有机碳的去除率。

目前,新型无机混凝剂的研究趋向于聚合物及复合物方面。由于考虑到铝对生物体的影响在环境医学界已经引起重视,人们对聚合铁混凝剂的研究力度更大。

2) 沉淀

沉淀是指水中杂质在重力的作用下沉降除杂的过程。水厂沉淀池的流速按照水力条件进行控制,在重力的沉降作用下使絮凝颗粒自然剥离。根据沉淀处理构筑物水流流向的不同,沉淀池分为平流式、竖流式、辐流式、斜管式等,目前应用较为广泛的是平流式,其次是斜管式。

平流式沉淀池中水的流速和停留时间与处理规模无关,而是由池体长度决定的,增加池体宽度可以增加水量。平流式沉淀池对水量和环境温度变化具有较强的适应性,而且单位水量的造价随着处理规模的增加而明显减少,规模较大的水厂一般采用此类沉淀池;斜管式沉淀池生产能力大,停留时间短,占地面积小,但构造复杂,建设成本较高,故可用于已有平流式沉淀池的挖槽改造。

3) 过滤

过滤一般是指以石英砂等粒状滤料层截留水中悬浮杂质,从而使水获得澄清的工艺过程。过滤通常置于沉淀池或澄清池之后,进水浊度一般在 10 NTU 以下。过滤的目的不仅是进一步降低水浊度,而且水中的有机物乃至细菌、病毒等都能被清除掉。

过滤工艺经过了慢滤池、快滤池、V 形滤池三个阶段的发展。慢滤池的处理工艺必须满足下列两个条件:

(1) 过滤的速度维持在 0.1~0.3 m/h,这里过滤速度指水通过整个滤层面积的速度。

(2) 在滤层表面几厘米中形成藻类及原生动物繁殖的结果而产生的一层具有黏滞性的生物膜,一般生物膜的形成需要 7~15 d,所以慢滤池生产效率低,满足不了大量供水需求,于是提高滤速的快滤池就得到了发展。快滤池的滤速可达到 10 m/h 以上。快滤池工作的先决条件是必须经过混凝沉淀工艺处理。投加混凝剂后的水中,胶体的双电层得到压缩,就容易被吸附在砂粒表面,或已被吸附的颗粒上,这就是接触凝聚的作用。

V 形滤池是法国 DEGREMONT 公司设计的一种快滤池,是一种采用深层均粒滤料、气水反冲洗的过滤构筑物,20 世纪 70 年代已在欧洲广泛使用,我国自 80 年代末在南京、西安、重庆等地引进投用。V 形滤池因两侧进水槽设计成 V 字而得名。

V 形滤池过滤能力的再生,就采用了先进的气、水反冲洗兼表面扫洗这一技术。因此,滤池的过滤周期比单纯水冲洗的滤池延长了 75% 左右,截污水量可提高 118%,而反冲洗水的耗量比单纯水冲洗的滤池可减少 40% 以上。滤池在气冲洗时,由于用鼓风机将空气压入滤层,因而从以下几方面改善了滤池的过滤性能:

(1) V 形滤池采用恒液位、恒滤速的重力流过滤方式,滤料上有足够的水深 (1~1.2 m),以保持有效的过滤压力从而保证过滤介质的各个深度均不产生负压。

（2）滤料采用较大的有效粒径和较厚的砂滤层，能使污物更深地渗入过滤介质中从而充分发挥滤料的截污能力，并增加过滤周期。

（3）先进的气水联合反冲洗工艺，可防止滤床膨胀，防止滤砂的损失。单独气冲洗时压缩空气加入增大了滤料表面的剪力，从而使得通常水冲洗时不易剥落的污物在气泡急剧上升的高剪力下得以剥落。气水联合反冲洗时气泡在颗粒滤料中爆破，使得滤料颗粒间的碰撞摩擦加剧，同时加入水冲洗时，对滤料颗粒表面的剪切作用也得以充分发挥，加强了水冲清污的效能。气泡在滤层中的运动，减少了水冲洗时滤料颗粒间的相互接触的阻力，使水冲洗强度大大降低，从而节省冲洗的能耗和水耗。

（4）均质的滤料，加上气水联合反冲洗工艺，能避免滤床形成水力分级。气泡在滤层中运动产生混合后，可使滤料的颗粒不断涡旋扩散，促进了滤层颗粒循环混合，由此得到一个级配较均匀的混合滤层，其孔隙率高于级配滤料的分级滤层，改善了过滤性能，从而提高了滤层的截污能力。

（5）在整个气水联合反冲洗过程中持续进行表面扫洗，可以快速地将杂质排出，从而减少反冲洗时间节省冲洗的能耗。更重要的是持续表面扫洗所消耗全部或部分的待滤水，使得在此期间同一滤池组的其他滤池的流量和流速不会突然增加或仅有一点增加，不会造成冲击负荷，滤池出水调节阀也不要频繁调节。

（6）冲洗后滤池的过滤是通过缓慢升高水位的方法重新启动的，滤池冲洗后重新启动时间为 10~15 min，使滤床得到稳定，确保初滤水的水质。

4）消毒

天然水中含有各种微生物，包括致病细菌性和病毒性病原微生物，虽然在絮凝沉淀处理中，大部分病原微生物已经被去除，但还不能达到医学健康要求。消毒的目的是杀灭水体中的病原体微生物，保障健康水质，降低 COD。消毒可根据源水水质和处理要求，采用滤前或滤后结合的方式进行消毒。消毒的方法有物理法和化学法。物理法有加热、冷冻、机械过滤、紫外线、超声波等方法；化学法利用氯及其化合物、臭氧等方法消毒。目前，国内水厂使用的多是含氯消毒剂，包括氯气、氯氨和二氧化氯。氯与水发生"歧化反应"，生成的次氯酸（HOCl）是主要灭菌成分，因为它是体积很小的中性分子，能扩散到带有负电荷的细菌表面，具有较强的渗透力，能穿透细胞壁进入细菌内部。氯对细菌的作用是破坏其酶系统，导致细菌死亡。而氯对病毒的作用，主要是对核酸破坏的致死性作用。由于氯消毒具有价格低廉、操作简单、便于控制、消毒效果持续性长，并且余氯测定也较为容易等特点，故在城市饮用水处理中广泛使用。但经更为深入的研究发现，受污染水源经氯化消毒后会产生对人体有害的卤代烃类和卤代酸类物质，对氯气和其衍生物消毒的副作用越来越受到重视。经过研究，臭氧、二氧化氯和氯胺已被美国列为可替代率的消毒剂，可以直接替代氯及其衍生物进行水体消毒。

3. 水厂监控系统的建设

随着我国整体国力的增强，工业自动化水平已经发展到了很高的层次，针对水厂自动化领域已经形成了基本的网络架构、智能硬件体系、通用软件平台、基本闭环控制工艺及联锁要求。

网络结构主要分为中央控制室与 PLC 分控站之间的主干网络以及 PLC 分控站与远程站之间的分支网络。针对不同规模的水厂主干通信网络采用不同的结构,小型水厂一般采用星形结构,以减少硬件投入;中型水厂一般采用环形结构;很多大型水厂采用双环冗余结构。通信介质一般采用光纤,通信协议一般采用 Profinet、Modbus TCP 等。分支网络一般采用总线型网络结构,通信介质采用屏蔽双绞线,通信协议多采用 Profibus DP、Modbus RTU 等。

智能硬件体系一般包括 PLC、工业以太网交换机、工控机、HMI、智能在线仪表等。其中,PLC 在国内多数已建水厂中多采用进口品牌,随着国产 PLC 的不断完善和升级,国产自主品牌 PLC 的应用也越来越广泛。在工控机应用方面,由于水厂的操作员站及工程师站多放置在中央控制室,采用光纤与现场 PLC 分控站进行通信,无电磁干扰,所以很多项目也采用商用计算机作为操作员站及工程师站,数据服务器多采用机架式服务器。HMI,即触摸屏,通常布置在现地监控柜上。智能在线仪表一般分为常规仪表及分析仪表,常规仪表有液位计、压力变送器、差压变送器、电磁流量计、热质气体流量计等,分析仪表有 PH 计、SS 计、MLSS 计、余氯仪、COD 分析仪、氨氮分析仪、漏氯报警仪等,当前新执行其他 106 项水质监测标准的其他项目多采用实验室方法检测。

通用软件平台,国产及进口产品均有广泛应用,软件平台具备基本的实时数据库、组态界面、脚本、实时曲线、历史曲线、报警平台、操作记录、实时数据报表等通用功能,针对历史数据查询与检索也可外接数据库,如 SQL Server、MySQL、达梦等。同时,与第三方平台进行通信也可采用 DDE、OPC 等主流通信方式,几大平台软件均支持,通用平台软件可满足水厂智能控制系统的开发需求。

4. 水厂的控制与调节

1)滤池控制系统

(1)恒水位过滤控制。

正常过滤时,现场 I/O 控制单元采集滤池超声波液位计检测的当前液位值,并将此检测值通过现场以太网总线传送至 PLC 与预设参考值进行比较运算,然后将调节信号通过以太网传回到远程控制 I/O 单元,通过 I/O 端输出调节信号至滤池出水阀,调节阀门开启度,以维持恒水位过滤。

(2)反冲洗控制。

滤池反冲洗,常采用的是气水联合反冲洗技术,根据此种反冲洗技术的特点,滤池的控制采用集中控制与就地控制相结合的方式。气水联合反冲洗技术:在滤层结构不变或稍有松动的条件下,利用高速气流扰动滤层,促使滤料强烈互撞摩擦,加上气泡振动对滤料表面的擦洗,使表层污泥脱落,然后利用水冲使污泥排出池外。气水联合反冲洗方法不仅提高了冲洗效果还延长过滤周期,从而节约冲洗水量。

①反冲洗的条件。该格滤池的所有阀门及反冲洗泵等设备处于正常工作状态,无故障报警。自动方式:在上位机或滤池控制台的操作面板上将控制方式转换到"时间模式"

"液位模式"(可同时选择),此时 PLC 主站将计算参数传送至运程 I/O 控制单元,包括设定运行时间、滤池出水阀的开度(全开时,阻塞值超限)等参数,并开始进行反冲洗,这两个参数是并列关系,哪一值先到,就按哪个反冲洗。手动控制方式:在滤池控制台的操作面板上或中央控制室,点击"一键反洗"按钮,可以手动控制滤池的反冲洗。该种方式的反冲洗请求为最高级别,无论其他反冲洗请求条件是否满足,都会进入反冲洗队列进行排队。

②滤池反冲洗排序。同一时间只允许一格滤池执行反冲洗程序。如果某格滤池达到反冲洗条件,但其他滤池正处于反冲洗程序状态时,则该格滤池保持原有状态,进入排队等待状态。滤站 PLC 按照"先进先出"的原则对处于等待状态的滤池进行排序。

2)加药控制系统

混凝是净水系统中最重要的工艺过程,也是制水成本的主要组成部分,同时混凝剂投加量的准确性直接影响着最终的出水水质。目前,传统的混凝投药自控技术如下:

(1)键控加药:在值班电脑上根据所监控的原水流量、浊度和加药流量。在电脑上实现中控启停计量泵,并且在界面上可以调节计量泵的频率,从而改变加药流量,不需要操作人员到现场进行操作。

(2)自动加药:首先进行数据采集,把原水温度、原水流量、浊度和加药流量等通过采集来的模拟信号送至 PLC 中,根据加药系数、修正系数等计算出来的数据,再通过模拟信号输出到对应的变频器中,实现频率的变化,从而控制加药量的大小。

3)送水泵房控制系统

送水泵房控制系统,负责水厂送水泵房有关设备及出厂水水质参数的监控及检测。主要自控功能如下:

(1)送水泵房机组根据命令通过程序实现机组开停的一步化操作。

(2)水泵根据管网水量的需要或管网压力以及调度命令,可自动调节水泵频率控制。

(3)水泵根据水厂生产的需要采用 PID 自动调节水泵运行转速。自动状态下,电机转速与总管压力连锁,当电机转速达到最大值,压力仍不满足要求时,电机运行数量不会自动增加,此时需要人工干预,控制电机启动数量。

4)污泥脱水系统

原水经明矾溶液絮凝反应,经过折板絮凝区在沉淀池沉淀,絮凝区经角式排泥阀排出泥水,沉淀池经吸泥机排出泥水至排泥池。排泥池水下推流搅拌机运转防止泥水沉淀,后经排水泵排出至浓缩池。浓缩机运转,初步使泥水分离,后经重力压至平衡池。泥水经平衡池进料泵房中的螺杆泵及污泥切割机处理后,排至脱水机房。泥水进入离心脱水机,由进料泵房提供的 PAM 药剂,使泥固化,后经脱水机离心处理后,螺旋传送机运至储泥斗后成为泥饼运出。泥水进管道重新排回排泥池再次进行循环处理。药剂投加均由脱水机房PLC 子站及中控室进行监测完成。

2.2.2.5　视频图像监控

1. 视频图像系统的组成

视频监控系统主要由以下部分组成:

（1）前端采集部分。前端采集部分多由一台或多台摄像机及红外灯、声音采集设备、防护罩等组成，主要是为了采集画面、声音、报警信息和状态信息。摄像机录制了画面之后，传输到监控系统中，并可以实现镜头的拉近、推远、变焦控制等，解码器作为控制镜头和云台的重要设备，可以在监控台通过电脑来控制镜头的移动。

（2）传输部分。视频监控系统中的传输过程是指利用光纤、双绞线、无线网络等传输、控制指令、状态信息。传输部分根据输送的类型不同，分为数字信号和模拟信号。

（3）控制部分。控制部分是视频监控系统的最重要的部分，它可以控制视频、音频信号的显示切换、整个系统资源的分配，镜头的推拉、控制云台、切换各个通信接口、控制监视器、配套电源等设备。在现代的新型数字化系统中，监控系统与计算机最新技术相互结合，控制部分拥有了更为强大的功能，可以设置管理权限、控制区域、掌控网络、带宽控制等，成为更为强大的安保系统。

（4）显示部分。主要负责将得到的视频、音频信号在终端设备输出。终端显示设备经过了几个时代的更新，从最早的监视器、液晶监视器到投影仪、现在的 LCD 拼接屏等。

（5）记录部分。这部分主要保证图像等数据最终被完好地存储并归档。记录部分采用的设备包括硬盘录像机、网络硬盘录像机和网络存储等，小型监控系统与大中型监控系统采用的设备各有不同。

2. 视频图像系统的应用

1）基础视频监控应用

视频监控系统通过对前端编码设备、后端存储设备、中心传输显示设备、解码设备的集中管理和业务配置，实现对视频图像数据、业务应用数据、系统信息数据的共享需求等综合集中管理。实现视频安防设备接入管理、实时监控、录像存储、检索回放、智能分析、解码上墙控制等功能。通过开放的体系架构，全面、丰富的产品支持，满足用户多样的视频监控需求。

（1）实时预览。

平台支持用户对监控点位的实时画面预览，包括基础视频预览、视频参数控制、视图模式的预览，支持与监控点所在的摄像机对讲通道进行实时对讲、批量广播以及对云台摄像机进行实时云台控制，按监控需求实时监控水利工程的运行状态。

基础视频预览：支持视频监控点目录上展示监控点的在线/离线状态，方便用户直观地了解各区域监控点的在线情况；支持视频播放窗口布局切换，包含 1、4、9、16、25 常规画面分割及 1+2、1+5、1+7、1+8、1+9、1+12 等个性化画面分割以及 1×2、1×4 的走廊分割模式，实现在同一屏幕上预览多点监控画面；支持在预览画面时进行抓图以及发现异常情况后，进行紧急录像，记录异常问题；支持监控点分组轮询，可设置轮询时间间隔、轮询分组的监控点顺序、默认窗口布局等对监控点视频画面进行轮询显示；支持轮询分组管理，满足用户按特定的需求进行轮询，如防汛时轮询水位的监控点、日常巡查时轮询水利工程关键区域的监控点。

视图预览：视频预览支持以视图的形式保存监控点和播放窗口的对应关系及窗口布

局格式,用户可用视图进行监控点分组管理及快速预览。支持以共有视图和私有视图两种模式进行视图管理。对视图中的监控点有预览权限的任何用户都可对公有视图进行预览、视图配置;私有视图只对本用户开放权限,其他用户登录后无法看到该视图。

云台及视频参数控制:支持对具有云台功能的监控点进行云台控制。在监控预览状态下,通过云台控制按钮对云台的上下左右等 8 个方向进行控制,实现监控画面的近距离、多方位观测。

(2)录像回放。

录像回放用于对历史视频录像的查询、定位、播放、录像流控、片段下载等应用。

支持按录像类型(计划录像、报警录像、移动侦测)进行查询。

为了提升回放速率,支持对录像回放画面进行流控操作包括正放、倒放、倍速播放、倍速倒放、慢放、慢速倒放、单帧步进、单帧步退等,倍速播放速率 1 倍、2 倍、4 倍、8 倍、16 倍速可选,慢速播放速率 1/2、1/4、1/8 可选。

对重要的录像片段支持锁定和解锁,锁定的录像片段不能被覆盖或删除。

支持对录像添加标签和描述信息,并按标签类型、描述信息查找录像片段。

支持对录像回放中的人脸信息进行快速检索;录像回放时发现可疑人员,可对当前画面中的人员直接进行以脸搜脸,查询可疑人员的移动轨迹;无须用户手动截图到综合管控中进行人脸搜索,提升效率,提升易用性。

(3)电视墙应用。

电视墙应用于监控中心,调度解码资源将前端编码设备的视频画面在电视墙上显示。电视墙提供了解码资源管理、电视墙资源管理、电视墙/窗口的控制及内容上墙等功能。

(4)联网共享。

平台提供视频联网共享功能,实现上下两级平台的视频级联,支持全网视频资源的汇聚和集中管理。实现上级对下级的视频查询调阅。

2)智能分析应用

(1)行为分析。

水利工程由于人员众多,且施工场地场景复杂,存在一定的安全隐患,行为分析系统通过视频分析技术,利用视频监控系统的摄像头采集图像,通过行为分析系统,实现对施工期工地的异常行为进行实时识别和告警。

主要功能如下:

①安全帽检测:通过安全帽识别算法,进行实时检测识别,对未佩戴安全帽的人员进行识别告警,并关联抓拍人脸图片,上传至视频监控管理平台软件。

②异常行为分析:通过行为分析服务器对前端视频流进行实时检测识别,对人数异常、人员聚集、剧烈运动、人员倒地、区域入侵等多种异常行为进行识别告警,上传至视频监控管理平台软件。

③岗位行为分析:通过行为分析服务器对前端视频流进行实时检测识别,对人数异常、离岗/睡岗、人员滞留等行为进行识别告警,上传至视频监控管理平台软件。

④人脸识别:通过行为分析服务器配合摄像头,对前端抓拍识别的人脸进行实时建模比对,在视频监控管理平台软件上实现黑白名单管理、陌生人告警、人脸检索、人脸轨迹等功能。

⑤多算法并行:多颗 GPU 芯片可以运行多种算法,同时对以上多种行为分析功能进行实时分析和告警。

(2)人脸识别。

人脸监控是以人脸识别技术为核心,通过视频设备,对人脸特征进行识别和应用的系统。采用 B/S 架构配置、C/S 架构控制结合的方式,实现视频中人脸的自动识别、抓拍及管理,并提供检索和名单布控功能。根据应用场景的不同,提供重点人员识别、陌生人识别和高频人员识别功能。

①重点人员识别。

支持按分组或全局查看重点人员识别结果。

支持按开始时间、结束时间、抓拍点、相似度、年龄段、性别、姓名、证件号、是否佩戴眼镜对识别结果进行过滤。

支持按相似度进行排序。

支持对识别记录进行识别信息、抓拍原图、人员轨迹、录像回放的查询,人员轨迹中可按开始时间、结束时间、相似度过滤查询;支持人员轨迹跨区域查询和展示。

②陌生人识别。

平台支持对设定区域出现未授权人员(陌生人)的抓拍识别,支持按开始时间、结束时间、抓拍点、年龄段、性别、姓名、证件号、是否佩戴眼镜对陌生人识别结果进行过滤。

支持对识别记录进行识别信息、抓拍原图、人员轨迹、录像回放的查看,识别信息中可查看该人员近 3 天出现的次数统计,人员轨迹中可按开始时间、结束时间、相似度过滤查询。支持人员轨迹跨区域查询和展示。

③以脸搜脸。

支持通过上传目标人脸图片,搜索比对结果;上传的人脸照片支持单图或多图,多图模式时,一张多人脸图的照片会分析形成多张单人脸图照片,可在分析结果中选择要搜索的目标人脸。

支持按开始时间、结束时间、抓拍点、相似度过滤查询结果。

支持对比对识别记录中的人员进行人脸轨迹查询,支持人员轨迹跨区域查询和展示。

④高频人员识别。

支持查看高频人员的识别结果。

支持多种查询条件过滤,包括开始时间、结束时间、抓拍点、出现次数。

支持查看高频人员识别详情,包括出现的次数、抓拍时间、抓拍点、人脸抓拍图、抓拍原图。

支持查看该高频人员轨迹,支持跨区域轨迹查看。

(3)水位识别。

采用智能摄像机获取水尺的图像,并对图像进行图像分析和处理,提取水尺并找出水位线,再通过已标定的水尺刻度计算出当前水位线的实际水位。

（4）高边坡滑坡监测预警。

具有图像识别的摄像机,通过对不同时段的监测画面进行智能识别、对比及分析,当边坡发生部分结构变形或滑坡时,结合监测预警分析评估策略,在发生大范围灾害事故前触发监测预警,最大程度地减少人、财、物的损失。

（5）易塌方隧洞监测预警。

布设一体化测控水位计及远视距激光摄像机。通过监控隧洞进出口水位实时变化情况,辅以视频画面识别水流形态、颜色变化等,综合分析隧洞内水流拥塞情况,间接对隧洞内淤积、塌方等突发状况做出分析判断,指导调水运维人员及时开展工程维护或应急处理工作。

3. 视频图像系统的建设

1）摄像机

摄像机类别区分的依据有图像成形的种类、对应环境的照度、摄像元器件的选用、光谱范围、摄像机安装位置和环境以及用途。摄像机种类繁多,性能各异,因此需要综合考虑实际应用环境,因地制宜进行摄像机的设备选型。

摄像机属于监控系统的前端设备,以图像传感器为核心元器件对现场画面进行实时采集,在同步的视频信号产生电流回路后通过视频信号处理芯片进行图像处理和生成。摄像机具有黑白和彩色之分,黑白摄像机的分辨率较高,并且可以在低照度环境下使用,如在光线不足的情况下黑白摄像机可以通过红外光照成像。而彩色摄像机的优点则是能够更好地还原所监控场所的画面,实际效果更为逼真,目前随着技术的发展,很多摄像机都具备两者的共同优点,能够在实际环境中进行两种模式自动切换,白天光线充足的情况下则摄像机会自行选择彩色模式,夜晚光线不足的情况下则会自动切换至黑白画面,以弥补光线不足造成的无法成像的情况。

摄像机的选型方面,一般主要看几个重要的技术参数,即分辨率、最低照度和信噪比等,同时要综合考虑摄像机的附带功能和后期设备维护难易度等因素。以下对摄像机的几个主要的技术参数进行介绍,使用方可以结合现场情况来选用合适的监控设备。

（1）分辨率。是衡量摄像机性能好坏的重要技术参数,它包括水平和垂直两个方向,是画面清晰度的指标。以往监视摄像机的分辨率通常只有 400 线左右,但随着技术的发展,模拟摄像机的分辨率能够达到 700 线,而数字高清摄像机则达到 1 080 p 甚至更高的效果。

（2）低照度。低照度摄像机指的是指在光线不足导致光照度较低的条件下仍然可以摄取清晰图像的摄像机,低照度是表示摄像感光度的技术参数。一般会用最低照度来表示摄像机能够在亮度最低的情况下形成监控影像。如果摄像机所处的环境低于最低照度,则摄像机监控画面将是一幅无法用肉眼识别的图像。

（3）信噪比。也是摄像机的一个主要参数,是衡量图像信号中噪声比例的一个指标,是指摄像机采集形成的图像型号和它对应的噪声信号的比值。信噪比的单位是分贝

（dB），当然在选用摄像机时信噪比的参数越高越好，在实际图像显示中，信噪比越高则不规则的闪烁细点越少。

（4）摄像机的附带功能。除以上一些基本的技术参数外，还需要考虑摄像机的附加功能，如自动光圈接口、自动白平衡、自动电子快门、轮廓校正、自动增益控制、逆光补偿、线锁定同步及外同步等。

2）视频传输设备

（1）图像传输方式。

视频信号传输线有视频同轴电缆、无线 AP 天线、光缆。无线 AP 天线和光缆一般用于长距离传输。75-5 的视频同轴电缆传输的最远距离一般不超过 300 m，75-8 的视频同轴电缆传输的最远距离一般不超过 400 m。由于 75-8 以上的同轴视频线缆较粗，如果前端摄像机较多，线缆布放则较为困难，可以选择其他的传输方式进行视频信号传送或者加强视频信号放大器等其他设备。

视频同轴电缆是伴随视频监控系统一起发展起来的，是早期视频监控系统主用的一种传输方式。视频信号在同轴电缆内传输时会受传输距离的影响，造成信号强度的衰减现场，距离越长信号越弱。所以，传统的视频线缆一般适合传输距离较近的情况使用，虽然通过增加视频信号放大器能够适当增加传输距离，但是也存在很多不确定因素，增加了视频传输节点，故障率更高，且会产生画面画质受损等问题。如果前端摄像机球机或者带有云台则需要控制信号，需要增加额外的控制线缆从前端摄像机接入后端控制设备，增加整体工程量和项目费用，施工难度也更高。另外，同轴电缆传输的视频信号较容易受到外界环境的干扰，如外部强电流、强辐射均会导致视频信号的干扰，这也是视频同轴电缆的弱点，传输距离与干扰问题的存在极大地限制了它的使用范围及发展。

光纤和光端机是视频监控系统远距离传输的最佳选择，因此在应对不同的距离和实际情况时，可以进行适当的搭配和选用。

（2）网络数字传输设备。

网络视频系统是通过局域网或者广域网进行传输的视频监控系统，利用数字技术，形成了一整套完整的本地监控、远程监控、多点位监控和控制的智能网络视频监控系统。可以方便地接入各种网络，组成点对点、点对多点以及多点对多点的监控模式，满足不同行业对视频监控的不同需求。

网络型视频监控系统对图像和声音能够实现有效的长时间的在线存储功能，满足需要进行常见录音和录像需求的行业，通过摄像机一体化的设计，在摄像机的主板上集成了视频和音频的采集工作、通过数字压缩技术进行传输，它提供了多种网络接口，使用 TCP/IP 网络协议，可实现同局域网、广域网的连接，使用户只需进行网络连接即可查看视频画面，实现对监控区域的实时把控，系统操作简便，易于维护，应用广泛。

3）监控中心设备

视频监控系统的中心设备主要有视频画面处理器、监视器、录像机、系统主机、控制台以及其他视频处理设备。对前端传送的视频信号进行分割、处理、记录和控制，完成监视、控制、记录等防范和管理功能。

（1）视频分配器。

视频分配器除了阻抗匹配，还有视频增益，使视频信号可以同时送给多个输出设备而不受影响。

（2）视频切换器。

视频切换器的输入端分为 2 路、4 路、6 路、8 路、12 路、16 路，输出端分为单路和双路，而且还可以同步切换音频（视型号而定）。切换器有手动切换、自动切换两种工作方式。

（3）画面分割器。

画面分割器有四分割、九分割、十六分割几种，可以在一台监视器上同时显示 4 个、9 个、16 个摄像机的图像，也可以送到录像机上记录。

大部分分割器除可以同时显示图像外，也可以显示单幅画面，可以叠加时间和字符，设置自动切换，联接报警器材。

（4）录像机。

监控系统中最常用的记录设备是民用录像机和长延时录像机，长延时录像机可以长时间工作，可以录制 24 h 甚至上百小时的图像。

（5）监视器。

监视器是将现场信号重新显示的设备，作为监控系统的输出部分，是整个系统的重要组成，所以正确选择监视器是影响系统整体效果及可靠性的关键环节。其基本参数有画面尺寸、黑白/彩色、分辨率等。

（6）矩阵切换器。

矩阵切换器是系统的核心部件，其主要功能有：

①图像切换：将输入的现场信号切换至输出的监视器上，实现用较少的监视器对多处信号的监视。

②控制现场：可控制现场摄像机、云台、镜头、辅助触点输出等。

③RS-232 通信：可通过 RS-232 标准端口与计算机等通信。

④可选的屏幕显示：在信号上叠加日期、时间、视频输入编号、用户定义的视频输入或目标的标题、报警标题等以便监视器显示。

⑤通用巡视及成组切换：系统可设置多个通用巡视和多个成组切换。

⑥事件定时器：系统有多个用户定义时间，用以调用通用巡视到输出。

⑦口令和优先等级：系统可设置多个用户编号，每个用户编号有自己的密码，根据用户的优先等级来限制用户使用一定的系统功能。

（7）图像处理器。

图像处理器是将多路视频信号合成，以便录像和监视的设备。其基本参数有输入视频信号路数（根据不同型号可有 4 路、9 路、16 路等多种规格）、单/双工、彩色/黑白、图像效果（像素）、是否带用视频移动报警功能等。

图像处理器包含了多画面处理器的所有功能,从而在大部分情况下代替了多画面处理器。

(8)硬盘录像机。

采用数字方式记录图像信息,将图像信息记录在硬盘、光盘、磁带或其他存储介质上,并具有图像分割、图像处理、云台控制、矩阵控制等功能的控制系统。

4)配套设施

(1)监控杆件。

监视点根据现场实际情况,可采用立杆安装、抱箍安装、壁挂安装以及吊杆安装等方式。其中,抱箍、壁挂支架以及吊杆支架有成套产品,根据现场选择符合要求的产品即可。监控立杆设计需要考虑整体杆件的设计、立杆材质、杆型、焊接工艺、表面处理以及杆体颜色等。

同一个区域应尽量安装同一类型杆体。在监控范围较大的场所宜采用6 m或8 m高的杆。通道、水闸等小范围区域采用3 m或4.5 m较低的杆。

采用立杆固定时,杆底端焊接固定法兰盘,预留拉线孔,地基应是硬质,同时根据现场安装点地质的实际情况,调整相应的尺寸。立杆的安装应牢固,不得歪斜,需用水平仪来测定。立杆应有较高强度、抗台风、防摄像机抖动、防攀爬、防腐。立杆基础规格按不同的杆体分别进行设计。

(2)室外机箱。

通过对运行维护需求、实际地理环境和气候、安全性、稳定性分析新建室外机箱应采用智能机箱。箱体内部应提供电源配电模块、防雷模块、绕纤盘、接地铜排、散热风扇,预留网络传输设备放置空间。根据各监控点位摄像机数量和其他接入设备要求,配置二合一防雷模块、防雷插座以及其他配套模块。

通过分析其他配套设备的数量和尺寸,保证箱体内部空间充足,方便设备安装和维护,同时应与杆体大小协调。

用于箱体的金属材料应具备抵抗腐蚀、电化学反应、防酸雨能力,监控箱结构为露天环境使用设计,应具有良好的防水、防尘、散热、防盗、防寒、防曝晒结构。

(3)补光设计。

在摄像监控中,为了使夜间得到正常的监控图像,需要采用一定的补光措施,补光灯就是用特定的光投射给被照对象,直接或间接补充光照的一种照明方式。补光灯的光源通常有LED、金卤灯、高压钠、氙气灯(HID)等。

(4)标识牌。

视频监控区域标志的制作材料应选用环保、安全、耐用、阻燃、防腐蚀、易于维护的材料,使用期间标志材料应不变形、不褪色。对需要夜间识别的视频监控场所,应确保标志有足够的照明。可通过照明、反光或自发光等方式确保标志清晰可辨。

(5)防雷接地。

由于水利工程地处空旷,水汽比较重,因此需要特别注重前端设备的防雷,避免给监控设备带来安全隐患。所有摄像机、云台、解码器的电源和信号线路必须按《建筑物防雷设计规范》(GB 50057—2020)的要求连接相应的浪涌保护器,所有上述设备必须进行接地。

为保护前端设备不直接受到雷击而在立杆上设计安装避雷针,避雷针采用不小于 $\phi25$ mm 的圆钢,并和立杆一次成型。在设备箱内对电源、信号线安装相应的防感应雷措施,采用二合一防雷模块。

方案应严格执行国家的有关标准和规范,立杆防雷接地电阻≤10 Ω。

(6)前端供电。

系统前端设备视工程实际情况,可采用集中式供电或分散式供电,重要点位应配备相应的备用电源装置。

集中式供电,适用于前端监控点在一个区域内相对比较集中的情况。从附近的供用电低压侧设搭火点,引到路径最近或施工最便捷的前端监控点,此监控点的电源提供给附近其他监控点以挂葫芦的方式取电。采用集中供电具有电源质量相对稳定,产权分界明晰和易于维护的优点,也是前端感知系统主要采用的供电方式。

分散式供电:在前端设备的安装位置附近接取电源或采用太阳能、风力等方式供电。适用于较分散的前端监控点供电,以及无法提供集中供电条件的现场安装环境。在这种供电方式下,电源供应的质量较差,维护比较困难,在无法集中供电的情况下可采取此供电方式。

4. 与其他系统的交互

视频监视系统中心平台本着"业务无缝对接,数据共享开放"的原则,提供便于业务整合、系统对接的统一服务接口,为各业务系统提供视频数据支撑服务。

1)与各级应用系统的对接

视频监控系统与各级应用系统对接,根据应用需求为水利各类应用系统提供相应的视频数据支撑。

2)系统对接融合

视频监控系统支持包含与 GIS 平台、BIM 系统、可视化平台等关联系统平台的数据融合和对接。

3)外部接口实现

视频监控系统需要整合对接多个业务应用系统,汇聚视频、图片、结构化数据等有价值信息,涉及与多个异构数据库和文件的数据交换,因此应根据业务需求制定相关的数据交换标准,以确保数据交换的一致性。

4)接口实现方式

采用系统平台统一接口,将其他业务系统的访问接口开放进行统一,根据对接规范,实现视频监控系统与其他系统之间的数据共享。

采用组件开发接口的方式,需要其他系统提供相应的数据调用、数据查询的二次开发组件,视频监控系统将直接调用该组件实现对接。

2.3 通信与网络

通信与网络是整个水利工程信息化系统的重要组成部分。在项目设计阶段,需考虑中心站、分中心站、现地站之间的传输方式与网络拓扑结构;在项目建设阶段,通信与网络分部工程的完工才能使现地层与中心层之间实现数据通信,实现信息化系统的联调;在项目运维阶段,需保证整个通信与网络的稳定。

在一些重要的核心节点,需要考虑通信链路及通信设备的冗余,当某个设备或链路中断时,不影响整个信息化系统的运行。

2.3.1 计算机网络系统

水利信息化系统的网络一般指局域网,按照系统的功能一般分为生产控制网、业务管理网及外网;按照传输数据的技术一般分为点–点通信信道和广播通信信道两种;而按照网络拓扑结构型式通常有总线型、星型、环型、树型、网型以及混合型等。

2.3.1.1 功能划分介绍

控制网:是水利生产的重要环节,控制网部署的系统直接实现对生产的实时监控和控制,是安全防护的重点和核心。控制网中的业务系统一般包括实时闭环控制的 SCADA 系统、实时动态监测系统、安全自动控制系统及保护工作站如闸门控制系统、机组监控系统、泵站监控系统、设备监测系统等。

水利业务网:是水利生产的主要环节,水利业务网部署的系统不需要与现地设备之间通信,数据一般来源为过程监控网数据。水利业务网的业务一般包括水利一张图、多源全景监控、精细化管理、水量调度、智能运维、三维综合展示等,通过防火墙实现与外网的数据通信。

外网:一般指互联网。

水利信息化通信与网络按照功能区分较多,针对重要的水利工程,可按不同功能严格区分各个网络;但部分项目规模较小,为减少投资,可将网络合并。

2.3.1.2 传输数据技术划分介绍

点–点通信信道:通信子网的每条信道都连接着一对网络节点。如网中任意两点间无直接相连的信道,则它们之间的通信须由其他中间结点转接完成。在信息传输过程中,每个中间节点将把所接收的信息存起来,直到请求输出线空闲时,再转发至下一个节点。这种信道称为点–点信道。采用这种传输方式的通信子网称点–点子网。点–点子网有五种拓扑结构:

(1)星型。星型拓扑结构存在一个中心节点,它是其他节点的唯一中继节点。这种构型结构简单,容易建网,便于管理,但由于通信线路长度较长,成本高,可靠性差。

(2)环型。其各网络节点连成环状,数据信息沿一个方向传送,通过各中间节点存储转发,最后到达目的结点。

(3)树型。其各节点按层次进行连接,处于层次越高的结点,其可靠性要求越高。这种结构比较复杂,但总线路长度较短,成本较低容易扩展。

(4)网状型。这是最一般化的网络构型,各节点通过物理信道连接成不规则的形状。

(5)全连通型。其任两个节点之间均有物理信道。

广播信道通信信道:在广播信道子网中,所有节点共享一条通信信道,每个网络节点发送的信息,网上所有节点都可收到,但只有目的地址是本站地址的信息才被节点接收下来。广播信道通信信道有三种结构:

(1)总线形。网中各节点连在一条总线上,任一时刻,只允许一个节点占用总线,发送信息,其他节点只能接收信息。

(2)卫星或无线广播。所有节点计算机共享通信信道,任一节点计算机发送的信息,通过广播可被其他节点接收到。

(3)环形。这种环形和点–点子网中的环形一样,只是控制方式不同。

2.3.1.3　拓扑结构优缺点介绍

1. 星型结构

星型结构优点如下:

(1)中央节点实施集中控制,可方便地提供服务和重新配置。

(2)每个连接只接入一个设备,当连接点出现故障时不会影响整个网络。

(3)由于每个站点直接连接到中央节点,因而故障易于检测和隔离,可以很方便地将有故障的站点从系统中拆除。

(4)访问协议简单。

星型结构缺点如下:

(1)由于每个站点直接和中央节点相连,需要大量的电缆、电缆沟。在电缆的安装和维护方面容易出问题。

(2)过于依赖中央节点。当中央节点发生故障时,整个网络不能工作,所以对中央节点的可靠性要求较高。

2. 环型结构

环型结构优点如下:

(1)电缆长度短:环型拓扑所需电缆长度与总线型相近,比星型拓扑要短得多。

(2)可使用多种传输介质:因为环型网是点到点的连接,可在楼内使用双绞线,而在户外的主干网采用光缆,以解决传输速率和电磁干扰问题。此外,由于环型拓扑在每个环上是单向传输,所以十分适于传输速率高的光纤传输介质。

环型结构缺点如下:

(1)环形结构要求交换机具备网关功能,增大了工程项目投资。

(2)大型引供水类项目最前端和最后端距离远,首尾相连难度大。

3. 总线型结构

总线型结构优点如下:

(1)电缆长度短,易于布线,易于维护,安装费用低。

(2)结构简单,都是无源元件,可靠性高。

（3）易于扩充：在总线的任何位置都可直接接入增加新站点；如需增加网段长度，可通过中继器再加上一个附加段。

总线型结构缺点如下：

故障诊断和隔离困难：总线结构不是集中控制，所以故障检测需在网上各个站点进行。如果故障发生在站点，则需将该站点从总线上去掉，如果传输介质出现故障，则这段总线整个都要切断。它不能像星型结构那样，简单地拆除某个站点连线即可隔离故障。

4. 树型结构

树型结构优点如下：

（1）易于扩展。树型结构可以延伸出很多分支和子分支，这些新节点和新分支都能容易地加入网内。

（2）故障隔离较容易。如果某一分支的节点或线路发生故障，很容易将故障分支与整个系统隔离开来。

树型结构缺点如下：

各个节点对根节点的依赖性太大。如果根发生故障，则全网不能正常工作。

5. 混合型结构

混合型结构就是按照不同工程特点，合理选择上述星型、环型、总线型、树型结构中的多种构成信息系统的网络结构。

2.3.2　通信传输系统

目前，骨干通信传输网主流技术主要包括以太网交换机、MSTP、PTN、OTN 等 4 种技术。

2.3.2.1　**以太网交换机**

以太网交换机组网，虽然具有简单、适用性、性价比高等特点，交换机具有较高数据交换能力，对于骨干传输网络，以太网交换机组网易产生网络风暴的风险，同时带宽有限制，且不易扩展。

2.3.2.2　MSTP **技术**

MSTP 技术是基于 SDH 的多业务传输平台，是目前专网中应用最久的传输技术，也是目前业务量较小的通信网中主流技术，主要承载 E1、语音、图像等业务，其优势在于通过 VC 交叉颗粒实现刚性管道，为不同业务之间提供物理隔离，充分确保网络的管理、时延、抖动及保护倒换等特性，在业务及网络安全性上具有很好的保障。其主要劣势在于基于 SDH 的开销及封装导致带宽利用率下降，不具备统计复用能力，导致在以太网业务传输时带宽有较大浪费，同时带宽能力有限，一个光端口只能支持 10 G 带宽。

2.3.2.3　PTN **技术**

PTN 又称分组交换传送网络，其设计理念为：基于 MPLS/PWE 技术建立强管理的网络，提供与业务无关的连接，基于连接的 OAM、保护、管理和业务提供。

PTN 技术的优势在于通过 PW 连接、LSP、GRE 连接、IP 连接等方式建立的"电路连接"方式，确保网络管理运维上实现类 SDH 方式，网络安全性和管理能力显著高于传统路由器。同时,其电路连接是可以统计复用的软性管道,而非刚性管道,使得在以太网业务传送时具备更高的带宽利用率。其主要劣势在于在传输 TDM 业务时需要借助仿真技术,其时延和抖动控制明显弱于 OTN。通过软性管道实现业务逻辑隔离,在业务安全性上低于 OTN 的物理隔离能力。

在业务全面实现 IP 化的网络中,对于安全性要求不高的业务,PTN 是比较好的技术选择。而专网的通信系统当中,业务接口类型虽体现为 10GE/GE/FE,但对各业务的隔离有着较为严格的要求,虽然 PTN 具备统计复用的能力,带宽也相比较宽,但是只能实现业务的逻辑隔离,无法实现各业务间的物理方式隔离。

2.3.2.4　OTN 技术

OTN 又称光传送网络,是 WDM(波分复用设备)的演进技术。其主要特点是通过波分复用方式实现大带宽传送,同时通过 OTN 标准化开销复用结构提供类 SDH 的运维及管理体验。OTN 技术的优势在于长距离大带宽,目前 OTN 技术在各大运营商和行业专网广泛应用,是综合业务承载的大容量骨干网首选技术。单个汇聚站点带宽需要按 10 G 考虑,且业务方向为汇聚型,可以充分发挥出 OTN 技术优势。同时,可实现建设一步到位,未来带宽不够时,只需要扩容板件即可,不会再因带宽不够或容量不够而更换新的平台。OTN 具有较强的网络安全和管理能力,且各电路链接为刚性管道,可实现各业务的物理隔离。

2.3.3　网络传输方式

通信传输一般分为有线网络传输和无线网络传输。无线网络传输主要包括 VHF、SMS、GPRS/CDMA、PSTN、北斗卫星、国际移动卫星、VSAT 系统等。在上文通信传输中有具体阐述。

2.3.4　光缆工程

有线网络传输一般为网线(双绞线)、同轴电缆和光纤三种,网线和同轴电缆线传输距离都较短,同轴电缆相同长度价格高于网线且兼容性差,近些年逐步被网线替代。在水利工程项目中,通常两个设备之间低于 100 m 的传输采用网线,而超过 100 m 则采用光纤通信。

光缆主要是由光纤和塑料保护套管及塑料外皮构成。光缆依据用途、传输距离、铺设方式等不同可分为多种类别。

光缆按内部使用光纤的种类不同,分为单模光缆和多模光缆。多模光缆一般传输距离不超过 500 m,近些年随着单模光缆成本的降低,为便于现场施工及交换机配置,多模光缆逐渐被单模光缆替代。

光缆按铺设方法不同分为管道光缆、直埋光缆、架空光缆和水底光缆等。架空光缆主要有挂在钢绞线下和自承式两种吊挂方式,其敷设方式为通过杆路吊线托挂或捆绑(缠绕)架设。架空光缆易受台风、冰凌、洪水等自然灾害的威胁,架空光缆也容易受到外力影响和本身机械强度减弱等影响,因此架空光缆的故障率高于直埋式和管道式的光纤光缆。

水利工程信息化系统中,如存在光缆施工,前期先行踏勘确定铺设方式,结合网络拓扑结构综合计算线芯数量,确定最终光缆型号。

2.4 安全体系

2.4.1 设计原则

水利网络安全建设应遵循以下基本原则:

(1)全面完整原则。在进行网络安全建设时,应遵循规范规定,结合实际,进行完整的网络安全体系架构设计,全面覆盖所有安全要素。

(2)等级保护原则。应按照《信息安全技术 网络安全等级保护定级指南》(GB/T 22240—2020),确定各类水利网络安全保护对象的保护等级。

(3)同步要求原则。水利信息化项目在规划建设运行时,应将网络安全保护措施同步规划、同步建设、同步使用。

(4)适当调整原则。在进行网络安全建设时,可根据水利网络安全保护对象的具体情况和特点,适当调整部分安全要素的建设标准。

(5)持续改进原则。应依据《水利网络安全保护技术规范》(SL/T 803—2020)和《信息安全技术网络安全等级保护基本要求》(GB/T 22239—2019)等国家标准规范要求持续完善网络安全体系。

2.4.1.1 网络安全与信息化同步

在单位信息系统建设或改建之初,分析对信息系统网络安全的需求,在方案设计阶段考虑网络安全体系结构并同步开展详细安全设计,系统建设或改建的过程中按照工程实施要求同步建设符合安全等级要求的网络安全设施。单位信息系统及其运行环境发生明显变化时,需要对其进行风险评估,及时升级安全设施并实施变更管理,并对安全设施同步实施配置管理。

2.4.1.2 分层防护和重点保护

任何安全措施都不是绝对安全的,都可能被攻破。为预防多种网络攻击行为而破坏整个系统,需要合理规划和综合采用多种防护措施,进行多层和多重保护的同时,根据信息系统的重要程度、业务特点,方案在设计中考虑通过划分不同安全保护等级,实现不同强度的安全保护,集中资源优先保护信息系统的安全。

2.4.1.3 动态调整和可扩展

随着网络攻防技术的不断发展,安全需求也会不断变化,需要跟踪信息系统的变化情况,调整安全保护措施。在方案设计阶段,首先考虑在现有技术条件下满足当前的安全需求,并在此基础上有良好的可扩展性,以满足今后信息技术所产生的安全需求。

2.4.1.4 等保标准的符合性

水利单位的重要信息系统,其安全建设不能忽视国家相关政策要求,方案所采用的技术手段和安全建设管理,都必须符合相应的国家标准,并且方案涉及的安全产品需要符合业内安全通用要求和扩展规范,便于业务系统升级、扩充,以及与行业监管系统、其他第三方平台进行互连、互通。

2.4.2　安全体系等级

安全等级定级根据相关行业应用系统遭受攻击时在业务信息方面将对单位和公民的合法权益造成损害和影响公共利益的程度以及所辖业务信息和系统服务方面单位信息系统对国家安全可能造成损害的程度来综合判断。具体参照依据《信息安全技术　网络安全等级保护定级指南》(GB/T 22240—2020)的定级步骤和定级方法。

2.4.3　安全体系分析

为应对水利工程建设管理单位面临的安全威胁和风险,实现客户网络安全等级保护安全建设目标,主要需求有安全技术、安全管理及安全运营的需求。

2.4.3.1　**安全技术**

1. 安全物理环境

安全物理环境是信息系统安全运行的基础和前提,是系统安全建设的重要组成部分。在等级保护基本要求中将物理安全划分为技术要求的第一部分,从物理位置选择、物理访问控制、防盗窃、防破坏、防雷击、防火、防水和防潮、防静电、温湿度控制、电力供应、电磁防护等方面对信息系统的物理环境进行了规范。

物理层考虑因素包括机房环境、机柜、电源、服务器、网络设备和其他设备的物理环境。该层定级的功能室为上层提供一个生成、处理、存储和传输数据的物理媒体。

2. 安全通信网络

安全通信网络是在安全计算环境之间进行信息传输及实施安全策略的软硬件设备,是重要的基础设施,也是保证数据安全传输和业务可靠运行的关键,更是实现数据内部纵向交互、对外提供服务、与其他单位横向交流的重要保证。

通信网络进行的各类传输活动的安全都应得到关注。现有的大部分攻击行为,包括病毒、蠕虫、远程溢出、口令猜测、未知威胁等攻击行为,都可以通过网络实现。

3. 安全区域边界

安全区域边界是对安全计算环境边界以及安全计算环境与安全通信网络之间实现连接并实施安全策略的相关软硬件设备。区域边界安全防护是实现各安全域边界隔离和计算环境之间安全保障的重要手段,是实现纵深防御的重要防护措施。通过边界防护、访问控制、入侵防范、恶意代码和垃圾邮件防范、安全审计、可信验证,实现保护环境的区域边界安全。

4. 安全计算环境

安全计算环境是对系统的信息进行存储、处理及实施安全策略的相关软硬件设备,包括各类计算服务资源和操作系统层面的安全风险。作为水利单位用于信息存储、传输、应用处理的计算服务资源,其自身安全性涉及承载业务的方方面面,任何一个节点的安全隐患都有可能威胁到整个网络的安全。

计算环境作为业务数据和信息的主要载体,这些业务数据和信息是信息资产的重要组成;另外,计算环境是系统各项支撑业务的起点和终点,病毒、木马等安全威胁也容易通过网络渗透到后台各种业务应用和服务主机中,从而给系统的整体安全带来危害。

计算环境面临的安全风险主要来自多方面,对系统的不安全使用、配置和管理、未进行有效的入侵防范、没有进行安全审计和资源控制,这将导致业务系统存在被黑客入侵或爆发高级安全威胁的可能。

2.4.3.2 安全管理

除采用网络安全技术措施控制安全威胁外,安全管理措施也是必不可少的手段,所谓"三分技术,七分管理",更加凸显了安全管理的重要性,健全的安全管理体系是各种安全防范措施得以有效实施、网络系统安全实现和维系的保证,安全技术措施和安全管理措施可以相互补充,共同构建完整、有效的网络安全保障体系。管理需求主要考虑如下方面的内容:

安全建设需要考虑以上各个层次的安全管理要求,同时需要结合国际国内成熟的安全体系建设经验,并通过借助成熟的安全产品、安全服务和安全管理措施不断进行持续改进,最终建立符合单位业务的安全保障体系。

2.4.3.3 安全运营

安全运营需求分析从技术角度分析系统上线运行后在整个较长的后续运营期间对安全运营的需求。主要包括以下几个方面。

1. 全面掌握信息安全资产需求

信息安全运营的前提是摸清网内信息资产的全貌,这些资产包括主机/服务器、安全设备、网络设备、WEB 应用、中间件、数据库、邮件系统和 DNS 系统等,资产的信息包括设备类型、域名、IP、端口、版本信息等,这是信息安全运营的前提和基础,而单位往往并不完全掌握这些资产信息,采用人工方式进行资产梳理对于庞大的信息系统既不可能,也不全面。因此,首先需要进行全网信息资产的自动化发现,并结合业务特点,对资产的重要性等情况进行梳理,形成资产清单,并能对变化进行周期性的监控。

2. 日常安全运营需求

单位信息系统在上线后,需要对网络及系统进行日常安全运维,包括定期的系统安全评估、检查系统的配置是否满足安全防护的需求,定期检查设备的运行状态和系统的漏洞情况,及时修补系统漏洞,对于应用系统新上线的功能模块或新上线系统进行安全评估、代码审计,并在上线后定期进行渗透测试,针对暴露于互联网的 Web 应用,由于其面临的风险更大,还需要提供更专业、更实时的运维服务支撑。

3. 重要时期安全保障需求

对于水利、水务等公共资源行业,重要时期的安全运营保障服务尤为重要,是单位领导关注的重点工作。重要时期的安全运营保障包括了事前、事中、事后的整体的安全运营保障服务,需要更加全面的安全评估检查、渗透测试,以及应急演练、现场值守、应急处置和后续的工作总结等。重要时期的安全保障能力集中体现了单位安全运营的能力水平。

4.专家级安全运营服务支撑需求

当前安全威胁形势已经发生了很大的变化,大部分安全事件是由未知威胁或高级安全威胁导致的,如近两年发生的勒索病毒事件,单位内部的安全团队面对这样的威胁形势往往束手无策,一旦发生安全事件,如果无法及时处置,将导致不可估量的损失,这些损失不仅仅是经济层面的,对水利而言,主要是敏感数据的泄露。因此,新等级保护制度增加了单位对于未知威胁的检测、发现和分析能力的要求以及对日志的综合分析能力的要求,对于防汛抗旱指挥系统这类关键信息系统需要有专家级的安全分析和应急响应能力,在安全事件发生时,能将事件造成的损失和影响降至最低,并对事件进行分析溯源,防患于未然。

2.4.4 功能指标

遵照网络安全等级保护相应等级的相关标准,在分析相关单位安全需求的基础上,建立预警、防护、检测、响应自适应闭环的安全防护体系,同时为其提供可定制的安全服务,全面控制其可能遇到的网络安全风险,提升整体安全防御能力,构建单位可信、可控、可管的安全防护体系。

2.4.4.1 系统设备

安全体系建设需以日常安全运营为基础,以重大事件保障为抓手,遵照网络安全等级保护相应等级的相关标准进行建设,针对生产控制区和信息管理区进行分区建设,建设内容主要包含通用安全和工业控制系统扩展。安全设备主要包含工业防火墙、入侵检测系统、日志审计与分析系统、工控主机卫士等网络安全软硬件建设,物理安全主要包含门禁系统、消防系统、精密空调、动环系统等。

参考二级网络安全设备产品见表2-5。

表 2-5　参考二级网络安全设备产品

序号	品类	产品	基本功能
1	安全产品	工业互联防火墙	集成了工业协议识别、访问控制、负载均衡、入侵防御、病毒过滤、Web 攻击防护、流量管理、VPN 接入、用户认证、威胁可视化等功能,多业务并行处理,支持双机热备,确保在各种大流量、复杂应用的环境下,仍具备快速高效的业务处理和防护能力
2		工业防火墙	产品采用白名单的思想,建立可信任的数采通信及工控网络区域间通信的模型,提供 ACL 访问控制、工控协议深度解析、工控指令访问控制、日志审计等综合安全功能,过滤一切非法访问

续表 2-5

序号	品类	产品	基本功能
3	安全产品	入侵检测系统	入侵检测系统是集入侵检测、入侵防御产品于一体,依照安全策略对工业网络系统的运行状况进行监视,发现并阻断各种入侵攻击、异常流量、非法操作或异常行为的软硬件一体化设备。产品通过深入分析网络上捕获的数据包,结合特征库进行相应的行为匹配,实现入侵行为检测和防御、病毒恶意代码查杀、Web攻击防护、安全风险评估、安全威胁可视化等功能。部署入侵检测系统可以及时发现来自生产网外部或内部违反安全策略的行为及被攻击的迹象,通过告警提醒工业用户及时采取应对措施,最终达到保障生产网络安全运行的目的
4		防毒墙	防毒墙内置病毒特征库,具备病毒查杀及防护、DDOS防护、威胁情报联动,支持多种部署形势,全方位可视化,支持多种模式访问控制策略
5		日志审计与分析系统	日志审计与分析系统是工业控制网络中软硬件资产日志信息的统一审计与分析平台,该产品能够实时将工业控制网络中不同厂商的网络设备、安全设备、服务器、操作员站、数据库系统的日志信息,进行统一的收集、处理和关联分析,帮助一线管理人员从海量日志中迅速、精准地识别安全事件,及时对安全事件进行追溯或干预,满足《中华人民共和国网络安全法》对日志保存6个月以上的要求
6		工控主机卫士	支持文件白名单、网络白名单、网络非法外联、双因子认证、安全基线、访问控制、外设管理、漏洞防护等功能
7		工控漏洞扫描平台	工控扫描,支持工业控制器、组态系统、嵌入式设备的漏洞扫描;系统扫描、Web扫描、数据库扫描、弱口令扫描、网络测评、风险评估、资产管理、报表管理及警告
8		安全运维管理系统	安全运维管理系统是对运维行为进行账号统一管理、资源和权限统一分配、操作全程审计的软硬件一体化设备,采用层次化、模块化的设计,资源层、接口管理层、核心服务层和统一展示层构成了产品的整体架构,产品支持集群部署,扩展性强;单个堡垒服务器,应用发布服务器节点故障不影响访问,可靠性高,能极大地满足现场需求,产品集用户管理、授权管理、认证管理和综合审计于一体,通过严格的权限控制和操作行为审计,加强对运维人员的行为管理,从而达到消隐患、避风险的目的

续表 2-5

序号	品类	产品	基本功能
9	安全产品	备份一体机	备份一体机采用松耦合、模块化设计,构件形态稳定,随意组合,可以像搭积木一样地构建自己的数据保护系统。基本功能包括 CDM 高级备份、CDP 持续数据保护、VTL 虚拟磁带库、NAS 存储、统一存储和远程容灾六大功能模块
10		数据脱敏	敏感数据进行数据自动发现、自动化发现源数据中的敏感数据,并对敏感数据按需进行漂白、变形、遮盖等处理
11	物理安全	门禁系统	电子门禁系统,控制、鉴别和记录进入的人员
12		自动消防系统	自动消防系统,能够自动检测火情、自动报警,并自动灭火
13		精密空调	温湿度自动调节设施,使机房温湿度的变化在设备运行所允许的范围之内
14		稳压器	配置稳压器和过电压防护设备
15		UPS	备用电力供应
16	安全服务		

参考三级网络安全设备产品见表 2-6。

表 2-6　参考三级网络安全设备产品

序号	品类	产品	基本功能	说明
1	安全产品	工业互联防火墙	集成了工业协议识别、访问控制、负载均衡、入侵防御、病毒过滤、Web 攻击防护、流量管理、VPN 接入、用户认证、威胁可视化等功能,多业务并行处理,支持双机热备,确保在各种大流量、复杂应用的环境下,仍具备快速高效的业务处理和防护能力	
2		工业防火墙	产品采用白名单的思想,建立可信任的数采通信及工控网络区域间通信的模型,提供 ACL 访问控制、工控协议深度解析、工控指令访问控制、日志审计等综合安全功能,过滤一切非法访问	
3		准入控制系统	多样化设备准入支持(交换机、路由器、PC、智能终端等),全面的认证管理(本地、E-mail、RADIUS、LDAP、AD 域、短信、CA、生物指纹,提供第三方认证 API),多层次(L2～L7 层)攻击威胁检测定位,完善的终端管理(操作行为、软硬件资产管理、资产状态跟踪、U 盘加解密与管控、终端任务管理、终端补丁管理),丰富的报表呈现(整体视图、交换机视图、基于端口空间定位),支持自逃生、双机热备、Bypass(桥接模式下)等,支持分布式部署与统一管理	

续表 2-5

序号	品类	产品	基本功能	说明
4	安全产品	入侵防御系统	提供对内部攻击、外部攻击和误操作的实时监控和阻断。可对缓冲区溢出、SQL 注入、暴力猜测、Dos/DDos 攻击、扫描探测、蠕虫病毒、木马后门等各类黑客攻击和恶意流量进行实时检测及阻断	
5		高级威胁检测系统	沙箱文件检测、协议检测、网络异常检测、入侵检测、病毒检测、威胁情报	
6		入侵检测系统	入侵检测系统是集入侵检测、入侵防御产品于一体,依照安全策略对工业网络系统的运行状况进行监视,发现并阻断各种入侵攻击、异常流量、非法操作或异常行为的软硬件一体化设备。产品通过深入分析网络上捕获的数据包,结合特征库进行相应的行为匹配,实现入侵行为检测和防御、病毒恶意代码查杀、Web 攻击防护、安全风险评估、安全威胁可视化等功能。部署入侵检测系统可以及时发现来自生产网外部或内部违反安全策略的行为及被攻击的迹象,通过告警提醒工业用户及时采取应对措施,最终达到保障生产网络安全运行的目的	
7		防毒墙	防毒墙内置病毒特征库,具备病毒查杀及防护、DDos 防护、威胁情报联动、支持多种部署形势,全方位可视化,支持多种模式访问控制策略	
8		邮件安全网关	邮件安全网关(MSG)是集成了软硬件的专业邮件信息安全系统,是一套将反恶意攻击、反垃圾邮件安全病毒过滤、敏感信息智能过滤、邮件归档等功能进行无缝整体的一体化的电子邮件安全网关防护解决方案,可以充分实现对邮件系统更加全面有效的安全保护	如有邮件系统则适配,否则不适用
9		日志审计与分析系统	日志审计与分析系统是工业控制网络中软硬件资产日志信息的统一审计与分析平台,该产品能够实时将工业控制网络中不同厂商的网络设备、安全设备、服务器、操作员站、数据库系统的日志信息,进行统一地收集、处理和关联分析,帮助一线管理人员从海量日志中迅速、精准地识别安全事件,及时对安全事件进行追溯或干预,满足《中华人民共和国网络安全法》对日志保存 6 个月以上的要求	

续表 2-5

序号	品类	产品	基本功能	说明
10	安全产品	上网行为管理	丰富的用户识别和身份认证能力,深度识别、管控和审计近千种 IM 聊天软件、P2P 下载软件、炒股软件、网络游戏、在线视频等常见应用,并利用智能流控、智能阻断、智能路由等技术提供强大的带宽管理能力,配合创新的网络应用行为精细化管理,实现最全面、完善的网络行为管理解决方案	如有互联网出口则适配,否则不适用
11		工控主机卫士+Ukey	支持文件白名单、网络白名单、网络非法外联、双因子认证、安全基线、访问控制、外设管理、漏洞防护等功能	
12		工控漏洞扫描平台	工控扫描,支持工业控制器、组态系统、嵌入式设备的漏洞扫描;系统扫描、Web 扫描、数据库扫描、弱口令扫描、网络测评、风险评估、资产管理、报表管理及警告	
13		安全运维管理系统	安全运维管理系统是对运维行为进行账号统一管理、资源和权限统一分配、操作全程审计的软硬件一体化设备,采用层次化、模块化的设计,资源层、接口管理层、核心服务层和统一展示层构成了产品的整体架构,产品支持集群部署,扩展性强;单个堡垒服务器、应用发布服务器节点故障不影响访问,可靠性高,能极大地满足现场需求,产品集用户管理、授权管理、认证管理和综合审计于一体,通过严格的权限控制和操作行为审计,加强对运维人员的行为管理,从而达到消隐患、避风险的目的	
14		统一安全管理平台	统一安全管理平台具备安全资产集中管理、安全策略集中管控、安全事件集中收集与分析功能,实现安全运营的集中可视化。可管理的安全设备包括但不限于:工业防火墙、工控安全监测与审计平台、工控主机卫士、工业互联防火墙、安全运维管理系统、入侵检测系统、日志审计与分析系统、安全隔离与信息交换系统等	
15		数据透明加密	数据库透明加密系统是一款基于透明加密技术的安全加密系统,该产品能够实现对数据库数据的加密存储、访问控制增强、应用访问安全、权限隔离以及三权分立等功能	数据库必须品(无补偿措施)

续表 2-5

序号	品类	产品	基本功能	说明
16	安全产品	数据库防水坝	数据库准入、应用访问控制、数据库脱敏、运维审计	
17		DLP 数据防泄漏	以统一策略为基础,采用深层内容识别分析技术(文件指纹、数字标识符、正则表达式、关键字权重等),对企业终端、网络、应用系统中的敏感数据进行自动发现、内容识别、分类分级,对通过应用程序、终端端口、U 盘、共享目录、网盘、论坛、贴吧、FTP、邮件、QQ 等途径泄漏传播敏感数据,提供阻断和告警,并对用户行为进行审计,生成安全报告,满足各种应用场景	
18		备份一体机	备份一体机采用松耦合、模块化设计,构件形态稳定,随意组合,可以像搭积木一样地构建自己的数据保护系统。基本功能包括 CDM 高级备份、CDP 持续数据保护、VTL 虚拟磁带库、NAS 存储、统一存储和远程容灾六大功能模块	
19		数据脱敏	敏感数据进行数据自动发现、自动化发现源数据中的敏感数据,并对敏感数据按需进行漂白、变形、遮盖等处理	
20	物理安全	门禁系统	电子门禁系统,控制、鉴别和记录进入的人员	
21		自动消防系统	自动消防系统,能够自动检测火情、自动报警,并自动灭火	
22		精密空调	温湿度自动调节设施,使机房温湿度的变化在设备运行所允许的范围之内	
23		稳压器	配置稳压器和过电压防护设备	
24		UPS	备用电力供应	
25		安全服务		

2.4.4.2 安全管理

在项目的安全建设中,为保证单位业务系统长期稳定运行以及业务数据的安全性,提高系统运维及人员管理的安全保障机制,实现信息安全管理的不断完善,制定信息安全工作的总体安全方针和策略,明确安全管理工作的总体目标、范围、原则和安全框架等。根据安全管理活动中的各类管理内容建立安全管理制度;并由管理人员或操作人员执行的日常管理操作建立操作规程,形成由安全策略、管理制度、操作规程等构成的全面的信息安全管理制度体系,从而指导并有效地规范各级部门的信息安全管理工作。通过制定严格的制度规定与发布流程、方式、范围等,定期对安全管理制度进行评审和修订。其工控安全管理职能框架如图 2-41 所示。

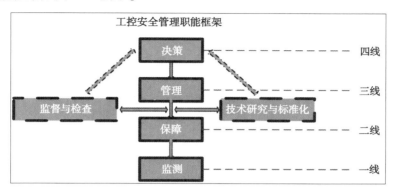

图 2-41　工控安全管理职能框架

2.4.4.3　安全运维

在日常运维中明确风险、绘制风险构成图,进行风险识别与分析,划分事故分级,对安全事件的发现与上报、安全事件处理、应急资源保障等重要环节应设立(或指定)专门的机构负责并明确责任人及快速响应。定期进行各种形式的应急演练以保证整体应急机制的快速响应能力,发现应急过程中的问题并及时整改。应建立不影响响应速度的监督检查和上报机制,及时对应急工作情况进行监督和通告。其安全运维框架如图 2-42 所示。

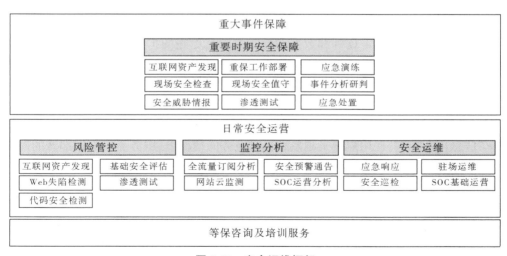

图 2-42　安全运维框架

2.5　数据中心

在水利信息化工程系统中,数据中心属于水利信息基础设施范畴,一般包括信息汇聚与存储、信息服务与支撑应用三个层次,在信息采集与网络之上,共同构成基础设施的软环境。数据中心的支撑应用层与用户应用层共同构成完整的水利业务应用。按水利业务应用特点,工程类项目数据中心一般部署于统一运行管理调度中心,而非工程类项目数据中心一般部署于各级水利单位。

2.5.1 数据中心硬件设备

水利信息化工程系统依照总体框架及网络结构部署硬件设备,对不同网络分区分别部署硬件设备。一般根据系统数据资源数量、平台及应用系统的重要性多方面综合考虑进行硬件设备的布置。根据水利信息化系统的规模不同,部署硬件设备包括工作站、服务器、磁盘阵列、虚拟化软件、超融合系统等。

2.5.1.1 工作站

工作站属于信息化系统的最基础的人机交互产品,基本所有水利信息化系统都有使用。

在小型项目中,例如小的枢纽、几孔闸门的计算机监控系统,可以将数据库、应用软件及人机交互多个功能合并于工作站中完成。对于重要性较弱的信息化,例如视频监控系统,整个系统可仅配置 1 台工作站;对于相对重要的信息化,例如小型泵站监控系统,可配置 2 台工作站构建主备工作模式。

在大中型项目中,工作站更多的功能应用为人机交互,而数据库和应用软件部署于其他服务器上。

2.5.1.2 服务器

服务器属于计算机的一种,它比普通计算机运行更快、负载更高、价格更贵。服务器在网络中为人机交互产品提供计算或者应用服务。服务器具有高速的 CPU 运算能力、长时间的可靠运行、强大的 I/O 外部数据吞吐能力以及更好的扩展性。由于服务器基本处于大于或等于 1 U 的设备,所以需要有相应的物理环境进行布放。在考虑到物理环境之后,需要有一系列的配套设施,例如 UPS 对电量的控制、精密空调对温湿度的控制、机柜的大小等,所以成本会大大增加。

在大中型水利信息化系统中,服务器一般用于数据存储、数据通信及部署应用系统等。在信息化系统中,在用户越来越熟悉自己业务的情况下,服务器可根据部署的内容按功能分为数据库服务器、应用服务器、通信服务器、Web 服务器等。不同的服务器分工不同,由于分工明确,对于前面的单一服务器需求量会更大,价格会直线上升。在功能区分后的服务器下,业务会更加清晰,运维人员的压力会降低许多。由于分工明确,对于前面的单一服务器需求量会更大,价格会直线上升。业务区分得越详细,中间的交互就会越少,数通环节的处理也会是用户必要考虑的一方面。一条线路出现问题的情况下,可能会直接影响到某一个业务系统,所以隐患也会大大的提升。而且在某一业务量不是很大的情况下,某些服务器的资源就会被浪费。并且闲置资源较多,让真正有需求的服务器无法得到合适的资源利用。

针对数据的存储,一般在数据库服务器安装数据库软件,可直接存储,亦可通过独立磁盘冗余阵列(RAID)技术,把相同的数据存储在多个硬盘的不同的地方,输入输出操作能以平衡的方式交叠,改良性能,且增加了平均故障间隔时间(MTBF)和储存冗余数据的容错。从原有的 RAID0 对数据的保护,慢慢增加到了 RAID5,然后升级到了 RAID10。从最初的坏一块硬盘就会导致数据的丢失,到后期能满足坏一个硬盘能保证数据的安全性,到后面的允许坏两块硬盘还能保证数据的安全性。RAID 仅能实现服务器磁盘故障时的冗余,当服务器本身故障时,则应用系统无法工作。

针对上述可能存在的问题,同类型的服务器可部署两台,保证当一台服务器出现故障时,另一台服务器可正常运行。针对数据库,一般有热备、冷备和双活三种备份方式:

(1)热备:只有主数据库服务器承担用户的业务,此时备数据服务器对主数据中心进行实时的备份,当主数据库服务器故障以后,备数据库服务器可以自动接管主数据库服务器的业务,用户的业务不会中断,所以也感觉不到数据库服务器的切换。

(2)冷备:只有主数据库服务器承担业务,并主动将数据同步至备用数据库服务器,可实时备份或按一定的周期性进行备份,如果主数据库服务器故障,用户的业务就会中断。

(3)双活:让主、备数据库服务器都同时承担用户的业务,此时主、备两个数据库服务器负载相对均衡且互为备份,并且进行实时备份。

针对应用服务器,一般采用热备方式部署。当信息化系统规模大、应用较多时,服务器直接部署应用系统存在资源浪费;多个应用系统部署在同一个服务器易产生冲突;某台服务器故障,则部署在服务器上的应用无法工作;应用系统资源扩充需按服务器配置进行升级,部分服务器受插槽限制,原较低配置的内存条、硬盘无法使用等问题,虚拟化技术则可解决上述问题。

2.5.1.3　磁盘阵列

磁盘阵列是信息化系统中重要的存储读写设备。磁盘阵列是由很多块独立的磁盘,组合成一个容量巨大的磁盘组,利用个别磁盘提供数据所产生加成效果提升整个磁盘系统效能。利用这项技术,将数据切割成许多区段,分别存放在各个硬盘上。

磁盘阵列还能利用同位检查的观念,当数组中任意一个硬盘发生故障时,仍可读出数据。在数据重构时,可将数据经计算后重新置入新硬盘中。

2.5.1.4　虚拟化软件

在传统服务器遇到扩容难、升级难、占用空间较大等瓶颈的需求下,虚拟化诞生了。虚拟化是指计算机元件在虚拟的基础上而不是真实的基础上运行。虚拟化技术可以扩大硬件的容量,简化软件的重新配置过程。

CPU 的虚拟化技术可以单 CPU 模拟多 CPU 并行,允许一个平台同时运行多个操作系统,并且应用程序都可以在相互独立的空间内运行而互不影响,从而显著提高计算机的工作效率。虚拟化是一个为了简化管理、优化资源的解决方案。如同空旷、通透的写字楼,整个楼层几乎看不到墙壁,用户可以用同样的成本构建出更加自主适用的办公空间,进而节省成本,发挥空间最大利用率。这种把有限的、固定的资源根据不同需求进行重新规划以达到最大利用率的思路,叫作虚拟化技术。

但是在集中化管理、提高硬件利用率、动态调整资源、高可用、低成本以及降低运维压力等优点的加持下,也会有部分缺点暴露出来。在常规配置下,通常的运维管理人员并不能很好地排查并解决虚拟化使用过程中的问题,例如经常碰到的 VM 不能启动或者卡死,没有真实物理机那么好解决。虚拟机存储于本地物理机硬盘上。真实物理机死机，上面的虚拟机将全部不可用。另外，物理机硬盘损坏，一般可以恢复出绝大部分文件，但碰巧坏的是虚拟机镜像文件，结果虚拟机里面的文件可能全部损坏。

2.5.1.5 超融合系统

超融合技术是指在同一套单元设备中不仅具备计算、网络、存储和服务器虚拟化等资源和技术，而且还包括缓存加速、重复数据删除、在线数据压缩、备份软件、快照技术等元素，而多节点可以通过网络聚合起来，实现模块化的无缝横向扩展（scale-out），形成统一的资源池。

超融合架构把服务器、网络及存储进行了融合，并且搭载在统一管理平台上进行维护；而传统架构则是全部分离的。分布式存储比起传统架构使用的集中式存储更安全稳定。

从可靠性方面以及性能性方面，超融合架构的优势非常大，超融合的架构对比传统架构扩展能力强，扩容简单快速，系统复杂度不会随扩容增加而增加。部署运维方面，相对传统架构，超融合布局，维护简单，能够在一定程度上智能运维。

总体来说，超融合就是利用分布式存储和计算虚拟化技术整合服务器集群、对外提供计算、存储和网络等资源的基础架构。帮助客户大幅度降低各种规模数据中心的复杂性。

但是有利有弊，超融合也存在以下一些缺点：

（1）投资成本相对较高。

（2）超融合扩展能力强是优点，但是要求扩展节点必须统一为超融合架构，而且为同一个厂商产品，这就限制了系统的架构，所以在初期立项时，必须做好规划，为以后发展打好基础。

（3）超融合的众多功能通过厂家软件来实现，对超融合厂家的软件成熟度要求高。

因此，在水利信息化系统建设时，可依照项目规模大小及部署方式选择贴合的数据中心硬件设施。

2.5.2 数据中心一体化管控平台

2.5.2.1 数据采集与交互平台

1.采集与交互服务

1）通信网络整体模型建立与管理

通信网络模型建立与管理功能组件主要是对平台中的终端，以节点的形式进行配置，并定义它们的属性，实现所有节点的统一配置和管理。模块能灵活地添加新的节点、删除已定义的节点，也可以对节点按照区块或功能进行分区，使每个区域都拥有独立统一的实时数据库。通信网络模型建立与管理功能模块采用组态的配置模式，主要功能至少包含以下内容：

（1）节点基本信息的编辑。选择相应的节点基本信息属性编辑节点的相关信息，信息涵盖节点基本信息、网络地址、冗余配置等。

（2）节点权限的编辑。选择需要编辑节点，可配置该节点的监视权限内容，权限涵盖界面操作、语音报警、消息通知等。

（3）节点监视。可监视本机所属分区下所有节点的基本属性，如网络状态、节点状态等，在监视功能下，不可进行编辑。

2）现地通信总线服务

水利工程中的现地设备较多，智能化高级应用的也比较复杂，许多信息需要在现地智能设备之间以及现地智能设备与上位机之间快速传输与交换。现地通信总线能支持监控、监测等各类通信驱动服务，并可组件化扩展。现地通信总线服务能将这些信息安全、可靠、快速、准确地在设备与设备之间以及设备与上位机之间传输。现场总线能连接现地各种智能设备和自动化系统，能够实现信息的双向传输，能够适应多分支结构的通信网络。现场总线具备自动仲裁功能，避免同时发送数据造成的总线资源竞争。此外，现场总线能实现主机的在线热备份，保障总线通信的稳定性和可靠性。

3）监控类通信驱动组件

监控类通信驱动组件能满足泵站监控、闸阀监控、电站监控、动环监控等现地设备的信息采集与控制指令下发。监控类通信驱动组件通过总线服务发布各类实时数据（包括数据变化、报警、节点状态等）以及本分区的数据结构（测点信息），其他服务器在加载本区域的自动化配置资源后，能够根据分区配置从数据总线接收需要监视的区域对能实时数据并及时更新对应分区的测点信息。监控类通信驱动组件支持单机单网、单机双网、双机双网等多种通信模式。组件能对单独的一个测点配置报警的限值、类型，以及对测点品质的评判等。对于模拟量能支持生值对码值的自由变化。

4）遥测类通信驱动组件

遥测类通信驱动组件能满足水情监测、工程安全监测、水质监测等各类生产数据的采集处理与交互。水情类通信组件能支持水雨情数据采集各类传感器的组态接入，安全监测类通信组件能支持压阻仪器、弦式仪器等不同类型的设备的组态接入，以方便设备及测点的后期维护和管理。遥测类通信驱动组件能根据 RTU 或 DAU 的配置对遥测单元以及测点进行分类管理，能够设置单个测点的报警的限值、类型等。

2. 数据交换与共享服务

1）跨安全区数据传输交互服务组件

通过应用支撑平台，可实现系统内部和系统外部的数据交换服务。控制区与管理区的数据交换，主调中心管理区与备调中心管理区的数据交换，以及本工程与外部系统间的数据交换等。

数据的安全传输采用 ETF 或 XML 文件格式，传输与交互同步服务能对同步服务的运行状态进行观察，能支持数据补传，补传的对象可以选择全部数据库表或者特定的几个，以及补传起始结束时间。

（1）正向数据传输。

正向安全隔离数据传输要求能够实现控制区系统数据通过正向物理隔离装置传输到管理区的功能，正向安全数据传输软件功能：数据库动态同步、手工数据补传、网上实时数据同步、报警、辅助配置工具、数据同步及数据验证。

（2）反向数据传输。

反向安全隔离数据传输要求能够实现管理区系统数据通过反向物理隔离装置传输到

控制区的功能,反向安全数据传输软件功能:外系统(水文、气象系统)数据库动态同步、调度系统数据同步、报警。

一体化平台的跨区同步基于在源数据库表建立触发器,捕获数据变化,触发到临时表,安全隔离客户端程序将临时表数据生成数据文件,放在隔离相关目录,由隔离厂家提供的软件将该文件传到相应安全区,再由安全隔离服务端程序解析这些文件并写入相应区的数据库,保证数据同步过程中不会存在任何数据丢失。

2)对外通信管理组件

通信协议管理组件至少能支持 ModBus、远动 CDT 规约通信、101 规约通信、104 规约通信、继电保护 103 规约通信等。对外通信管理组件能通过组态方式配置遥信、遥测、遥控、遥调、电度量等类型的测点。

3)对外数据交换管理组件

(1)数据交换管理组件技术特点。

①数据交换服务与应用系统相对独立。数据交换服务组件独立于各业务逻辑,不依赖于任何一个特定的业务流程。

②数据交换服务的可扩展性。在统一性和业务独立性的前提下,具有良好的可扩充性。随着应用系统业务需求的变化和扩展,可以逐步扩充服务的内容,并且对组件的架构没有影响。

③实现多种信息资源的共享交换方式。基于 SOA 的设计思想,数据交换以统一的基于服务的交换来管理。主要交换方式有文件交换、数据库之间的数据交换、基于服务的交换等。

④支持多种数据接口和传输协议。基于数据交换产品可提供数据库、文件系统、WebService 等多种接口服务方式,支持不同格式数据内容的交换共享。同时,遵循国际主流成熟的、通用的传输标准、规范和协议,如 TCP/IP、XML 等。

⑤交换安全保障服务。能够基于产品自带的安全服务功能,对敏感信息交换进行 MD5、DES、SSL 加密,根据数据加密应用途径进行交换信息内容的加密(可逆或不可逆),保障数据交换传输过程中的安全。同时,将具有数据合法性验证功能,能够对交换服务与应用系统之间以及交换系统之间的两类合法性验证,确保数据可信交换。拥有断点续传功能,保证数据"只传一次",即不重传、不漏传、断点续传,实现高效传输。用户可根据实际需要指定任务的优先级顺序,实现任务调度功能。

⑥提供数据交换日志。能够对所有的数据交换任务记录详细的日志信息,信息内容包括交换节点名称、交换节点 IP 地址、端口号、交换内容与时间等各类信息,确保能够对数据交换任务进行追踪和事后审计。

(2)数据交换管理组件功能。

数据交换管理组件通过建立先进的业务信息系统交互集成的架构,并基于此可灵活、高效、高质量地完成系统的业务和信息集成工作。数据交换管理组件包括以下几个功能:

数据整合:实现了将业务系统发布过来的业务信息进行一系列的处理后进入数据中心,包括数据清洗、数据比对、数据转换、数据入库等功能。

数据共享:实现从数据中心读取共享数据,调用数据交换接口共享给其他系统的功能,详细包括数据查询和数据导出功能。

数据交换方式:规定了本数据交换平台采用的数据交换方式,如 XML 文件、WebSer-vice 方式、中间数据库、文本、Excel 文件。

数据交换接口:指本数据交换平台对外提供的接口,包括数据发布接口、数据订阅接口、数据应答接口、数据请求接口。

服务模式:设计了本数据交换平台对外业务的服务模式,包括定时请求、触发同步等模式。

数据交换管理:平台管理功能是对整个数据交换平台的管理,包括发布订阅管理、请求应答管理、权限管理、交换任务管理等。

数据交换监控:平台监控功能是对整个数据交换平台的运行详细情况的监控,包括交换运行监控、接口调用监控等。

数据交换标准:平台标准指本数据交换平台遵循的标准,如数据元标准、数据共享标准、数据交换标准。

4)第三方服务接口管理组件

第三方服务接口管理组件提供完整 WebService 和 rest 支持,通过 SOA 组件服务发布与管理中间件发布相应接口,支持基于 WebService 的封装,支持 rest 服务发布规范,实现信息共享、交换和流程处理、业务流转等功能和服务。

第三方服务接口管理组件可针对系统实施运行监测信息、水情监测信息、安全监测信息等工程运行信息,对外提供相应的数据服务接口,以实现数据交互的功能。

(1)功能设计。

提供面向高级语言程序的数据访问接口,提供第三方访问数据所需的接口说明,提供足够充分的 API、数据库访问接口及有关文件,支持 WebServices 开发等。

外部应用接口服务的基本要求具有以下功能或特点:

①访问协议符合 WebService 标准要求。

②以 XML、XMLSchema 文档标准描述业务组件的输入、输出信息流。

③输入、输出信息流能被服务执行功能解析。

④能通过符合 UDDI 标准的访问协议获取业务组件描述。

(2)功能实现。

第三方服务接口管理组件能实现以下功能:

①提供身份证功能,使得其他系统或者应用可安全地连接到数据资源层。

②建立连接后,其他系统或者应用可以通过 XML 文档向本系统发起数据访问请求,包括数据的增、删、改主要涉及 ODS 层数数据库。

③响应数据访问请求,将 XML 形式的访问请求转换为 SQL 语句,执行对数据库做增、删、改和查询操作。

④将数据库操作的相应结果(包括操作结果和出错信息)以 XML 格式返回给请求者。

⑤提供日志功能,将用户、操作时间、操作类型、操作表名、成功与否等信息输出到指定文件中。

2.5.2.2 数据资源管理平台

1. 数据库建设

1) 建设原则

数据库的规划和设计在整个系统中占有非常重要的地位,它不但起着存储各种信息,供统计、查询、分析等使用的作用,而且能使各个子系统之间的数据接口更为协调化,提高数据共享程度,减少数据的冗余,优化整个系统的运行性能。随着计算机技术的飞速发展,尤其是网络技术的日趋完善,计算机信息管理系统逐步地从单机系统向分布式系统即多用户和网络系统发展,数据库设计的合理性、规范性、适应性,数据库之间的关系及设置直接关系到系统的优劣。为了提高软件开发的质量和效率,在数据库设计中遵循以下原则:

(1)层次分明,布局合理。

(2)保证数据结构化、规范化、编码标准化。

(3)数据的独立性和可扩展性。

(4)共享数据的正确性和一致性。

(5)减少不必要的冗余。

(6)保证数据的安全可靠。

2) 建设规范

在整个数据库系统设计中,为使水利工程一体化管控系统平台相关信息的名称统一化、规范化,并确立信息之间的一一对应关系,以保证信息的可靠性、可比性和适用性,保证信息存储及交换的一致性与唯一性,便于信息资源的高度共享,需对系统中的相关信息进行标准化,制定信息代码标准编制规则,主要包括水利信息的分类和信息编码标准。标准能规定本工程所涉及的河流、管理机构、隧洞管道、工程建筑物、水量监测断面的代码结构,并编制代码表。对已有国家标准和行业标准的,采用国家标准、行业标准。没有国家标准,也没有行业标准的,参考国家和行业已有相关标准及本工程建设中形成的相关标准。

数据库表设计时参考以下标准规范(不限于):

基础数据库建设,参照《基础数据库表结构及标识符》(SZY 301—2013);

基础水文数据库建设,参照《基础水文数据库表结构及标识符标准》(SL 324—2016);

实时水雨情数据库建设,参照《实时雨水情数据库表结构与标识符》(SL 323—2011);

水资源监测数据库建设,参照《水资源监控管理数据库表结构及标识符标准》(SL 380—2007)和《监测数据库表结构及标识符》(SZY 302—2013);

水质数据库建设,参照《水质数据库表结构和标识符规定》(SL 325—2016);

水利工程数据库建设,参照《水利工程数据库表结构》(DB11/T 306.1—2005);

空间数据库建设,参照国家水资源监控能力建设项目标准《空间数据库表结构及标识符》(SZY304—2013);

多媒体数据库建设,参照国家水资源监控能力建设项目标准《多媒体数据库表结构

及标识符》(SZY 305—2013);

元数据库建设,参照国家水资源监控能力建设项目标准《元数据》(SZY 306—2014)。

信息编码参照《水利工程基础信息代码》和《水资源管理信息代码编制规定》编制,主要包括以下几类:

测站、水利工程设施等编码和信息分类,参照《水情信息编码标准》(SL 330—2005)、《水利工程基础信息代码》(SL 213—98)、《水资源管理信息代码编制规定》(SL 457—2009)》和《信息分类及编码规定》(SZY 102—2013);

空间信息图式,参照《空间信息图式》(SZY 402—2013);

空间信息组织,参照《空间信息组织》(SZY 401—2014);

水利政务信息编码,参照《水利系统政务信息编码规则与代码》(SL/T 200—97)。

3)数据库设计

数据库设计的总体思路主要是基于一体化思想的设计理念和业务功能专用的要求,以业务功能用户为管理对象而构建的一体化数据库设计储存方案。

根据水利工程一体化管控系统平台功能业务的要求和特性,在一体化数据库的框架下,根据业务要求设计了公用模型资源数据库、水情水质数据库、监控数据库、工程安全监测数据库、水量调度数据库、应急决策支持数据库、工程管理数据库、文档资料数据库、工作流数据库、业务辅助数据库类数据库,并设计了一业务专用数据存储表,通过业务对象内部通信和数据对外服务机制,构建了水利工程一体化管控系统平台数据库,其体系结构如图 2-43 所示。

图 2-43　体系结构图

4)数据库建设

信息采集层的数据来自不同的途径,其数据内容、数据格式和数据质量有所差别,实时性、数据规模要求也各不相同,需要统一的数据中心,支持实时数据、历史数据,以及非结构化数据的存储库,将信息采集层的数据转换、装载到不同应用的专用数据库、公用数据库和元数据库中。通过专用数据库、公用数据库、元数据库的建设,实现数据的合理重构,消除过多冗余,保证不同应用使用的数据是一致的,在此基础上,提供统一的高度集成的数据资源来支持业务管理中众多具有明确应用主题的数据应用。

数据存储中心是一体化管控系统平台建设的基础,为所有的应用提供数据管理等功能包括实时信息数据库和综合信息数据库。

(1)实时信息数据库。

工程自动化监控过程中,所需的数据信息与通信指令对下应可直接和现地装置间交互,而对上应可被监控视图实时调用,而非经过硬盘存储后 I/O 读取,因此需提供基于内存的实时数据库,数据存储中心必须面对海量的实时运行数据以及归档历史数据,提供对这些数据高效地进行处理的海量高速电力信息实时数据库。

实时信息数据库具有如下功能:

海量数据:实时数据库能管理工程所有的实时运行数据,为监控、调度提供实时信息的支撑。

数据的一致性:将各个应用、各个存储单元所属的相关数据进行一致化和标准化。

高效处理:事件处理性能至少达到每秒百万级,具备极高的并发检索效率。

分布部署:分布式实时数据库管理系统是在物理上分散于计算机网络节点而逻辑上属于一个整体的数据库管理系统。分布式节点间通过信息总线同步实时数据,形成数据的冗余机制,防止单个节点故障后,实时数据的丢失。

实时数据库针对实时海量、高频采集数据具有很高的存储速度、查询检索效率以及数据压缩比。

分布式实时数据库管理系统是在物理上分散于计算机网络节点,而逻辑上属于一个整体的数据库管理系统。分布式实时数据库管理系统特定的应用场合和应用需求,使其有许多与传统数据库系统不同的特点:

实时性:分布式实时数据库管理系统中的数据和事务都有显式的时间限制,必须能够反映外部环境的当前状态,系统的正确性不仅依赖于事务的逻辑结果,而且依赖于该逻辑结果产生的时间。

物理分布性:数据库中的数据分散存储在由计算机网络连接起来的多个站点上,由统一的数据库管理系统管理。这种分散存储对于用户来说是透明的。

逻辑整体性:分布式实时数据库管理系统中的全部数据在逻辑上构成一个整体,被系统的所有用户共享,并由分布式实时数据库管理系统进行统一管理,这使得"分布透明性"得以实现。

站点自治性:各站点上的数据由本地的实时数据库管理,具有自治处理能力,能够独立完成本地任务。

稳定性和可靠性:分布式实时数据库管理系统多应用于分布式环境中与多个数据源连接,必须能够承受突发数据流量的冲击以保证系统的实时性和稳定性,且由于局部实时数据库应用环境的复杂性,各种干扰较为常见,要求分布式实时数据库管理系统具备一定的可靠性。

可预测性:分布式实时数据库管理系统中的实时事务具有时间限制,必须在截止时间前完成,这就要求能够提前预测各事务的资源需求和运行时间,以进行合理的调度安排。

分布式实时数据库管理系统中,各节点数据库一般与多个监控设备相连接,这些设备分布在企业的控制网络上,具有不同的类型,每个设备只能通过监测装置采集某一类型的现场数据,且不同设备采集到的数据具有不同的数据。工程迫切需要一个统一的、完整的企业级分布式实时数据库以支持多装置/设备的协调优化控制和生产管理中的实时决策优化。作为大型分布式实时数据库管理系统,可在线采集、存储每个监测设备提供的实时数据,并提供清晰、精确的数据分析结果,既便于用户浏览当前运行状况,对工业现场进行及时的反馈调节,也可回顾过去的运行情况。

(2)综合信息数据库。

数据中心在实时数据库的基础上,需要关系数据库存储模型信息、历史数据、告警信息、大字段信息等的海量数据。数据中心通过关系型数据库完成各类历史数据、事务型和流程型的业务逻辑,同时关系型数据库也作为标准化模型的实际存储,实现对象数据模型和关系模型之间的映射。

在数据存储中心中关系型数据库具有如下功能:

成熟数据库产品,具有高通用性、高效率性、高可靠性、高安全性、高扩展性和高可维护性。

支持各种流行的硬件体系和操作系统,高度符合各种国际国内的相关标准,如 SQL92 标准、ODBC、UnixODBC、JDBC、OLEDB、PHP、DBExpress 以及 NetDataprovider 等,同时还支持多种主流开发工具、持久层技术和中间件。

支持主流的数据库应用开发工具与中间件,并提供数据迁移工具方便应用和数据的移植。提供了丰富的具有统一风格的图形化界面管理工具集。

具有强大的跨平台能力,支持 Windows、Linux、Unix 等主流的操作系统,支持 X86、X64、IA64、PowerPC、UltraSparc 等主流硬件平台。

具有完善的关系数据管理能力,支持采用基于代价的查询优化技术,支持执行计划和结果集重用,支持基于锁和多版本的并发控制机制,支持数据垂直分区和水平分区,支持函数索引、数据压缩、视图查询合并、事务处理、两阶段提交等功能,并对存储过程及多媒体数据的处理进行了深度优化。

具有完备的各类约束定义功能,支持主键约束、非空约束、唯一约束、外键约束等各类约束机制,完全满足关系库数据完整性和数据一致型的需求。

全面支持 64 位计算,支持主流的 64 位处理器和操作系统,并针对 64 位计算进行了优化,能够充分利用 64 位计算的优势,支持 4G 以上内存。

具有完善的备份和恢复能力,支持多种备份与恢复方式,包括物理备份、逻辑备份、增量备份等,具有基于时间点的数据库还原能力,可以对备份数据进行压缩和加密,支持数据库快照。

支持磁盘阵列和 SAN(Storage Access Network)的存储类型,支持双机或多机热备方式的集群(cluster),具有数据同步/异步复制能力和故障自动迁移能力。

权限管理采用基于角色的三权分立机制,支持多级安全检查,支持授权和权限的管理,支持强制访问控制。实现了三权分立、安全审计、强制访问控制等安全增强功能。通过服务端的配置,可以实现客户端和服务端的加密通信;通过内置的加/解密函数,可以实现数据的加密存储。

具备丰富的数据类型定义能力,包括基本的数值型数据、字符型数据、日期型数据,多媒体数据,包括声音、图形和二进制数据等,支持将若干基本数据类型进行组合,形成用户自定义数据类型。

具备数据的海量存储能力,可以有效地支持大规模数据存储与处理,如 TB 级的数据库存储、GB 级的 BLOB 二进制大对象和 CLOB 文本大对象等。

具备完善的日志和审计能力,可以记录数据库运行时各种事件的发生,以及对各类数据更新进行审计,便于了解数据库的运行状态和库中数据的更改情况。

2. 数据资源管理

1) 对象化模型与管理

对象化模型与管理遵照 IEC61850 模型标准,通过统一平台建模工具将现地设备及测点以树状结构进行分类管理,该功能支持常规的监控模型、水情监测模型、安全监测模型以及自定义模型等。该功能可将各种信息模型数据写入数据库的人机接口,同时提供模型不同专业树的展示和模型详细数据的展示,并为监控、水情、安全监测等各类应用提供模型服务。

IEC61850 可针对自动控制各类自动化装置进行统一建模,屏蔽不同厂家自动化装置间模型的差异,统一管理,工程建模以图、模、库一体化的思想为基础,遵照 IEC 61850 模型标准,针对自动监控、水情测报、供水调度、安全监测等各类自动化现地装置进行统一建模,并在此基础上构建统计分析、调度模型等对象模型,各类资源对象建立统一的模型,形成稳定、唯一的数据表示和访问的路径,构建的标准化模型库,为整个工程提供统一的模型服务,从而为工程的统一管控提供基础模型服务的支撑。

统一模型库支持 XML 语言描述,提高模型的灵活性和扩展性。

(1)面向对象的数据模型。

采用面向对象建模方法描述工程资源,构建面向对象的数据模型体系,统一描述工程所有管控对象,通过提供一种用对象类和属性及它们之间的关系来表示系统资源的标准方法,使得这些应用或系统能够不依赖于信息的内部表示而访问公共数据和交换信息来实现。

建立设备对象模型,利用对象动态建模工具,为工程的监控、监测、分析调度类资源及其关系建立对象模型,将它们的实例及所属关系保存在标准化的对象模型库中,形成数据平台基本的与设备相关的业务对象模型,并在数据存取、交换时,使得业务系统透明化。经过数据采集获得的数据,也将经过对象化处理,使得散落在各专业系统中的不同种数据能通过相同的设备对象进行关联。

经过对象化关联处理后,这种分散在各系统中的业务数据就形成了以设备模型为基础、与具体设备相关联的对象数据。基于这种对象化数据,就能根据现实情况,方便地找到某类设备所拥有的数据类别,以及与某个具体设备相关的各种数据值。

(2)模型的存储与管理。

采用关系数据库存储数据模型对象。将面向对象数据模型和关系模型之间形成映射。将面向对象设计的耦合、聚合等关系,转变成通过表的连接、行列的复制来实施模型数据的存取。

将面向对象的数据模型映射为关系库的表结构：

①属性类型映射成域。

对象域属性类型（AttributeType）映射成数据库中的域（Domain）。

②属性映射成字段。

将对象类的属性映射至关系数据库中一个或多个字段。

③类映射成表。

类直接或间接地映射成表。

④关系映射。

将对象间耦合、聚合关系映射成对象模型库中的主外键关系，通过使用外键来实现一对一或一对多等关系。

2）实时数据管理

实时数据管理对下通过通信驱动获取数据和消息，对上提供业务实时数据的访问接口。实时数据管理由实时数据接收处理、通用实时数据访问，业务实时数据访问三大部分组成，实时数据管理提供完整的实时数据获取、访问、交互等功能，提供的服务接口支持异步通信的方式，提供一对一、一对多的实时数据交互方式。

实时数据管理在实时库的基础上，对下与通信总线交互，数据入实时库，对上提供各类数据交互接口，满足不同通信控制、数据展示、统计分析的应用需求。主要内容如下：

（1）实时数据接收处理：能够获取通信总线服务上各通信驱动的实时数据，接收并根据模型定义将数据写入实时数据库。

（2）通用实时数据访问：提供基于实时库的实时数据访问通用接口，不同业务应用可通过该接口实现与实时库的交互。

（3）业务实时数据访问：提供监控、水情监测等不同专业的实时数据应用访问接口。

3）历史数据管理

历史数据管理是在统一的模型库和各类业务数据的基础上，提供各类业务所需的通用、专业历史数据和访问接口。历史数据管理主要功能是从数据库中查询相关历史数据，为各类基础应用、高级应用需要的历史数据提供服务。历史数据管理通过统一的历史数据管理接口提供统一的模型服务接口，并根据专业领域不同区分为不同的数据接口。主要的历史数据接口如下：

（1）通用模型数据接口。提供工程全线模型数据接口，为监控、水情、安全监测等各类监测监控、水量调度等提供通用模型数据的访问接口。

（2）监控类业务数据接口。提供监控类数据的统一数据接口，可获取不同开关量、电气量等实时、统计、时序等多类型数据，为监控类应用提供通用的数据访问接口。

（3）水情类业务接口。提供水情类数据的统一数据接口，可获取不同测点水位、流量、水质等实时、统计、时序等多类型数据，为水情、水质类应用提供通用的数据访问接口。

（4）安全监测类业务接口。提供安全监测类数据的统一数据接口，可获取位移、变形、渗压、渗流等实时、统计、时序等多类型数据，为安全监测类应用提供通用的数据访问接口。

4）文件管理

文件管理是对各类非结构化的数据进行管理。文件管理支持对文件管理服务器上存储的提供检索、查看、下载功能；支持将获取的图片、视频、工程文档与信息化系统相关资源进行关联，并将这些非结构化数据存储到文件管理服务器上进行统一管理。

5）元数据管理

（1）元数据更新。

元数据的更新主要指对元数据内容的添加、删除、更新等。元数据的更新包括元数据内容在元数据库服务器中的更新和与之相对应的数据对象在数据库服务器上的更新。元数据的更新首先进行元数据内容的获取操作，在元数据内容进行变更完成后，可以根据需要进行数据内容的更新，进而进行元数据和数据的注册工作。由于更新前的元数据内容项和数据的存储位置信息已经存在，更新的结果存储在相应的元数据服务器和数据库服务器中，整个流程始终保持元数据内容变化和数据内容变化的同步性。

（2）元数据查询。

基于目录服务体系是实现数据资源共享，提供信息资源的查找、浏览、定位等功能。目录服务是以元数据为核心的目录查询，按照元数据标准的核心元素将信息分类展现。

6）数据质量管理

数据质量对于数据资源平台的数据库建设至关重要，实施时需要对入库信息进行质量控制。要求从数据完整性、逻辑一致性、空间定位准确度、数据准确性、时相要求等方面加以控制，如表2-7所示。

3. 数据库维护

数据库维护主要功能包括建库管理、数据库状态监控、数据维护管理、代码维护、数据库安全管理、数据库外部接口等，是数据更新、数据库建立和维护的主要工具，也是在系统运行过程中进行原始数据处理和查询的主要手段。

主要功能包括以下几个方面。

1）数据库建库管理

数据库的建库管理主要是针对数据库类型，建立数据库管理档案，包括数据库的分类、数据库主题、建库标准、服务对象、物理位置、备份手段、数据增量等内容。

2）数据库状态监控

监控数据库进程，随时查看、清理死进程，释放系统资源。

监控和管理表空间的容量，及时调整容量大小，优化性能。

数据存储空间、表空间增长状况和剩余空间检查，根据固定时间数据的增长量推算当前存储空间接近饱和的时间点，并根据实际情况及时添加存储空间，防止因磁盘空间枯竭导致服务终止。

对数据库数据文件、日志文件、控制文件状态进行检查，确认文件的数量、文件大小和最终更改的时间，避免因文件失败导致例程失败或数据丢失。

压缩数据碎片数量，避免因数据反复存取和删除导致表空间浪费。

检查日志文件的归档情况，确保日志文件正常归档，保证对数据库的完全恢复条件，避免数据丢失。

表 2-7　入库信息质量控制要求一览表

一级质量元素	描述	二级质量元素	描述
数据完整性	用于描述数据整合成果的完整程度,包括整合后提交的图、文、数、表	元数据完整性	包括元数据是否提交和元数据采集信息是否完整
		文档数据完整性	提交文档成果是否完整
		非空间表格数据完整性	主要指数据库中非空间表格数据的完整
		空间数据完整性	指空间数据在范围、实体、关系以及属性存在和缺失的状况
逻辑一致性	指地理数据集内部结构的一致性程度及其对同一现象或同类现象表达的一致程度,包括数据结构、数据内容(包括空间特征、专题特征和时间特征),以及拓扑性质上的内在一致性	概念一致性	结构设计与标准的符合度
		格式一致性	提交数据的格式与形式上与标准及项目要求之间的匹配程度
		拓扑一致性	具有几何逻辑关系的点、线、面拓扑关系和逻辑关系的准确程度
		接边一致性	相邻分幅的同一数据分层实体及属性保持的一致程度
空间定位准确度	指空间实体的表达与实体真实位置的接近程度	数学基础要求	用于表达实体空间位置的数学参数采用的准确程度,主要包括平面坐标系和高程基准选择,及其投影参数选择的正确性等
		接边要求	相邻空间数据接边的吻合度
		转换精度	在数据转换过程中,转换后数据精度应不丢失
数据正确性	用于表达或描述整合成果数据的准确程度,如空间实体的属性、类型表达是否准确,元数据、文档数据、非空间表格数据等内容是否正确	属性数据正确性	是指空间数据所负载的地理信息的正确性,本次技术要求指空间实体的属性值与其真值符合的程度
		元数据正确性	提交的元数据应对相应的数据集进行描述
		文档数据正确性	提交的文档数据是否正确
		非空间表格数据正确性	用于表达专题信息的非空间表格数据是否准确
时相要求	指表达某个时点信息的数据	数据的时相	数据库中数据所表达的某个时点信息

3）数据维护管理

主要完成对数据库数据的维护管理功能,包括数据库的更新、添加、修改、删除及查询等功能。

数据输入:实现数据导入与存储,并设置数据有效性检查、数据完整性和一致性检查等功能,防止不合理的、非法的数据入库,保证数据的一致性。

数据修改:主要完成对已入数据库的各类数据进行修改更新功能。

数据删除:对已入数据库的各类错误数据和无效数据进行删除,删除时分两种方式,即物理删除和逻辑删除两种操作,物理删除是将错误或无效的数据从数据库中清除,逻辑删除则将当前要删除的数据加上无效标志,使其只可作为历史数据的查询条件。

数据查询输出:提供各类数据的查询操作和显示界面,用于查询数据库中的数据。在查询界面中预先设置常用的查询条件,提高输入查询条件的速度,同时为用户临时确定查询条件(较复杂的条件)提供输入操作窗口。数据输出的主要功能包括屏幕显示、不同格式的文件输出等。

4）代码维护

通过增、删、改操作对各类数据标准进行定义和维护。代码定义要严格按照编码设计方案及相关的国家标准体系的要求进行;代码删除分为物理删除和逻辑删除两种操作,物理删除将错误的代码从数据库中清除,逻辑删除则将当前废弃的代码加上无效标志,使其只可作为历史数据的查询条件。

5）数据库的安全

数据库维护需要从以下几个方面确保数据库的安全:

（1）用户授权。采取用户授权、口令管理、安全审计。通过访问控制以加强数据库数据的保密性,数据库用户设置角色有分公司领导、处、科领导等,也可以由系统管理员设定;对各种角色有不同访问控制:拒绝访问者、读者、作者、编辑者、管理者等;每种访问控制拥有相应的权限,权限有管理、编辑、删除、创建。

（2）备份。必须制定合理、可行的备份策略(定时备份、增量备份),配备相应的备份设备,做好数据备份工作。

（3）用具有完整的容错机制来保证可靠性。支持联机备份与恢复,使联机备份能保证在做备份时,不影响前台工作进行的速度,并且该后台进程能保证对整个数据库做出完整的备份。当局部发生故障时,进行局部修复,不影响同一数据库中其他用户的工作,更不影响网络中其他节点的日常工作。

（4）数据库完整性控制机制。提供完整性控制机制。做到完整性约束、自动对表中字段的取值进行正确与否的判断、自动地引用完整性约束、可自动对多张表进行相互制约的控制等,以能保证数据库中数据的正确性和相容性。

（5）并发控制。在多用户并发工作的情况下,通过用户管理手段、有效的内存缓冲区管理、优化的 I/O 进程控制、有效的系统封锁处理解决写/写冲突及读/写冲突,保证这种并发的存取和修改不破坏数据的完整性,确保这些事务能正确地运行并取得正确的结果。

2.5.2.3　应用支撑平台

1. SOA 组件服务

SOA 组件服务采用面向服务(SOA)的组件模型架构,可供多种样式的应用接口封装和发布,接口的实现在部署之后绑定到所记录的服务端口。支持各业务通信的服务交互的虚拟化管理。它是充当 SOA 中服务提供者和请求者之间的连接服务的中间层。各模块仅负责各自业务,通过体系结构的管理内核实现动态注册、应用调度、事务管理、生命周期控制等功能,通过灵活的服务管理框架,促进可靠而安全的组件化系统构建,并同时减少应用程序接口的数量、大小和复杂度。

SOA 组件服务作为面向服务的组件发布的管理容器,为各应用服务组件提供基于不同协议的服务接口发布。

服务容器管理:系统提供标准的服务管理内核负责全局服务管理,每个模块仅关注于各自业务,模块的应用管理、互调控制、注册、负载均衡等均由管理内核完成,形成统一的发布平台,系统各种应用功能均以插件的形式统一组织开发,形成开放的、可扩展的服务管理架构。

位置和标识:标识消息并在交互服务之间路由这些消息。这些服务不需要知道通信中的其他方的位置或标识。

通信协议:允许消息在服务请求者和服务提供者之间来回传递的过程中跨不同的传输协议或交互样式中传递,支撑 TCP 与 HTTP 协议的服务接口发布,能够将业务组件接口快速发布为 Romoting、Webservice、Rest 等组件服务。

接口:服务的请求者和提供者不需要就单一接口达成一致。可以对请求者发出的消息进行转换和充实来得到提供者预期的格式,从而协调差异。

2. 消息服务

消息服务在系统的后台与前台之间,前台应用组件间进行消息的推送与交互。消息服务具备基于平台的消息发布机制,即从平台端向用户端的消息通信机制。消息框架能支持系统报警、数据更新、应用间数据交互等多种应用的需求,同时消息服务需考虑传输效率、企业级扩展,以及消息类型的通用性,使得平台在投入运行后可方便地通过消息总线传递各类数据与事件。消息服务与管理中间件支持具有不同性能特征的应用程序独立运营,避免在同一消息中间件集群中出现瓶颈。

具备通信消息基于平台的发布机制,即从平台端向用户端的消息通信机制,同时在异步处理中,客户端也需要通过消息实现调用的异步机制,因此在应用服务层平台需建立起统一的消息机制,实现点对点、订阅/发布模式的消息通信,消息可以传递实时更新数据,或定义的事件,发送各类数据与参数,消息框架能支持系统报警、数据更新、应用间数据交互等多种应用的需求,同时消息服务应考虑传输效率、企业级扩展,以及消息类型的通用性,使得平台在投入运行后可方便地通过消息总线传递各类数据与事件。

通过消息服务提供高效、可靠的异地异步消息传递服务,实现数据交换与共享。

支持消息可靠传输。支持通过把消息保存在可靠队列中来保障数据信息的"可靠传输",并在传输中具有断点续传等异常处理机制,能够应对网络故障、机器故障、应用异常、数据库连接中断等常见问题,在主机、网络和系统发生故障等情况下能有效保障数据的传输。

提供本地队列、远程队列、集群队列、物理队列、逻辑队列等多种队列和队列的分组管理机制,有利于队列和消息的管理维护。

支持消息点对点(P2P)通信方式和订阅/发布(Pub/Sub)通信方式。发布操作使得一个进程可以向一组进程组播消息,而订阅操作则使得一个进程能够监听这样的组播消息。

支持消息传输优先级。支持不同紧急程度的消息可采用不同的优先级,做到优先级高的消息传输得快,优先级低的消息传输得慢。

为了减少网络传输量,提高数据的传输效率,产品支持消息传输数据的自动压缩解压缩。

为了保证传输数据的安全,支持传输数据的自动加解密处理,并支持使用第三方传输安全保障机制。

支持数据包和文件两种数据传输方式,并支持大数据包、大文件的传输。

支持数据路由和备份路由功能。支持在不相邻节点之间进行消息传输和数据路由;支持配置使用多条备份链路,当到达某个目的节点的第一条线路出现异常时,能够自动向下寻找,直到找到线路良好的通路。

提供多种连接方式支持,支持节点间根据应用需要选用常连接或动态连接方式。常连接方式由消息中间件自动建立、维护传输通道,传输处理响应更高效;动态连接方式在应用需要进行数据传输时建立连接通道,且在不使用时会断开连接,适合按需连接的应用业务系统。

支持网络连接的多路复用。支持多个应用共用一个消息传输通道进行数据的发送和接收。

提供消息生命周期管理机制。支持通过生命周期对消息进行管理,及时清除失效消息,防止失效消息占用系统资源。

提供消息的事务处理功能,包括发送方事务和接收方事务。以解决关联消息的发送和接收处理,应对可能出现的数据库异常、应用异常等问题。发送方事务可以把本地数据库操作与数据发送纳入一个事务进行管理;接收方事务可以把数据的接收和数据库操作纳入一个事务进行管理。

提供事件功能支持。事件功能用于提供对消息收发、系统状态、各种异常的跟踪。通过事件功能应该可以得到诸如消息的开始发送时间、发送完毕时间、节点建立连接的时间等消息事件、连接事件、应用事件。

支持主机双网卡,支持在数据传输时绑定 IP 地址。

3. 用户认证与权限管理

用户认证与权限管理服务提供用户、组、角色等不同维度的权限管理功能以及系统通用配置功能,可设置不同的安全等级对访问和操作权限进行控制与管理,并可对用户访问和操作进行审查,也可以通过权限管理实现水利工程各自动化系统的单点登录。权限管理是系统安全稳定运行的重要保证,权限管理作为一种公共服务为各应用提供一组权限管理服务公共组件,强化了权限管理的灵活配置功能,为用户提供可灵活配置的、多级多角色权限管理服务。

（1）能提供用户、角色管理功能，并能够提供全方位、多粒度的权限控制，包括菜单、应用、类型、属性、数据、流程等方面的权限控制。

（2）提供用户、组、角色等不同维度的权限管理功能以及系统通用配置功能，可设置不同的安全等级对访问和操作权限进行控制与管理，并可对用户访问和操作进行记录与审查，也可以通过权限管理实现水利工程各自动化系统的单点登录。

（3）提供基于人员角色的账户供应策略。统一用户管理平台能够根据人员的角色来部署人员在各个系统中的账户信息。

（4）能够动态地响应人员信息的变化和策略的更改。例如：当人员信息发生变化（工作职责发生变化等）时，统一用户管理平台能够动态地根据这些变化对应用系统的账号进行调整（账号添加、删除、角色变化等操作）。

（5）能够灵活地定义人员账号的命名规则，可以针对后台不同的应用系统采用不同的账号命名规则。

（6）支持分级权限管理机制，可以按照组织机构、被管理资源等内容对人员和账户等资源进行分级授权管理机制。

（7）身份信息的存储和供应，支持关系数据库方式。可采用身份服务内部用户源，或与第三方系统外部源交互。

4. 二三维 GIS 服务与发布

二三维 GIS 服务与发布为系统提供 GIS 前端功能所需的各类基础、业务功能的后台地图服务，空间数据分析与查询，为全景监控、综合信息展示提供二三维 GIS 后台服务。

二三维 GIS 服务的实现通过对各应用系统使用通用工具的梳理，整合一套支撑各业务应用的系统支撑软件，如 GIS 数据存储管理、应用服务器套件、地理信息服务、数据分析与展示工具等功能，满足各业务应用的需要。GIS 后台服务与发布组件提供以下功能：

提供通用的框架在企业内部建立和分发 GIS 应用；

提供操作简单、易于配置的 Web 应用；

提供广泛的基于 Web 的空间数据获取功能；

提供通用的 GIS 数据管理框架；

支持在线的空间数据编辑和专业分析；

支持二维三维地图可视化；

集成类型丰富的 GIS 服务；

支持天地图等在线地图服务叠加；

支持标准的 WMS、WFS、WCS、WMTS 和 WPS；

提供配置、发布和优化 GIS 服务器的管理工具；

地图服务支持时空特性；

提供动态图层服务；

提供预配置的缓存服务、发布服务、统计报表服务、地图打印服务、几何服务、搜索服务以及一个地图服务实例；

提供客户端 WebAPIs、JavascriptAPI、SilverlightAPI、FlexAPI；

提供. NET 和 Java 软件开发工具包;

为移动客户提供应用开发框架;

产品支持跨平台,支持各种主流的硬件平台和操作系统,如 Solaris、AIX、HP‐UX、Windows 等;

支持在多种主流 DBMS 平台上提供高级的、高性能的 GIS 数据管理接口,如 Oracle、SQLServer、PostgreSQL 等;

为任意客户端应用提供一个在 DBMS 中存储、管理和使用各类空间数据的通道;

支持 TB 级海量数据库管理和任意数量的用户;

提供版本管理机制,允许版本和非版本编辑,支持数据维护的长事务管理;

支持历史数据管理;

支持基于增量的分布式异构空间数据库复制功能,支持多级树状结构的复制,支持 checkin/checkout、oneway、twoway 三种复制方式;

支持数据跨平台及异构的数据库迁移;

支持空间数据库导出为 XML 格式,用于数据交换和共享;

支持对空间数据元数据的管理;

支持对多源多类型空间数据的管理,包括矢量、栅格、影像、栅格目录、三维地表、文本注记、网络等数据类型;

支持影像数据金字塔以及金字塔的部分更新;

保证在 DBMS 中存储矢量数据的空间几何完整性,支持属性域、子类,支持定义空间数据之间的规则,包括关系规则、连接规则、拓扑规则等;

提供行业数据模型,支持标准 UML 建模语言,通过 CASE 工具创建自定义的数据模型,并导入空间数据库中;

提供对空间矢量数据的高效空间索引的建立和更新机制,支持按照空间几何范围、属性条件 SQL 以及两者混合检索方式;

提供对空间数据库的备份、恢复功能,并能够支持备份策略设置和备份/恢复操作日志管理;

支持 QueryLayers,支持通过 SQL 语句创建地理图层;

提供对 Oracle、PostgreSQL 和 SQLServer 的 NativeXML 列的支持;

提供对 sqlserver 的 Varbinary(max)和 datetime2 数据类型的支持;

空间数据库支持多种拓扑规则。

5. 图形及报表管理服务

画面编辑器是用于制作系统运行的画面。在画面编辑器中可编辑制作各种类型的图元,常用的图元包括基本形状、常用图标、通用图元、实时监控和调度计划等,同时支持用户自定义扩展图元。画面支持多图层、多视图显示,画面可在编辑态和运行态之间自由切换。画面编辑器主要功能包括设置背景图、运行态工具栏组态;添加、删除图元、编辑图元属性、设置当前编辑的图层、画面保存、画面编辑态与运行态切换。

1)图形组件

图形框架包含展现形式和图元库两大部分。针对 B/S 和 C/S 两种架构体系,开发

Web 应用容器和专业系统应用容器,既能实现同一画面在两种体系下展现形式一致,同时能根据两种体系特点开发不同的人机交互。基于点、线、面、表格等公共图元库开发监控、水情水调、工程安全监测、生产运行应用等各类专业应用图元,实现图元库的共享,既能提高界面的展现能力,也能加速应用开发。

通用图形提供了丰富多彩的监视、查询和分析画面,图形界面既可展示实时动态数据、图形,又可对历史数据进行综合分析比较以图形、列表显示,各图元集都是基于统一平台,具有统一的人机界面,而且具有强大的扩展性和灵活性。

提供以下功能:

(1)系统提供由图形管理、图形生成工具和用户接口组成的图形管理系统。

(2)系统支持基本的缩放、平移、导航等窗口操作。

(3)画面能够支持多屏显示,窗口数、窗口尺寸方位可灵活自定义。

(4)可根据自己的需要在多层透明画面上自由组合,生成丰富多彩的画面。

(5)支持定义基于各种数据集(实时数据库、历史数据库及第三方数据库)的动态数据、各种动态图符、字符和汉字等。

(6)图形生成工具具备画面生成、编辑和修改功能,能方便直观地在屏幕上生成、编辑、修改画面。

2)报表组件

报表组件分为报表模板组态环境和报表模板运行环境两部分。其中,报表模板组态环境必须在客户端安装以后运行。报表模板运行环境分为 Client/Server(客户机/服务器)浏览模式和 Browser/Server(浏览器/服务器)浏览模式,C/S 浏览器运行在本机环境,主要运行在生产控制区,B/S 浏览器基于 Internet 浏览器进行报表展示,主要运行在业务管理区。

报表组件提供报表计算功能和编辑功能,实现对报表的调度、打印和管理。报表的数据来源于实时数据、历史数据、应用数据、人工输入及其他报表输出,与实时数据库、历史数据库连接。数据库中数据的改变自动反映在报表中,生成新的报表,每次生成的报表均可以保存。报表全面支持主流的 B/S 架构以及传统的 C/S 架构,部署方式简单灵活。

提供以下功能:

(1)支持用户自编辑报表,无须编程。

(2)提供时间函数、算术计算、字符串运算、水位计算、水头计算、闸门计算。

(3)机组计算等函数,能满足各种常规报表计算需要。

(4)报表中可嵌入简单图元,如直线、曲线、矩形、椭圆、位图、文本等。

(5)多窗口多文档方式,支持多张报表同时显示调用或打印。

(6)具有定时、手动打印功能。

(7)编辑界面灵活友好,除普通算术运算外,还能支持面向业务。

6.工作流引擎服务

工作流引擎服务作为平台各类流程化应用处理提供基础的工作流引擎,它是驱动流程流动的主要部件,负责解释工作流流程定义,创建并初始化流程实例,控制流程流动的路径,记录流程运行状态,挂起或唤醒流程,终止正在运行的流程,与其他组件之间通信等工作。

工作流引擎服务主要包括：

（1）工作流模板的定义。根据不同应用的需求定义不同工作流模板节点，形成特定的工作流模板，并提供保存等功能。

（2）工作流模板的运行管理。启动或终止流程实例；获取工作流流程定义及状态；工作流流程实例的操作，如创建、挂起、终止流程，获取和设置流程属性等；获取流程实例状态；获取和设置流程实例属性；改变流程实例的状态；改变流程实例的属性；更新流程实例等。

7. 通用计算服务

通用计算服务提供数据整编、数据整编质量检查、入库数据校验等基础功能，同时针对业务的不同提供各业务通用计算服务，包括监控业务通用计算服务、水情业务的通用计算服务、安全监测业务的通用计算服务。

1）数据整编

数据整编能根据不同的时间精度，整编出不同的数据库表对应，以满足不同时间尺度下的查询分析和应用展示。数据整编要按照事件进行数据分类，整编不同时间精度下各类工程调度数据，有规则地对分类数据进行整编，最大效率地进行整编。

2）数据整编质量检查

数据整编质量检查通过建立统一的数据质量稽核体系，对数据完整性、及时性、合法性、一致性进行检查。结合纵向数据级联、横向数据共享、主数据质量管理等，采用抽取、主动采集、直接访问等方式，对检查接口进行数据冗余分析、数据残缺及完整性验证等，全面提升数据质量。数据质量检查范围包括完整性、一致性、准确性、完备性、有效性、时效性等。

3）入库数据校验

整编数据进入数据中心综合数据库后，需要对入库的数据进行校核，保证每类数据都准确导入数据库中，能对数据的准确性、完整性、编码的一致性等进行审查，以保证入库数据的权威性。

4）监控业务的通用计算服务

支持分类运算：主要针对一览表，包括状变一览表、事故一览表、故障一览表、越复限一览表、辅设起停一览表、操作一览表、流程信息一览表等多种一览表信息。用户可以将这些一览表合在一起进行查询。

支持记录运算：包括模拟量、温度量、电度量等非状变量的定时记录，事故追忆记录，其他需要记录的数据等。

支持统计运算：包括模拟量、温度量的越复限次数统计，状变量动作/复归次数统计，电度量累计及峰、平、谷时段电量统计，机组开/停机次数统计，机组开/停机时间累计，辅设起动/停止次数统计，辅设运行时间累计，其他需要统计的项目等。

支持分级存储：分级存储是根据数据的重要性、访问频率、保留时间、容量、性能等指标，将数据采取不同的存储方式分别存储在不同性能的存储结构上，通过分级存储管理实现数据客体在存储设备之间的自动迁移。热点数据存储是指将数据存放在高速的存储结构上。热点数据存储存取速度快、性能好、存储空间要求大,适合存储那些需要经常和快速访问的数据。非热点数据存储是指将数据重新组织更适应查询需求,并以压缩方式减少存储空间。

5)水情业务的通用计算服务

水情业务的通用计算服务实现对系统采集的各种来源、不同类型的数据依据应用要求进行自动加工处理,其结果供其他子系统调用或再加工,包括实时数据处理、时段数据处理。

提供日雨量实时统计、主备传感器计算、多级水位合成、差值计算、权重合成计算、二维插值计算、三维插值计算,并对系统的所有实时数据进行时段(含 5 分钟、小时、日、旬、月、年)整编。

根据水量平衡原理,采用系统水文遥测数据、闸阀运行数据等,依据各种资料(如库容曲线等)、代参公式和不同的算法,按指定的时间间隔自动定时进行计算,给出全线及分水口流量、电站发电量等一系列结果。主要包括:自动实现计算量的实时计算(如通过水位、流量、闸位计算流量)及从各种水文实时数据到时段历史数据的处理。如数据检纠错、合理性检查;从实时水位、闸位、流量、雨量等数据中,分别提取出时段开始点、平均值、最大值、最小值及其发生时间等特征量,作为历史数据存放到数据库中。

提供计算参数人工输入、修改,设定时间进行某段水务数据返算及重算结果确认功能。

支持脚本计算功能,如四则运算、代数运算、三角运算、逻辑运算、逻辑判断运算、函数运算、自定义函数运算、查表运算、任意组合的运算公式。

提供方便、友好的方法供在线定义和修改计算。

提供详尽的计算日志记载。

提供各种异常处理机制,包括返算、手工传输、数据平滑、数据异常处理等,为系统实时安全、稳定运行提供了保障。

提供智能切换功能,智能切换是计算点合成的主要功能之一,合成计算点由多个遥测点或其他类型的点所组成,主要功能是判断组成的点的有效性,根据组成点的优先级以及有效性等一系列判断逻辑进行合成点的计算。智能切换包括自动切换和手动切换两种模式。

6)安全监测业务的通用计算服务

系统中预置常用的监测数据计算方法,包括公式算法、查表算法以及复杂的流程算法等,计算快速准确。在任何时候都可以随时增加新型算法。

(1)预定义物理量转换公式。

在系统中预定义多种常用的计算公式(涵盖所有常用工程监测仪器的物理量转换),用户可根据当前仪器测值计算类型直接进行相应的选择,从而在节省时间的同时,避免了用户自建计算公式时出现的错误。系统能根据工程中出现的新仪器,扩充新的仪器计算公式,从而满足工程的需求。

(2)一个测点可以定义多套计算参数。

一个测点可以配置多套计算参数,每套参数上标注具体的启用时间,在测点进行计算时根据公式启用时间自动选择多个计算参数中相应的计算参数进行计算。计算时能够排除该计算参数启动时间以前的计算过程,从而实现保护测点公式启动时间以前的原有计算成果。该功能适用于测点更换了仪器后,对该点更换前的原仪器的测量计算成果的保护。

(3)自定义计算公式。

该功能能够自行定制测点的计算公式,在预定义公式中没有当前仪器的计算公式或用户不满意预定义公式中的计算单位时,用户可用其进行个性化的公式设置,使计算结果达到自己所需要的量纲及计算要求。公式中可以采用一些函数(如 sin、cos 等)来进行一些复杂的计算。

(4)查表计算。

对一些非线性的算法提供查表计算,系统除了提供常用的一些查表计算,还可以导入一些用户自己需要的查表算法。

(5)相关点计算。

①可以进行任意多点的相关性计算。

②相关点计算可以实现任意层相关点嵌套功能,即在测点的相关点计算中将引用到其他也具有相关点计算公式的测点测值。

③相关点计算功能中实现了条件分支计算功能,使测点计算可以按指定的条件进行相应的分支计算。

④在相关点计算公式中内置了大量的函数,用户可以方便地将它们应用到自己的公式中。

⑤虚拟相关点计算功能。该功能实现了复杂公式的计算功能,使测点(虚拟测点)可以计算得到原先需要经多步计算才能得到的结果,如人工视准线计算、锚索计算等。

(6)提供计算验证工具。

可以很方便地查出计算设置是否正确。

系统中提供物理量转换计算和相关点计算的验证工具,可以方便地查看测点的计算公式以及对该公式进行相应的数据测试,验证公式的正确性。

系统提供测点相关点计算的过程显示功能,该功能详细记录了测点的相关点计算步骤,包括相关点引用的测值、计算表达式等。用户可根据该计算表达式分析计算结果的有效性,当计算成果异常时,可方便地根据该表达式查找到产生异常数据的相关测点,并进行相应的分析。

(7)数据过滤。

监测数据应自带评估标志(正常、超限、超仪器量程等),系统可自动对数据进行检查判断并给出评估标志,系统也能接受用户为数据设置的评估标志。在数据输出或使用时,可根据设置的评估标志过滤条件对数据选择性地取用。

8. 系统监视与管理服务

系统监视与管理服务主要是对整个系统的传输、网络、服务器、存储、数据交换、业务应用等方面进行监控,实时掌握整个系统的运行情况,分析统计各类指标、及时进行指标或故障预警,辅助进行系统的管理与监控,从而保障系统的稳定运行,支撑系统运行维护。

系统监视与管理提供全面的系统监控和管理功能,包括主机系统、网络系统、数据库系统、应用组件、操作系统等的运行监控。该组件支持主流的网络设备、主机系统、网络安全系统、数据库、中间件、操作系统等。该组件能提供告警服务,通过阈值设定,将高于阈值的信息通过告警方式输出,向系统发送告警。

9. 报警与控制管理服务

报警管理服务模块在现地通信总线驱动的基础上,封装了应用和现地自动化装置的监测、监控数据。提供通用的报警消息规范,接收符合该规范的报警信息,统一处理后根据指定要求发送至对应的报警消息处理者,支持短信报警、声音报警、屏幕报警等多种形式。

控制管理服务模块接收具备控制权限的节点和用户的控制信息,将控制信息转发至相应的现地控制单元,实现对设备的控制。

10. 缓存管理组件

考虑到用户对界面反映的要求和实际庞大的数据通信,系统需要构建缓存管理组件,系统的客户端通过统一的代理访问服务,在客户端代理层,系统通过对服务调用返回结果进行拦截,同时将拦截到的相关信息通过消息中间件发送到消息服务中转站上。每当远程调用发生服务通信异常时,拦截器根据预先定义好的缓存策略进行大数据的缓存和缓存数据更新,确保客户端的请求得到快速响应。

所有服务通过服务总线进行统一发布,并且用户的请求通过代理进行统一调度。代理通过拦截所有用户的服务需求和对应的服务响应,统计客户信息、缓存命令中、服务负载和服务执行信息,所有统计信息被发送至消息服务器上,订阅的客户端可以实时观测和记录服务运行情况,迅速定位性能瓶颈。代理也可以通过订阅服务负载信息实现服务分流和负载均衡,实时调整各冗余服务的负载,提高系统效率。

11. 业务应用服务组件

业务应用服务组件根据前台业务对数据接口进行逻辑封装,加工后的服务接口满足各类应用的数据需求。

业务应用服务组件支持各方间的服务交互。各组件仅负责各自业务,通过服务容器的管理内核实现动态注册、调用、生命周期控制等功能。业务应用服务组件根据工程综合管理系统各类需求而定义,主要包括但不限于以下应用接口:

(1)工程公用资源服务接口。为整个工程提供工程模型、用户权限、定制视图模板等跨技术专业、通用、全局的资源调用接口。

(2)监控类应用服务接口。为闸门等自动化监控资源提供数据应用服务接口,封装该类应用后台业务逻辑,为各类监控类组件提供后台接口支撑。

(3)水情类应用服务接口。为水位、流量、水质等水情类应用提供数据应用服务接口,封装该类应用后台业务逻辑,为各类水情遥测类组件提供后台接口支撑。

(4)安全监测应用服务接口。为位移、变形、渗压、渗流等安全监测类应用提供数据应用服务接口,封装该类应用后台业务逻辑,为各类安全监测类逐渐提供后台接口支撑。

12. 平台集成服务

提供基于平台的信息发布及第三方信息集成统一门户,实现统一登录,即可以访问所有其拥有访问权限的门户服务功能。

通过门户等感知化的展现,为本工程领导和工作人员提供便捷、易用、高效的信息服务手段。将业务系统中的数据整合展现在门户中,通过服务中心对业务系统中沉淀的数据进行管理并且为应用系统提供资源服务。将资源、服务及应用注册在目录上,进行统一管理。作为本工程信息化系统建设的服务引擎,为系统提供统一的身份、权限、单点登录等的基础应用服务以及各类信息服务集成的公共服务。标准统一规范全局的信息化建设,促进全局上行下达,全线联通。

(1)Portal 与用户目录的集成。应实现各应用系统的单点登录和身份认证。用户身份在平台集中管理,通过协同服务与各应用系统映射关系。用户权限管理和内部多个应用系统实现用户管理的数据协同,并且有相应的接口和规范。

(2)Portal 与应用系统的集成管理。应提供各系统服务业务的集成方式与标准。

(3)Portal 的门户集成展现服务。应支持通过 Portal 的门户展现服务来定制工程的统一门户页面。通过 Portal,不仅可以通过模板技术实现门户主页,还能够为日后的调整和维护提供非常灵活的管理机制。对于工程可以提供个性化的网站门户,可根据需求定制标签、栏目、风格、布局以及个性化的服务。

2.6　业务应用

2.6.1　智能建造

智能建造主要实现可视化智能设计、多业务融合施工管理、智能化概预算模型、工程项目精准管控、无缝衔接运维期管理等。

2.6.1.1　可视化智能设计

利用 GIS 技术、BIM 技术、统计方法、人工智能方法、计算机图形学等先进技术,研究建立工程三维可视化模型,实现工程信息的可视化快速管理、查询与输出,通过深度融合施工质量、项目管理和安全监测等多源多相数据,立体展示和分析工程全生命周期内包括安全、质量、进度、成本、资源在内的全要素信息,使管理人员对各种空间信息做出正确理解和高效应对,协助管理人员有效决策和精细管理,从而提高工程管理效率,大量减少风险。

在工程设计期,以 BIM 模型替代图纸,可以实现对施工方案进行实时、交互和逼真的模拟,进而对已有的施工方案进行验证、优化和完善,逐步替代传统的施工方案编制方式和方案操作流程。

在工程施工期,对施工过程进行三维模拟操作,能预知在实际施工过程中可能碰到的问题,提前避免和减少返工以及资源浪费的现象,优化施工方案,合理配置施工资源,节省施工成本,加快施工进度,控制施工质量,达到提高建筑施工效率的目的。

2.6.1.2　多业务融合施工管理

依托标准化水利工程建设管理作业流程,构建多专业融合、多单位融合、多业务融合的施工期管理平台。根据标准化作业实施措施,将以前手工操作、纸质传输的项目信息作业记录、作业进程、验收表单、检验结果、标准规范等资料利用网络编程技术上传至信息平台上的相应模块中,高效实现业主、设计、施工和监理单位之间的信息交互,方便建设管理单位对施工过程的实时控制和检验。

1. BIM 模型的施工过程建模与模拟仿真

借助施工期管理平台,结合施工期的各阶段资料,建立工程结构构件组库和施工临时设施组库,完成工程项目的整体结构建模、特定施工状态建模及施工场地布置建模工作。构建工程项目的 4D 施工进度模型,并对施工过程及关键施工工作进行进度模拟,优化工程进度安排与项目资源分配,提升施工过程中的工程质量。

2. BIM 施工过程动态信息管理

结合工程施工过程,基于 4D-BIM 技术,为施工过程构件提供标识,结合工程施工过程,设计动态信息管理数据库,数据与 BIM 模型双向链接,建立清晰的业务逻辑和明确的数据交换关系,实现动态信息与模型的无缝集成以及与施工计划的关联;实现 BIM 模型可视化动态管理,协助优化施工计划,提升施工进度、成本等管理,促进工程项目的精细化施工管理水平。

3. 基于 BIM 模型实现核心生产运行数据的展示与管理

利用标准化的后台结构化数据服务、空间数据服务,通过 WebGL 3D 绘图标准与图形加载技术实现 BIM 模型在 Web 端展示和管理,通过与自动化系统的数据对接,可查看模型关联的工程核心运行数据与相关信息。基于 Web 服务和 BIM 标准进行工程项目的信息共享和数据集成管理,满足水利工程建设期各方对 BIM 应用便捷性、易用性、轻量型的要求,同时方便后期业主运维期的管理。

2.6.1.3　智能化概预算模型

以 BIM 模型为基础,从构成造价基本要素(人、材、机)管理开始,对每种构件所需资源规格、数量、单价等与 BIM 模型关联,为项目材料采购、入库管理提供基础数据,实时计算项目成本与产值,做到 BIM 模型、产值、成本、资源用量一一对应,完全实现 BIM5D 管理。

实现对设计概算文件的动态管理,可导入项目设计概算数据,可对设计概算清单项目数据进行编码。设计概算清单项目编码后,合同清单项目和变更索赔清单项目能与其建立数据映射关系,从而建立投资返概的基础逻辑体系。同时,概算管理也便于管理人员随时查阅设计概算相关资料。

根据造价文件之间的数据映射关系,实现合同实际完成投资向设计概算结构的数据归集,即实现设计概算结构下的实际完成投资对比分析。根据数据编码自动统计各工程项目主要工程量完成情况,工程量的完成情况可随结算情况和控制工程量的变化进行实时更新。

2.6.1.4　工程项目精准管控

工程项目精准管控主要针对质量、安全及进度管理。

通过 BIM 应用开展建筑工程质量管理中的质量验收计划确定、质量验收、质量问题处理、质量问题分析等工作。质量管理及安全管理 BIM 应用可基于深化设计模型或预制加工模型创建质量管理模型,基于质量验收规程和施工资料规程确定质量验收计划,批量或特定事件时进行质量验收、质量问题处理、质量问题分析工作。

进度管理 BIM 应用包括进度控制工作中的实际进度和计划进度跟踪对比分析、进度预警、进度偏差分析、进度计划调整等工作,主要包括:

(1)基于进度管理模型和实际进度信息完成进度对比分析,也可基于偏差分析结果调整进度管理模型。

(2)基于附加或关联到模型的实际进度信息和与之关联的项目进度计划、资源及成本信息,对项目进度进行分析,并对比项目实际进度与计划进度,输出项目的进度时差。

(3)制定预警规则,明确预警提前量和预警节点,并根据进度分析信息,对应规则生成项目进度预警信息。

(4)根据项目进度分析结果和预警信息,调整后续进度计划,并相应更新进度管理模型。

2.6.1.5 无缝衔接运维期管理

以 BIM 模型为核心,构建水利工程项目全生命周期的信息采集、存储、传递、分析和协同共享的基础。充分利用物联网、互联网+技术和大数据可视化技术,以水利工程运行为精细化管控对象采集汇聚水利工程运行工况、调度情况以及设备工况、环境状态等多源信息,构建水利工程运营管理的一体化管控平台,构建工程运营管理全景监视应用,实现不同业务的协同互动,提高设备资产管理、工程运行管控、工程智能运维的信息化和智能化水平,提高运行调度的安全性和可靠性,促进工程运营的降本增效。

2.6.2 智能监控

智能监控主要实现全覆盖感知监测、精准化闭环调节、安全可控流程控制、追踪式智能联动、沉浸式交互体验,一键式监控报告等。

2.6.2.1 全覆盖感知监控

全覆盖感知监控以各类现地自动化通信服务资源、自动化监测数据源为基础,以"一张图"和定制监控监测视图为支撑,以简洁明了的图表方式显示各类监控信息和结果。根据不同层次运行管理人员的需求,以图、文、声、像等形式,提供定制化的监视与控制服务。

系统通过建立泵站监控、闸阀监控、水质、水雨情、设备状态在线监测、工程安全监测、视频监控等现地监控监测系统,在数据中心采用一体化管控平台技术,将传统的闸门监控、视频监视测报、水情监测、安全监测、水质监测等业务统一至同一个平台上,实现统一的数据采集、统一的数据存储与管理、统一的监视与应用。数据中心对信息进行加工,使各种类型的信息、数据形成统一的格式,便于信息的管理和共享,并基于数据中心实现泵站监控、闸阀监控、水质、水雨情、设备状态在线监测、工程安全监测、视频监控等各类业务的综合监视与综合应用,提高工程的运行调度管理水平,及时、全面、快捷地了解工程的运行状况。

1. 闸阀监控

闸泵阀监控按照管理辖区、站点类型、给定时间区间等要素指标采集、统计、展示和查询闸泵阀基础信息、闸泵阀监测信息、闸泵阀运行信息、闸泵阀运行告警信息等,在具备权限时可远程操控相应自动化设备。对于闸泵阀监测信息可按照用户分配的权限进行查询和统计,对于闸泵阀控制操作要严格按照用户分配的权限进行。泵站监控系统主要实现以开机准备、运行保障、故障停机为核心的数据监测、控制调节、报警提醒等功能,实现泵站的安全、稳定、高效运行。闸阀监控主要实现闸阀开关、运行保障、故障关停为核心的数据监测、控制调节、报警提醒等功能,实现闸阀的安全监视和控制以及对整个系统的运行管理。

1)数据采集与处理

(1)数据采集。

模拟量采集主要包括水位流量、闸门闸位、机组振动摆度、各闸阀开度等模拟量等。

开关量的采集主要包括事故信号、断路器动作信号及重要继电保护的动作信号;各类故障信号、隔离开关的位置信号、闸门开关等辅机设备开关量信号、运行状态信号,手动/自动方式选择的位置信号、闸门上升或下降接触器状态、闸门启闭机保护装置状态、动力电源及控制电源状态、有关操作状态等开关量。

(2)数据处理。

对模拟量进行数据滤波、合理性检查、工程量单位变换、越限报警等处理,并按设定产生报警和报告。

对开关量进行防抖滤波、状态输入变化检测、合理性检查、变位报警等处理,并按设定产生报警和报告。

计算或统计下列数据:

①上、下游水位数据(水位高程数据);

②流量、输水量、耗电量;

③泵站安全运行天数;

④泵站运行次数、机组运行次数;

⑤泵站总流量、泵站输水量、泵站耗电量;

⑥泵站历史特征值(水位、流量、温度等);

⑦机组运行停止时间、计算运行时长;

⑧机组能源单耗;

⑨闸门单孔过水流量、总过水流量;

⑩闸门开、关次数等;

⑪辅助设备动作次数、运行时间等;

⑫辅助设备运行时间等。

2)数据存储

存储对泵站设备、闸阀站设备发出的各类控制及调节命令信息,包括命令时间、命令内容、操作人员等信息。

存储开关量变位、复归等相关信息。

存储各类故障和事故信息,包括故障和事故发生时间、内容及特征数据等。能存储参数越复限信息,包括越复限时间、内容及特征数据等。

存储系统的自诊断信息,包括时间、诊断内容、诊断结果等。

3）监视与报警

对于泵站,运行人员通过系统对泵站机组等各主设备的运行状态进行实时监视,各运行参数在系统画面上实时显示。对于闸阀,运行人员通过系统对闸阀、水位计等设备的运行参数和运行工况进行实时监视。发现故障状态、运行参数越限或者参数变化值异常时,进行报警和相关信息显示。

报警信息包括报警对象名称、发生时间、性质、确认时间、消除时间等。报警的级别、报警确认状态、当前报警状态可通过不同颜色区分。

报警形式多样,包括画面光字报警、语音报警、弹窗报警、短信报警等。画面光字报警能在界面上突出显示,能闪烁或者变化颜色。语音报警能通过语音或者不同类型的报警声音区别不同的报警原因,报警声音可人工解除或延时自动解除。

报警具备自定义配置功能,包括级别、类别、报警投退可由用户根据需求进行配置。可预定义事故信号,当此事故发生时可自动推出相应的事故画面等。

4）控制与调节

可采用现地控制、主控级远程控制、调度级远程控制3种方式对泵站、闸阀等对象进行控制。3种控制方式的优先级由高至低为:现地控制、主控级远程控制、调度级远程控制。现地控制和远程控制方式转换宜采用LCU上的硬件开关切换。主控级远程控制和调度级远程控制方式转换宜采用软件开关切换。

（1）控制与调节对象。

系统实现如下对象的控制与调节（不限于）:

主机组:包括主机组及其进出水工作闸门、叶片调节机构等辅助设备;

辅机设备:包括技术供水系统、排水系统、润滑油系统、通风设备等;

配电设备:包括站变、进出线相关的各类断路器、刀闸;

闸阀:包括闸门、阀门。

（2）控制与调节内容。

各控制对象主要的控制内容如下（不限于）:

①对主机的控制与调节包括:

主机组的开机、停机顺序控制;

主机组的紧急事故停机控制,紧急事故停机启动源包括人工命令及故障报警信号自启动两种方式;

水泵叶片的调节操作;

励磁系统的调节。

②对公用及辅助设备的控制与调节包括:

可根据站内开停机情况实现技术供水系统的启停控制;

根据水位监测信号实现排水系统的自动启停控制;

通风系统的启停控制;

油系统的启停控制。

③对配电设备的控制与调节包括:

主变、站所变投、退控制操作;

进出线开关合分操作。

④对闸阀设备的控制与调节包括：

闸门的开、关、停、紧停的顺序控制,按给定开度自动控制闸门升降。

阀门的开、关、停、紧停的顺序控制,按给定开度自动控制阀门启闭。

（3）控制与调节方式。

系统的控制方式分为三级,不同控制方式的切换采用转换开关或等硬件装置进行切换。控制方式按优先级由高至低依次为：

①现地手动控制：操作人员在设备现场通过按钮或者开关直接启动、停止设备。

②现地级控制：操作人员在控制室内通过监控主机发布启动/停止设备的命令至现地控制单元,由现地控制单元完成相关控制操作。操作员可通过监控画面监视设备的启动或者停止过程。

③远程中心控制：操作人员在监控中心通过监控客户端发布控制指令。操作员可通过监控画面监视设备的启动或者停止过程。

5）画面显示

画面显示是计算机监控系统的主要功能之一。画面调用将允许自动方式和召唤方式实现。自动方式指当有事故发生时或进行某些操作时有关画面的自动推出,召唤方式指操作某些功能键或以菜单方式调用所需画面。常用画面主要有泵站枢纽效果图、泵站剖面图、机组监控图、闸阀监控图、控制操作流程图、电气主接线图、低压系统图、计算机监控系统拓扑图、直流系统图、油气水系统图等。在这类画面上能实时（动态）显示出运行设备的实时状态及某些重要参数的实时值,同时可通过窗口显示其他有关信息。

画面种类包括泵站剖面图、表格类、曲线类、棒状类图、报警画面类等。

（1）泵站剖面图。

在泵站剖面图画面上能实时显示出机组功率、流量、温度、水位、扬程等参数,形象直观;并能点动弹出各机组、主变、站变、所变等设备的控制画面。

（2）表格类。

包括参数及参数给定值、特性表、定值变更统计表、各类报警信息统计表,操作统计表、各类运行报表、运行日志、水文特征值等。

（3）曲线类。

通过数据库调用,系统提供电机负荷曲线以及各类运行图,机组启动及停机时的电流、电压、功率等过程曲线图、趋势图、单机及泵站（水库）流量等变化过程曲线图,包括各种运行曲线、趋势曲线,实时反映泵组的运行工况。系统将能按照操作运行人员的要求,自动地组织有关数据及其相应时间区间,并显示在屏幕上。

（4）棒状类图。

通过数据库调用,系统提供各类运行参数的棒图,包括主变、站变、所变的运行温度等极度限值与实际值、设定值对比等有关运行指标的显示。

（5）报警画面类。

系统具有模拟量的越限报警、复限提示以及有关参数的趋势报警,事故、故障顺序记录及系统自诊报警等功能画面,一旦报警发生,在各界面上均弹出报警提示和简要报警说明,同时可在报警菜单内查询详细资料。

6）系统自诊断与恢复

能对自身的硬件和软件进行故障自诊断。

对具有冗余设备的系统,在主设备发生故障时,能自动切换到备用设备。

具有计算机硬件设备故障、软件进程异常、与 LCU 的通信故障、与上级调度运行管理系统通信故障、与其他系统通信故障等自诊断能力。当诊断出故障时能报警。

7）打印功能

主要包含各类操作记录、各类事故及故障记录、各类运行报表打印、各类曲线打印、各类趋势曲线记录、事故追忆及相关量记录、各种典型操作票、画面等。这些报表和记录应能自动(定时、随机)或由运行人员在上位机上选择和控制打印机打印。

2. 水雨情监测

水雨情监测应用提供对水情水调数据的处理、报警、权限管理、数据传输等模块,并且可以通过系统提供的业务常规应用,完成各类常规业务管理工作,例如水雨情信息的实时查询、监视与数据的分析处理,业务报表生成等,主要包括以下功能。

1）数据监视与信息查询

数据监视与信息查询功能可针对某站点的单一参量(如某控制站的水位或流量)进行,也可进行不同参量的图形和报表的组合。数据监视具有数据实时刷新、动态显示的特点。

典型的查询监视功能包括:

雨情查询:以流域雨量等值线图、流域雨量分布图、流域雨强图等形式对实时、历史雨情资料进行综合查询。对单站或多站站号、站名、指定起止时间的雨量过程图形、雨量柱状图及表格显示。

水情查询:单站站号、站名、指定起止时间的水位、流量过程图形及表格显示;当前实时值与历史极值的对比显示;多站对比和日、旬、月、年等特征值查询;水位流量关系查询。

闸阀信息查询:各水库闸阀的运行状况、流量等信息的图表查询,对各水库、指定起止时间的闸阀操作记录显示和流量显示;有关的统计值查询;闸阀泄流曲线查询。

基本信息查询:系统有关的工程信息、设计参数、关系曲线、流域水文特征、产汇流特性、降雨径流统计数据、分布情况等信息的查询。

实时监测功能具有自动刷新画面以反映最新数据或状态的能力,具体的监测内容还包括本地局域网工作状态图、远程通信网工作状态图及水位/流量过程线、单站或组合的数据表等。

2）报表查询

报表组件提供报表模板组态和报表模板运行两部分。其中,报表编辑提供报表系统函数库,包括数学函数、文本函数、时间函数、逻辑函数、数组函数以及水雨情专业函数等,满足各种水雨情常规报表计算的需要,方便运维专员根据现场运行实际需求在授权的情况下定制与修改。

报表系统主要包括下列报表:

任意站点任意时段、日、旬、月、年雨量报表;

任意站点任意时段、日、旬、月、年水位报表；

任意站点任意时段、日、旬、月、年闸位报表；

任意站点任意时段、日、旬、月、年流量报表；

任意站点任意时段、日、旬、月、年水质报表；

任意多站点任意时段总流量报表；

任意站点任意时段、日、旬、月、年设备运行参数报表；

遥测站工况报表；

通信数据畅通率、及时率、合格率统计报表；

其他用户指定的报表。

3）报警服务

报警中心实时在线监视各种动态数据、应用软件、各个节点和网络情况，根据用户自己预先设定好的报警项目、报警限值和报警级别，对系统运行状态异常、设备运行异常、网络故障、数据越限等需要引起调度员和运行人员注意的事件进行实时监视和告警处理。

报警服务能够根据不同的要求，进行报警源配置、创建用户组策略、创建报警方案等。报警信息自动记录在数据库中，可进行查询打印。

系统报警服务主要提供如下信息的异常情况报警：

（1）水位、雨量、流量数据越限三级（上限、下限）报警。

（2）水文遥测站设备故障及异常告警。

（3）测站信道异常告警。

（4）闸阀操作重要信息显示通知。

（5）网络情况异常或通信传输中断告警等。

3. 水质监测

水质监测采用文字、图形、图像和视频等多媒体提供直观的水质信息，实现空间和属性数据的互动查询。

1）水质信息综合查询

水质信息综合查询提供基本地理空间信息、监测站网信息、监测成果信息、分析评价信息和其他相关信息的查询显示。水质信息综合查询提供包含对象选择、条件选择、内容选择的查询组件，根据用户需求进行全局范围的基本信息、评价结果、监测数据的查询工作，具备多种查询方法（普通查询、分类查询、全文查询等）。能以列表或 GIS 专题图的方式展示各类水环境基础信息查询结果。在系统中需预留接口，可从环保、水利等相应系统接入业务数据［排污口信息、污染企业信息等、面源（生活污水的排放）、敏感目标等信息］。

2）数据超标预警

对实时水质监测数据进行评判，对超标的因素进行实时报警，并对接近预警值的因素实时提醒。报警方式包括人机界面报警、短信报警、后台报警等。系统提供操作界面，完成对报警参数的定义和设置，当发生数据越限时，在 GIS 监视图、区域监视图等地图上通过闪烁、变色、弹出窗口等方式显示超警的要素指标和报警级别，并可通过短信设备、短信服务网关系统发送报警，同时可接收用户短信查询，方便管理人员及时掌握水质状态信息。

3）水质分析评价

水质分析评价模块主要实现对采集的水质数据进行审核、评价和统计分析等业务工作。评价结果以图表方式进行展示，在水质评价结果基础上，可生成水质监测应用系统所需的各类水质专题图，多层次、多方位、直观地显示水质评价的相关信息，专题图样式可定制。水质专题图包括水质变化曲线图、河流水质分析饼图、水质比较柱状图、合格率柱状图等相关水质图表等。系统可按枯水期、丰水期及平水期分别进行五级分类评价，并计算得到各监测断面每年不同时段的水污染综合指数。

4. 工程安全监测

通过对工程安全分析评估实时分析工程安全性态，全方位掌握工程的运行状况，对异常情况进行智能预警，对未来安全状况做出预测，以便采取相应的预防和补救措施确保泵站工程安全运行，从而实现对泵站的全方位、全过程、全生命周期的智能监控、分析评估及辅助决策，提升智能化管理水平。

智能工程安全监测与分析系统应根据工程等别、地基条件、工程运用及设计要求设置变形、渗流、水位、应力、泥沙等常规监测项目，系统具有以下功能。

1）测站点位信息管理

能够对工程布设的工程安全监测传感器信息进行统一查看和管理，包含传感器编号、布设位置、传感器状态以及传感器自检等信息。

2）数据转换

能将各传感器原始数据自动进行计算，并转换为观测的位移、开度、渗压等物理量，将成果存放在成果数据库内，同一测点计算支持多套不同时段应用公式，计算公式包括固定换算公式、自定义公式、查表计算、相关点计算等。

计算过程应提供自动计算和手动计算两种方式，自动计算根据设定时间周期，将未计算的数据进行计算处理；手动计算可以选取任意时段、测点范围或数据类型的测值进行计算。

3）数据管理

数据管理功能包括数据查询、修改、删除和新增功能，同时可以根据数据评判规则（上限、下限、变幅等），对数据进行评判分析和粗差异常分析。

4）图形制作

利用画面组态制作系统运行的画面，如布置图、过程线图、分布图、相关性图、NDA 状态图、数据查询表格等。在画面组态工具中包括各种类型的图元，常用的图元包括基本形状、常用图标、测点图元、NDA 图元、过程线、相关图、实时监控等，同时支持用户自定义扩展图元。画面支持多图层、多视图显示，画面可在编辑态和运行态之间自由切换。

（1）布置图。

使用工程图纸作为背景图，在各监测部位放置相关测点图元，展示和监测各部位的数据状态。

（2）模块状态图。

能够将多种类型的图形文件（如 emf、wmf、jpg、bmp 等）作为布置图背景，在布置图上能够放置测点、模块,模块作为操作的热点对象,实时观察最新采集到的数据,利用右键功能菜单,可以获取相测点的过程线、历史数据和属性,可以对图中的模块和测点进行监测控制(取时钟、单检、选测)。

(3)过程线图。

过程线图是一个以棒、折线和平滑线的形式,显示多图、多坐标轴和多测值数据的画面,图形样式参数、输出测值参数均可自定义设置,同时具有数据缩放查看、跟踪查看、统计分析和数据表格联动功能。

(4)相关图。

相关性曲线画面是以曲线、散点形式,展示两个测点数据(如位移与环境量相关性)的相关性画面,可以选择多种趋势分析方法(指数、线性、多项式等),并显示公式参数和相关系数。

(5)数据查询表格。

数据查询包括测点数据查询和测值组合查询。

测点数据查询:以测点为单位进行的查询。

测值组合查询:以测值为单位进行的查询,可能让多个测值显示在同一行中进行查询。

(6)缺失率统计表。

监测数据缺失率统计功能,用于统计一个时段内测点监测数据缺失情况,用表格展示出来。

5)统计报表

能够对工程安全监测数据进行统计和分析,包括特征值统计(含最大值、最小值、平均值、变幅、当前值等,以及与其对应的日期)、测值变化过程线等,能够对测值的变化趋势进行分析,并与历史最值相比较。同时,系统能够根据用户设定的模板自动生成数据分析报表。

报表组件可以定制各种不同类型的报表,包括年报、月报、日报等,也可以制作时段报表,进行实时数据报表展示等。提供报表编辑器,用户可自定义任意格式的报表并可通过模板进行管理。

报表组件的编辑模式与运行模式可以在权限许可的情况下,灵活地进行切换。报表支持图表插入、支持基本数学统计计算、支持 Excel 文件导入、导出。报表支持用户自定义的二次开发。

6)监测预警

能够将工程安全监测所有传感模块的数据处理结果与预设的相关组态标准进行比对,判断工程状态的量级(优、中、差),并自动对异常监测值及时发出不同级别的报警信息,以提醒相关管理人员。

在发出报警信息的同时,系统能将这些异常监测信息(包括测点名称、测值、过程线、发生日期等)存储到预警成果模块,以便后期通过加载预警成果模块对这些异常信息进行查询。

7) 安全分析评估及辅助决策功能

构建工程安全分析评估及辅助决策系统,以水工理论知识和专家实践经验为依据,以准则评判为工具,以综合分析推理为手段,获得对被测结构物的历史运行性态的基本认识,进而对结构物安全状态做出评估,未来的安全状况做出预测,并将上述认识、评估和预测结果予以反馈,为工程运行调度和维护管理提供决策支持。

5. 设备在线监测

实现设备(包括各类闸阀门和机组)的在线监测、分析与诊断功能;通过对设备状态进行监测分析,制作相应的状态报告,尽早发现潜伏性故障,提出预警,功能如下。

1) 智能监测

系统根据所选机组可以对该机组进行实时监测,以颜色的不同表示该机组测点的报警状态。系统提供监测机组传感器的状态,界面可以直观体现出当前机组所有传感器监测数据的状态信息。通过接收传感器所测定对应测点的值,结合颜色的变化,显示出对应测点的报警状态。如果数据在安全范围内则会显示为绿色,如果数据在安全范围外则会显示为红色。同时,界面可以统计该传感器状态的数量,得出传感器发生报警的原因,其主要功能包含以下方面:

系统自检:为了保证泵站的稳定运行,首先机组运行状态监测系统自身也要稳定运行。配合本系统在水泵上安装的数据采集模块都有自检功能,能及时将各个测点的传感器模块的状态传回给系统展示页面,通过振摆监测系统诊断功能查看当前某机组所有测点的异常个数来判断此机组配套的传感模块工作状况,依据这些信息可判断当前机组状态监测系统回馈的信息的可靠性。

实时状态:系统配套的各个数采器下属的测点工作状态,主要表现有正常、断线、短路等状态,通过系统的显示可及时了解当前机组各测点发生故障的原因,便于用户及时排除故障,保证系统的安全稳定运行,保证泵站运行的可靠性。

2) 智能报警

对机组的各个测点进行数据实时监测时,当监测数据到达设定的故障值时,测点的数据显示根据状态显示出报警信号,以颜色的不同表示该机组的测点的状态(绿色表示正常,黄色表示报警,红色表示危险),当报警发生时,能明确指示出发生报警的测点。

3) 智能分析

系统提供专业的数据分析工具,以图和表等形式默认展示实时数据的运行状态,主要分为单值棒图、趋势图、波形频谱图、轴心轨迹图、瀑布图和数据列表。除展示实时数据外,还可以展示某个测点在所选时间段内的各种数据图表,主要提供以下几个分析工具:

(1) 单值棒图分析。

单值棒图是以棒图的形式展现监测数据,可以显示实时数据或者历史数据,显示实时数据时数据会每间隔几秒钟自动刷新,显示历史数据时可显示用户指定时间点或时间段的数据。

根据所选数据的类型显示不同的棒图。当选择某个测点的棒图时会浮动显示该测点的值和报警限值,当测点的数值超过报警限值时,棒的颜色会变成黄色或红色。

（2）趋势图分析。

以时间轴为横轴，变量为纵轴的一种图，其主要目的是观察变量是否随时间变化而呈某种趋势，便于管理者随时掌握设备的主要性能参数的动态趋势。

系统能够根据转速、流量、功率等与机组运行工况相关的参数显示机组当前的各部位的数据变化趋势，用以反映机组在当前工况条件下的振动情况。当选择趋势图的曲线上的一个测点时，可以显示该测点的时间以及数值。当选择多个测点时，可明显看出多个测点之间的数值对比。当需要查看某一测点的某个特定范围的数值，可以选择 y 轴的范围。

（3）波形频谱图分析。

在对振动信号进行分析时，在时域波形图上可以得到一些相关的信息，如振幅、周期（频率）、相位和波形的形态及其变化。这些数据有助于对振动起因的分析及振动机制的研究。虽然从波形图上不能直接得到我们所需要的精确数据，但它可以在实时监测中作为示波器用来观察振动的形态和变化。将波形图放大时，曲线上的某一点，可显示该测点的详细信息，同时可以进行标记。

（4）轴心轨迹图分析。

轴心轨迹图有原始、提纯、平均、一倍频、二倍频、0.5 倍频等多种轴心轨迹，一般情况主要是提纯、一倍频、二倍频的轴心轨迹图。转子振动信号中不可避免地包含了噪声、电磁信号干扰等超高次谐波分量，使得轴心轨迹的形状变得十分复杂，有时甚至是非常地混乱。而提纯的轴心轨迹排除了噪声和电磁干扰等超高次谐波信号的影响，突出了工频、0.5 倍频、二倍频等主要因素，便于清晰地看到问题的本质；一倍频轴心轨迹则可以更合理地看出轴承的间隙及刚度是否存在问题，因为不平衡量引起的工频振动是一个弓状回转涡动，工频的轴心轨迹就应该是一个圆或长短轴相差不大的椭圆，而如果轴承间隙或刚度存在方向上的较大差异，那么工频的轴心轨迹就会变成一个很扁的椭圆，从而把同为工频的不平衡故障和轴承间隙或刚度差异过大很简便地区别开来；二倍频轴心轨迹则可以看出严重不对中时的影响方向等。

在系统中轨迹类型可以按原始轨迹、一倍频轨迹、二倍频轨迹、提纯轨迹和平均轨迹选项设定，显示轴心轨迹图和 X、Y 方向的时域波形图。

随着人工智能的迅猛发展，智能诊断技术在轴心轨迹识别中得到了较为广泛的研究应用。由于水电或泵站机组振动特性的复杂性，对更深层次的机组故障信息的发掘还有待深入，因此单就水电站及泵站机组来说，对其轴心轨迹自动识别的进一步研究必将推动水电及泵站设备状态检修机制的完善。

（5）瀑布图分析。

瀑布图是由麦肯锡顾问公司所独创的图表类型，因为形似瀑布流水而被称为瀑布图（Waterfall Plot）。此种图表采用绝对值与相对值结合的方式，适用于表达数个特定数值之间的数量变化关系。

用户可以通过三维频谱瀑布图直观地看出设备在不同时间段内频谱变化的趋势，为故障判断提供依据。

（6）数据列表展示。

测点数据列表可通过列表方式显示实时数据或历史数据，实时数据时数据会每间隔几秒钟自动刷新显示该机组下所有测点的数值,历史数据可显示所选机组下用户指定时间点或时间段的数据。

6.动环监控

实现对分散的各个独立的电源系统和系统内的各个设备进行遥测、遥信、遥控、遥调,实时监视系统和设备的运行状态,记录和处理相关数据,检测和派修,及时通知相关人员处理故障,从而实现管理局、闸房的无人值守,实现对动环的集中监控和预维护管理,提高动力设备运行的可靠性以及设备运行的安全性。同时对各监测点的基本环境参量(如温湿度、水浸、烟雾等)进行检测,及时发现火灾、水灾和非法入侵,保卫工程安全,主要功能如下。

1)集中实时监视

传统的机房管理采用的是每天定时巡视的制度,比如早晚各一次检查,并且将设备的一些核心运行参数进行人工笔录后存档。这样取得的数据只限于特定时段,工作单调而且耗费人力。而集中实时监控功能可解决此问题。

比如对于 UPS 电源的运行,用户一般比较关心负载功率、总体负载率、三相是否平衡等参数。如果没有集中监控,用户需要分别到各个机房内的配电室,现场查看 UPS 的相关运行参数。而实时监控系统通过通信采集设备将当前被监视设备的运行参数采集上来,实时显示在监控电脑屏幕上,免去了用户到不同的设备跟前查看数据的麻烦。

2)报警和事件

报警指机房运行中出现异常情况,比如停电事故、漏水事故等。报警的发生意味着机房的运行受到影响,其严重程度可用"优先级"的概念来定义。一般监控系统均可设置多个优先级以区别报警的严重程度。

事件指机房运行中发生的一些正常的状态改变或人为操作。事件不是异常情况,因此不需要像报警一样立即通知用户进行处理。但是往往需要进行记录,以便日后检查。比如现场闸房门禁打开记录等,这就是一个正常的操作事件,但对操作时间、操作人的这些信息进行记录是有必要的。

报警功能是机房动力环境监控系统最重要的一项功能,原因在于机房内设备和系统运行的安全性要求很高。报警发生后,系统应对报警事件进行记录,并迅速通知值班人员或管理人员进行处理。

7.视频监控

视频监控主要完成重要站点的远程视频监控,操作人员和有关领导能通过清晰画面及时、良好地了解工程运行情况、安全情况、人员情况和重要数据等信息。

视频监控应用整合本工程视频监视系统,实现集中展示与控制,并为其他应用系统提供视频展示的接口,主要由视频监视基础信息管理、视频监视分布图、视频监视集中展示、视频与安防监测预警等组成。

视频监视基础信息管理:对本工程及办公场所的视频监测点的基础信息进行管理,保证视频监视点基础信息的完整性、正确性和及时性。

视频监视分布图:基于 GIS 实现所有视频监测点的分布情况展示,并能基于视频监测分布图快速查看相关视频信息。

视频监视集中展示:按照多级管理机构、工程范围等分类方式集中展示所有视频监视点的监视信息。

视频与安防监测预警:通过设置相应的预警机制,如距离、密度、异常物体等,进行视频监测预警。

2.6.2.2　精准化闭环调节

精准化闭环调节主要针对泵站辅机系统,通过对辅机系统的改造,实现辅机系统自动联动及闭环运行。

泵站的辅机控制系统数量多、位置分散,承担着供电、供油、供水、供气、消防、报警等功能,为主设备提供运行辅助,同时保证了厂区环境良好有序。若辅机控制系统故障或停运,将会直接影响到主设备的安危,甚至会造成水淹厂房等重大事故,造成人员伤亡及设备损坏,社会影响及经济损失极大。

对辅助设备进行自动化技术改造的目标是实现辅助设备灵活方便的智能控制,保证辅助设备为主机设备运行创造最佳环境,避免主机设备及辅助设备之间的相互干扰;实现辅助设备运行状态的实时监测,避免设备事故对安全生产的影响;实现辅助设备智能闭环控制,使主机设备运行在最佳工况状态,保持最高的能量转换效率;实现供油系统和控制系统的液压系统自动化,使漏油减少,节约能源;实现辅助设备自动控制,提高劳动生产率,改善工作环境。

1. 机组叶片调节油压及漏油装置控制

测控对象主要是油泵、压力变送器、差压变送器、压力开关、油位信号计以及自动补气装置等。在自动运行方式下,根据压力油罐内的压力自动启停工作油泵及备用油泵。

压力控制:当压力油罐内的压力降至一定值时,启动工作油泵;当压力油罐内的压力继续降至一定值时,启动备用油泵,发出音响报警和备用油泵启动及油压装置故障信号;当压力油泵罐内的压力升至一定值时,停运各油泵并复归备用油泵启动信号。

自动补气:当压力油罐内的油位升至正常工作油位上限时,如压力油罐内的压力低于一定值,自动打开补气电磁阀,同时关闭排气电磁阀,向压力油罐补气并发出压力油罐油气比例失调故障信号;当压力油罐内的油位降至正常工作油位下限或压力油罐内的压力升至一定值时,自动关闭补气电磁阀,同时打开排气电磁阀,停止向压力油罐补气并复归压力油罐油气比例失调故障信号。

压力越限报警:在运行过程中,当压力油罐内的压力继续下降至一定值时,发出音响报警及油压过低事故信号;当压力油罐内的压力升至一定值时,发出音响报警及油压力过高故障信号。

信号指示:控制电源指示、各油泵及各电磁阀的运行状态由指示灯显示;各油泵电机过负荷以及各电磁阀发卡故障、压力油罐油压异常以及油位异常等故障信号及运行中的操作错误都在控制柜上由光字显示;压力油罐油压、油位由数显仪表显示。

2. 机组技术供水控制

测控对象主要是机组冷却供水总电动蝶阀、正反向供水电动蝶阀、主轴密封电磁阀、总供水管示流信号器、冷却水管示流信号器、冷却水管压力信号器、冷却水管温度信号器、主轴密封水管示流信号器和主轴密封水管压力信号器。

机组冷却供水总电动蝶阀控制:机组冷却供水总电动蝶阀随机组的启停自动打开和关闭;在控制柜上通过手动操作按钮实现机组冷却供水总电动蝶阀的手动打开和关闭操作。

正反向供水电动蝶阀控制:在正常情况下以正向方式运行;当正向阀组故障或冷却水温度过高时,PLC自动切换阀组为反向运行方式并发出报警信号,经过一定的延时后再自动切换回正向方式运行,延时时间长短可由设定修改;在控制柜上还可通过手动操作开关人为设置供水方式为正向运行或反向运行。

主轴密封水电磁阀控制:机组启动时自动打开开机密封水电磁阀,同时关闭停机密封水电磁阀;停机时自动关闭开机密封水电磁阀,同时打开停机密封水电磁阀。

3. 中低压气系统控制

测控对象主要是空压机、储气罐、储气罐压力变送器、排气压力过高接点压力表、润滑油压电接点表、润滑油温电接点表和排污电磁阀。在控制柜上对各空压机分别设有"自动、手动、切除"运行方式选择开关,各种控制方式相互独立、互不影响。

压力控制:当储气罐压力偏低时,启动工作空压机;当压力过低时启动备用空压机,发出音响报警和备用空压机启动及储气罐压力偏低故障信号;当压力正常时,停运各空压机并复归备用空压机启动信号;当工作机故障时,启动备用空压机并报警。

自动排污:空压机停运后自动打开排污电磁阀进行排污,在空压机启动后延时关闭排污电磁阀,延时时间可以设定;空压机在运行过程中自动进行周期性排污,周期时间及排污时间可设定。当排污阀卡滞时,发出音响报警及中压空压机排污阀故障信号。

压力越限报警:当储气罐压力过低或过高时,发出音响报警及压力过低或过高事故信号。

油温越限报警:空压机在运行过程中,当空压机润滑油压偏高或偏低时,发出音响报警及中压空压机润滑油压异常信号。

4. 渗漏排水控制

测控对象为泵、接近开关、润滑水电磁阀、润滑水示流信号器、水泵出口示流信号器、集水井水位传感器。

控制方式设置:在控制柜上对排水泵分别设有"自动、手动、切除"运行方式选择开关,各种方式相互独立、互不影响。

水位控制:当渗漏集水井的水位偏高时,启动排水泵;当渗漏集水井的水位继续升至过高水位时,启动备用排水泵,同时发出音响报警和备用排水泵启动故障信号;当渗漏集水井的水位降至正常水位时,停运各排水泵;当水泵连续工作时间超出设定值时,发出水泵运行超时报警信号。

泵阀连锁控制:各渗漏排水泵的启停应与润滑水电磁阀联动,启泵前首先打开润滑水电磁阀向泵提供润滑水,当润滑水有示流后,延迟一段时间后开启水泵运行;泵启动后,当其出口有示流后再关闭润滑水电磁阀。

在润滑水电磁阀未能打开的情况下相应泵禁止操作。

水泵运行过程中,当出现水泵出口断水故障时,立即停止相应水泵运行,并报警。

水位越限报警:当渗漏集水井的水位超过上限时,发出渗漏集水井水位超高故障报警信号。

2.6.2.3　安全可控流程控制

在采集设备状态数据的过程中,安装在设备各部分的传感器提供设备状态的原始信号,原始信号经下位机(一般是 PLC)处理后,转换为相应的数字量。为方便设备的统一管理(如闸泵站内所有水闸统一管理)与历史数据查询,下位机需将转换后的数字量提供给上位机系统,上位机系统将数字量以画面、表格、语音等多样的形式表现出来。

常规的上下位机通信一般是通过指定上下行信文区的地址段直接读写寄存器的值,这种通信模式存在着控制寄存器地址暴露和被篡改的风险,给系统的安全运行带来了较大的隐患。信箱模式采用固定的寄存器地址,通过控制对象号和控制性质码的约定来保证控制指令的安全可控。

信箱模式在发送端将相应的各类型信号量按照约定的规则进行编码,编码后封装成固定或变长度的信文,经过通信链路发送至上位机,接收端收到信文后,按照约定的编码方式进行解码,解码后将各类型信号量还原。

1. PLC 流程标准化

制定标准化的 PLC 控制程序,并根据泵站的实际运行情况,在标准化的程序上进行编写,要求 PLC 程序具备流程自动执行的功能,并能在流程中断、退出、完成后有相应的报警和信号反馈。

标准程序可有效减少程序漏洞和 BUG,使得控制过程更加安全可控。

2. 上位机闭锁

当上位机上有操作命令发出时,由相关程序来解析命令,然后组织报文并下发给 PLC。

PLC 将控制对象和控制性质码解析后将转发值写入寄存器。

上下位机的控制对象和控制性质码一一对应时,才能正确启动相关流程;否则将无法从上位机启动流程,从而实现了上下位机控制闭锁。

3. 下位机闭锁

随着可编程逻辑控制器(PLC)的广泛应用,由于开出模件(DO)的损坏而引起误输出或者不输出从而导致被控对象严重毁坏的例子在现实中屡见不鲜。因此,防止开出模件的误动或者拒动,是 PLC 用户必须考虑和解决的问题。

重漏选保护可以为指定输出通道都设置闭锁功能,确保不会误动及拒动,减小了可编程控制器开出模件损坏时引起误输出或者不输出对被控对象造成的破坏。

2.6.2.4　追踪式智能联动

工程的各监测数据往往互相独立,不同监测要素之间没有明确的定义关系,形成一个个信息孤岛,当某一监测要素出现异常时,往往需要花费人力去筛查,效率很低。因此,有必要建立一种监测监控信息智能联动的机制,将物理空间上相邻的监测监控要素按照一定的逻辑关系相互连接起来,形成全面的监测监控要素关系网,当某一要素出现异常时,能智能追踪周边节点上的要素,对异常要素进行反馈分析。

1. 防汛联动

对于突发强降雨,当水雨情监测站的雨量监测要素识别到异常数据时,根据监测监控信息智能联动机制,系统会自动追踪该要素在关系网周边节点上的监测要素,如水位、流量数据,以及附近的视频监控,并将这些监测要素在管控平台上自动弹出,以警示管理人员。

与防汛相关的监测监控要素之间具备两张关系网,分别是水情预警关系网和调度运行关系网,这是根据防汛的两个阶段(水情预警、调度运行)而定的。水情预警阶段侧重预警预判,调度运行阶段侧重调度效果反馈。这两个阶段对雨量、水位、流量、视频监控等监测监控要素的侧重点略有不同,使得两个阶段相邻的监测监控要素之间的逻辑关系略有不同。

两张关系网按以下条件进行切换:当调度指令发布时,由水情预警关系网切换到调度运行关系网;当调度运行完成后,由调度运行关系网切换到水情预警关系网。

1)水情预警关系网

对于突发强降雨,本工程内的雨量计率先识别到较大变幅的监测值,本模块会联动雨量计附近的视频监控,判别是否真的是降雨,并在管控平台上弹出实时的雨量监测数据和视频监控。接着会联动附近的水位计,并将水位监测值也在平台上显示,若短时间内水位出现较大增幅,会继续联动水位计附近的视频监控,以方便管理人员及时了解水情形势。

2)调度运行关系网

在调度运行期间,实时监控泵站的运行情况如流量、功率、运行台时等监测数据,实时掌握泵站机组的运行状态。同时,通过当前降雨变化情况预测未来一段时间的降雨量及典型站点的水位,预测泵站未来最优开机台数。

调度运行期间还会联动监测站点附近的视频监控,对通航影响区域划定红线,若船只误入红线内,会继续联动广播语音对船只进行警示,并将监控画面在平台上显示,以提醒管理人员。

2. 隐患联动

隐患联动包括设备故障隐患联动和工程安全隐患联动,两者的联动原理一样,具体为:在逻辑关系网上,异常监测要素先与同一实体上附近的同类其他监测要素进行联动,接着与同一实体不同类的监测要素进行联动,并与不同实体不同类的监测要素进行联动。

1)设备故障隐患联动

以水泵运行过程中某处的压力脉动发生较大变幅为例,该处的压力脉动监测要素率先识别到较大变幅的监测值,本模块会先联动该水泵上附近的其他压力脉动监测要素,接着会联动该水泵上附近的各振动监测要素,并联动水泵附近的视频监控,对该隐患进行动态跟踪。若该处的压力脉动变幅是运行状态恶化的前兆,通过联动可以及时注意到该水泵其他压力脉动监测要素和各振动监测要素的监测值的异常变化,同时通过联动视频监控可直观地对水泵是否出现噪声甚至振动进行跟踪;若水泵运行状态确实恶化,会继续联动计算机监控和工况监测要素,通过计算机监控进行变角调节来优化水泵运行工况。

2)工程安全隐患联动

以泵房某个分块的一个边角发生较明显沉降为例,该角处的沉降监测要素会识别到较大变幅的监测值,本模块会先联动该分块另外3个角的沉降监测要素,接着会联动该分块各水平位移监测要素,并联动该边角墙体附近的视频监控观察是否出现裂缝。

3. 安防联动

在工程的日常管理中,安防系统的各监控要素之间保持着联动关系,当发生异常时,这些要素会智能联动,进行自动报警。具体的联动包括以下几个方面。

1)控制操作与视频联动

在启停机组的流程执行过程中,如发生流程控制异常报警,能够将当前流程未执行正常的原因跟当前原因设置的部位摄像头进行联动,摄像头在视频监控平台中自动弹出。

2)报警与视频的联动

视频监控要素与各类报警系统保持联动关系,一旦发生报警,可具备声光警示、报警点图像电视墙显示、图像抓拍、录像存储、大屏显示报警信息等功能。

3)门禁与视频的联动

视频监控要素与门禁系统保持联动关系,可自动拍摄现场视频,实现存储录像,将所有人员出入的信息记录、保存,并针对出入门禁的每一条信息保存实时视频、图像材料。发生非法入侵事件时,在门禁系统的报警信息触发监控系统设置与其他系统的一系列相关动作。

4)道闸与视频的联动

视频监控要素与道闸系统保持联动关系,可自动拍摄现场视频,实现存储录像,将所有车辆出入的信息记录、保存,并针对出入道闸的每一条信息保存实时视频、图像材料。若有外来车辆造访,道闸系统的报警信息会联动视频监控要素,将监控画面在管控平台上显示,以提醒管理人员。

5)智能监控与视频的联动

可在监控画面中设置警戒区域,其形状设置没有约束,可以为区域(警戒区),也可以是一条线(警戒线)。只要有非常规物体进入警戒区域或跨过警戒线,就会发出报警声音,然后自动和视频监控要素联动。

6)电子地图与视频的联动

电子地图和监控、门禁、道闸、报警等要素保持联动,可以在电子地图上实现信息的直观显示,并进行相关的查询、定位和管理操作。有报警信息出现后也可以和电子地图联动,触发电子地图自动定位报警源的功能,将地点信息发送给管理人员,提醒管理人员进行相关的操作。

2.6.2.5　沉浸式交互体验

1. AR 实景数据可视化

沉浸式交互体验通过利用视频增强融合 AR 实景管理系统,以高点监控为核心,利用业界先进的 AR 增强现实标签标注技术,打造视频实景地图,并将前端采集监测终端的闸泵阀监控、水雨情监测、水质监测、工程安全监测、在线监测、动环监控等业务实时数据在实景视频画面中进行展示,对整个工程相关关键区域实现全范围覆盖,24 h 全天候高清监控,满足恶劣环境条件下的监控需求,颠覆以往的二维电子地图不直观的技术壁垒,打造全工程范围整体覆盖的全景监控。

水利工程一体化管控系统

1）基础应用

基础应用主要包括二维地图、视频巡航预案、实时图像点播、场景回溯、流媒体分发、图像抓拍、图像抓录、云台控制、镜头控制等功能模块。具体功能点如下：

（1）全景地图。

支持地图服务应用，提供地图搜索功能，可快速定位到搜索目标在地图上的位置。能够显示所有高点及低点摄像机的落点，并以图标的形式展示。能够通过点击高点摄像机图标进行高点视频的切换；能够通过框选摄像机实现在地图上视频的预览播放。

（2）视频巡航预案。

提供设置视频巡航预案的功能。当执行巡航预案时，系统会按照预先设置的时间点及关联的高低点视频按照顺序自动轮巡播放，预案支持设置定时执行或手动执行。

（3）实时图像点播。

能够按照指定设备、指定通道进行图像的实时点播，支持点播图像的显示、抓拍和录像，并且允许多用户对同一图像资源进行同时点播。

（4）流媒体分发。

能够支持媒体访问请求，向请求方分发流媒体数据。

（5）云台控制。

具备摄像机云台控制功能，可通过点击云台控制按钮实现 8 个方向的云台转动。

（6）镜头控制。

具备摄像机镜头倍率的放大缩小控制功能，能实现摄像机镜头的拉近和拉远，并支持以动画的形式显示镜头倍率变化的过程。

2）业务应用

业务应用主要包括智能标签标注、全体系数据可视化、告警管理、视频巡更等功能模块，具体功能点如下：

（1）智能标签标注。

能够对工程的闸站、生产配套设施、管理办公区域等重点目标进行标签标注。

能够对工程内安装的监测终端进行标签标注，在摄像机镜头扫到的视野内，能够自动显示监测终端的位置，同时支持标签搜索终端。

标签支持全文搜索、模糊查询。搜索到目标之后，能够联动高点防控单元自动调转镜头进行目标范围内的视频监视。

标签支持分级分层和分主题显示，标签随着变焦变倍只显示当前视频画面中的标签内容。

标签能够把监测设备的购买日期、使用时长、设备提供厂商、保质期、负责人联系方式等信息统一封装、聚合。

（2）全体系数据可视化。

能够将前端采集监测终端的实时数据在实景视频画面中进行展示，摆脱原有二维电子地图的不直观。闸泵阀监控、水雨情监测、水质监测、工程安全监测、在线监测、动环监控等终端采集的数据能够在系统中一览无遗。

实景监控与实时数据的融合,能够做到监控与指挥两不误,为临场决策提供帮助。

(3)告警管理。

能够对系统中各种告警信息自动处理并保存,并能够通过预案设置,对告警做出联动(码流上送客户端、平台自动录像、码流上墙、告警上送客户端、地图联动等)。

针对每一条告警信息,支持一键查看告警详情,实现告警信息的快速获取;支持一键查看现场,系统自动联动摄像机聚焦在告警现场,进行告警详情的复核查看;支持一键查看告警现场的视频录像;支持一键回溯,真实地还原告警现场情形。

2. 三维 GIS 虚拟仿真

通过对水利枢纽、渠道、重点设施和建筑等进行 BIM 建模,将其载入三维场景中,从而虚拟再现工程的三维虚拟场景。结合三维虚拟场景实现各类水利枢纽、设备设施等建筑的相关参数、工况数据,以及各类监测数据的查询和展示;实现相关的调度运行过程的动态模拟功能;实现对事故进行预警的功能;实现与生产管理相关的空间分析功能,达到更加科学的管理目的,为用户提供辅助决策支持。

1)基础功能

(1)目录树检索功能。

采用树形目录进行结构化管理,构建从工程到测点的逐级目录树,便于用户进行快速浏览和选择,通过在目录树上点选与三维场景联动,直接定位到对应的工程、设备或监测点的位置,实现建筑构件与设备的快速飞行定位和聚焦。

(2)360°全方位展示。

通过点选、缩放、拖曳等鼠标操作,查看总体工程布局、具体设备单元等不同空间尺度的三维形态。

(3)空间漫游。

在建成的精细、逼真的模型中,以第一人称视角进行三维场景漫游,让用户置身其中感受一个真实的虚拟世界。飞行参数设置以及飞行效果浏览。

飞行模块可以可视化定义飞行路线和节点编辑,可以控制飞行轨迹和站点名称是否显示,飞行路线可由多个飞行线段、定向观察点和旋转点嵌套构成,可按节点或分段设置飞行参数,支持车、船、飞机等沿线飞行,提供第一人称、第三人称、跟随和自由四种飞行模式,飞行过程中可用鼠标或键盘进行交互控制。为用户实时漫游提供导航操作功能,并实现按指定路径飞行演示的功能。

(4)精准联动。

对于预警或异常信息的提醒,设置精准定位功能,用户能够从问题出发,瞬间定位到信息所涉及的三维空间之中,聚焦问题部件。

(5)实景监控。

查看具体设备的运行状态、健康状态、异常及预警记录,同时可链接至对应专业业务分析子系统查看详细情况。

2)工程综合展示

依托构建的三维 BIM 建设成果,基于各业务集成数据,利用各种图表、文、声、像等形式实现工程综合展示,展示内容包括实时监控、数据查询、曲线查询、预警报警信息、视频监控等。

(1)实时监控。

在设备三维模型附近标签上显示实时运行数据。针对工程各类监测监控实测值进行检定,采用一些预先给定的、简洁的指标和方法进行监控,全面、实时反映各监控监测站点的基本状况,对重要监测参数可以通过颜色变化、百分比、色标填充等手段动态显示,为工程运行提供依据。

(2)数据查询。

在系统界面上可选择起止时间查询数据某一时间段的测值变化情况。

(3)曲线查询。

在系统界面上可展示数据的实时变化趋势,选择起止时间可查询数据的历史变化趋势。

(4)预警报警信息。

当实时监控量指标变化,超出状态评价导则和规程规定的阈值范围时,系统会触发报警,报警信息能通过系统对应的监测点位位置,闪烁和警铃提示的形式进行展示,提醒运维人员及时处理。

(5)视频监控。

支持自动调用视频监控,也支持选择调用视频监控,支持单画面或多画面视频影像查看,实时掌握工程运行情况。当控制操作时,或重要设备故障报警时,有预置功能的摄像机能自动转到预置点,按需设置联动录像功能,同时联动灯光装置,对目标位进行照明;预设的报警能弹出窗口,并配合三维场景展示;记录工程内设备操作、记录告警前后的现场情况、事故检修过程;支持回放录像调用查看,提供事故发生时的资料,为事故分析和事故处理提供帮助。

3)工程智能控制

实现各系统、各类设备的集中管控,包括泵站主机组监控、叶片角度调节、闸门控制、排水控制、技术供水控制、通风控制、除湿控制、开关站控制、辅机控制、清污机控制、闸阀站点闸门控制、阀门控制等功能。

根据工程运行管理权限,实时发送各类控制至现地控制单元,由现地控制单元实现现场设备的远程控制工作,实现对工程运行和控制设备按要求进行控制与调节。系统点击导航菜单调出相应的控制操作画面,系统能自动定位至相关场景或设备模型,实现融合场景的智能控制。

2.6.2.6　一键式监控报告

一键式监控报告首先基于全覆盖的智能感知体系,采集各工程生产运行数据,包括主机组的开关量、电量、温度、振动、摆度、噪声、效率、励磁、叶调等;电气设备的变压器参数、直流参数、配电设备参数、用电设备参数等;辅机设备的油、气、供水、排水等系统参数;清污机、闸门等的水位、荷重、电量、开度、电气参数等;水工建筑物的安全监测、水位、流量、视频、安防、动环、消防等参数;视频行为分析系统采集的图像或视频信息、各类主要设备的运行参数,如开关状态、指示灯状态、仪器仪表的指针读数、主变的油位等。其次包括人工观测数据。通过定制过程线图、报表、分布图、相关图等相关图表,嵌入格式化文档,抓取关键监测、管理数据,从而实现一键生成报告的功能,不仅提高数据的使用效率而且降低了报告产出的成本。

一键式监控报告包括模板管理、格式化文档、报告生成、报告查询功能。

模板管理将系统中创建的填报任务模板、报表模板进行分类、查询、停用、激活、删除、更新、版本控制等统一管理,方便重复调用。

模板设置可通过自定义报表组件,实现报告模板的自定义配置,满足不同业务的个性化需求。可选取重点区域、重点设备的关键数据进行对比分析,生成对比图表,为工程运行提供基础分析数据。

格式化文档是为报告管理人员在 Web 页面提供一个预置报告模板,通过定制过程线图、报表、分布图、相关图等相关图表,嵌入格式化文档,定时自动抽取各类监测监控数据等内容,并基于专业知识智能分析自动生成全业务的运行报告。格式化文档具备编辑功能和数据替换功能。编辑功能可以实现对文档在需要插入可变数据的位置自动获取查询数据。对于经常使用到的报告类型文档,可以实现简单的一键替换,而无须传统的手工查询数据并制作报告。

报告一键生成可在用户设置的报告模板的基础上,将系统自动采集的各类数据自动写入模板。按照报告模板样式,根据需要按设定周期或操作人员的要求自动生成周、月、季、年、专题等各种资料整编分析或运行管理报告。

报告查询提供便捷的人机界面,分类查询生成的历史报告记录,并支持在线手动输入数据及报告内容在线修改。

2.6.3　智能研判

智能监控主要实现工程及机电设备的预警告警、智能诊断、状态评价等。

2.6.3.1　预警告警

以实时数据、历史数据和一体化平台软件为基础,通过建立面向对象的分析模型,对生产运行数据开展运行过程中的特定场景的研判分析,对数据进行筛选、挖掘、趋势分析,获得能够表达设备、系统运行状态的特征数据,同时结合多个关联数据之间的综合分析,实现设备分级告警和预警,判断设备状态,保障设备的安全运行,并将告警消息以多种方式及时通知和推送至相关运维人员,从而快速发现工程调度运行过程中产生的问题,提高工程运行安全性。

1. 实时告警

实时告警信息包括数据类和信息类。

数据类告警:实时监测值或分析预测值达到系统预设阈值或满足预设告警条件时产生的告警信息,根据告警条件的不同可分为状变告警、越限告警、缺数告警、延时告警、变幅告警等。状变告警根据严重程度可分为提示告警、故障告警、事故告警等。告警类别名称支持根据工程实际需求进行自定义配置。

信息类告警：告警内容包含文字、图片、视频等多种类型的信息。如人工巡查上报的告警、自动巡检产生的隐患告警、视频图像告警、故障诊断产生的告警等。

1）告警监控

可通过一张图集中展示全线泵站的实时告警信息，按设备层级，将数据类告警、信息类告警等所有告警信息按设备树状结构归并，生成设备综合报警信息树，实现分层分类分级告警。产生报警时，对于重要的设备故障报警和事故报警，自动弹出界面，以树状结构显示详细报警信息，同时提供查看相关数据点状态功能，便于运行人员快速掌握事故原因及事故后的设备动作情况，可在界面上对告警信息进行确认处理。

按设备告警严重程度将告警信息分为预警、异常、故障、事故四个等级，在告警界面上以不同颜色显示（如预警：黄色；异常：橙色；故障：红色；事故：白色）。

预警：设备趋于报警，但还未达到报警状态，比如通过温度变化趋势计算，发现温度有升高趋势。

异常：指设备能够继续运行，但某些部件发生故障，不需要运行介入，只需维护人员现场处理，如双路电源跳闸一路。

故障：设备发生故障，需要运行人员介入。

事故：发生停机等严重事故。

2）告警方式

为及时提醒运维人员，避免疏忽造成严重事故，当告警条件触发时，支持屏幕弹出、画面弹出、语音告警等多种告警方式，尤其当产生重大故障时，会发出特定报警提示音引起高度关注。同时支持 Web 平台、APP、邮箱、短信、视频等多种推送方式及时推送告警信息给相关运维人员，告警提醒在运行人员处理后方可解除。

3）告警处置

对于每个告警消息，可选择多种告警处置方式，包括简单确认、工单处理、故障报修等。简单确认适用于运行人员知晓事件发生的原因；工单处理支持可视化的派单设置与运转，运转流程实时监控，保证报警后责任到人，管理到底。

对于已触发的告警事件，可及时了解事件处置的状态，实现事前、事中、事后的事件全生命周期管理，保障各个事件可以及时、高效、准确地进行处理。

2. 趋势预警

根据设备长期运行的特征数据和相关运行经验，建立报警模型，对重要参数进行有效的趋势分析和预测，挖掘趋势耦合关系，提前预判故障隐患，实现趋势预警。趋势预警所涉及的重要参数包含但不限于温度、压力、振动、液位、流量、电气、测点对比等。

（1）设备变化趋势预警。采用相关算法对重要参数进行计算分析，若结果数据没有达到预设阈值，则系统再次自循环做数据阈值比较，如此周而复始，一旦结果数据接近预设的阈值，将发出预警通知，提前告知运行人员。在此运行过程中，系统还会根据实际预测效果，采用自学习功能，不断修正算法，以达到更精确的预警效果。

（2）偏离经验数据、特征数据报警。长期监测某些能够直接代表设备工况是否良好的数据点，判断当前数据是否偏离经验值，若偏离则产生报警信息。

（3）设备启停频率分析报警。应能记录周期启动设备的启停周期和运行时间,并与历史稳定运行值比较,若存在较大差异,则产生报警。

（4）多数据综合计算分析报警。通过对多组监测点趋势分析的综合评判分析,得到主机运行是否安全的结论,若不安全,则产生报警信息。

3. 告警追溯

提供可视化监视手段,报警信息源头自动追溯。告警发生时,提供告警点相关量的测值展示,利用直观可见的线路图,清晰地观察当前告警产生的根本原因,同时提供历史曲线查询功能,可以查看当前告警点相关量的历史变化情况,查询最大值、最小值等特征值以及出现的时间,分析告警产生的原因。

4. 应急指导

当设备发生报警或紧急故障时,第一时间推送故障信息,并推送相关故障处理建议及措施,紧急情况下推送事先设定的应急处置流程,辅助运行人员快速、正确地处理紧急异常事件。在对象组态设备报警时,实现设定应急处理指导,包括产生原因、实时状态、应急流程等。

5. 告警管理

告警管理包括告警树自定义、告警策略管理。

根据工程实际需求整理告警对象,进行告警树自定义。

根据工程实际需求管理告警策略和发送策略,包括告警条件、告警级别、告警方式、发送方式、发送人等。按照下发的策略作为触发条件,实现告警预警。

6. 统计查询

实现对工程历史告警记录按不同分类方式进行数量统计及图表、曲线展示。

实现对工程历史告警记录的查询功能,支持根据告警类型、告警级别、推送方式、告警状态等进行过滤筛选,支持关键字模糊检索。

2.6.3.2　智能诊断

1. 机组故障诊断

对于水泵机组来说,常见的故障可以分为几大类型:转子相关故障、滑动轴承故障、滚动轴承故障、联轴器故障、电气故障、基础故障以及流体相关故障。有的故障类型下还有故障子类型,不同的故障具有不同的振动频率特征,有的故障类型还具有相似的频率特征,通过对振动信号的频域分析提取出能揭示故障本质特征的频率成分,运用一套完整的故障分析诊断逻辑,通过故障诊断知识库的规则进行推理,自动分析诊断出机组是否存在故障以及存在何种故障类型。

系统提供常见故障发生的概率以及故障处理方法,当系统所属的机组发生报警时,根据所采集到的数据通过一定的算法得出有可能出现的故障,并给予相应的解决措施。

旋转机械的振动分析中通常需要提取转频以及转频的倍频信息,如半倍频、一倍频、二倍频等,这就要求安装有键相转速传感器对转速进行测量,与转动频率相等的频率就叫基频(或者转频),在该频率下的幅值用 1× 表示,同样 0.5×、2× 分别表示半倍频、二倍频幅值。

根据水泵机组常见的故障类型,按美国振动协会的振动分析理论,建立水泵机组的智能故障诊断知识库规则,常见故障类型和征兆模式的对应关系见表2-8。

表 2-8 常见故障类型和征兆模式的对应关系

故障类型	故障子类型	主要诊断依据(可自动提取振动特征)
转子相关故障	转子不平衡	振动超标,频谱中1倍频成分占主导作用
	转子不对中	振动超标,频谱中1倍频和2倍频成分占主导成分,且2倍频幅值大于1倍频幅值
	叶片碰擦	叶轮通过频率处会产生很高的幅值
滑动轴承故障	油膜涡动	频谱中有明显稳定的涡动频率分量(0.42~0.48)倍频分量。可能有高次谐波分量
滚动轴承故障	滚动轴承部件损坏	存在滚动轴承故障频率成分及其谐波成分
	润滑不良	各轴承特征频率处幅值显著,轴承温度高
联轴器故障	联轴器磨损	联轴器两侧的振动测点1×、2×、3×、0.5×等倍频明显
电气故障	气隙不均	在额定转速时,100 Hz幅值较大,占主要成分
基础故障	基础松动	径向1×、2×、3×、0.5×等倍频明显
	刚性不良	频谱中1×成分占主导作用;径向和轴向1×振动幅值差距较大;不同转速下总是存在1×大
	共振	频谱中1×成分占主导作用;其他转速下不存在1×大的现象
流体相关故障	汽蚀	频谱的高频(200~1 000 Hz)区域会有"驼峰"(激起共振)

2. 传感器故障诊断

系统提供了完整的系统自诊断功能,可以对系统进行在线自诊断及系统错误排查。根据所选机组、数采器显示所有的传感器状态,根据颜色的不同表示该状态(绿色表示正常,黄色表示高报,红色表示高高报),可以根据需求只显示有故障的传感器。

系统在线自诊断功能可以对各个传感器的工作状态、数据采集单元及模块通道运行状态、系统网络连接状态、系统与第三方系统(如监控系统)通信状态、系统对时状态、系统内部节点通信状态及其相关软件的运行状态进行诊断。在线自诊断软件模块根据监测及诊断功能的不同分别运行在系统各个节点(如数据服务器、Web服务器、现地监测终端、现地数据采集单元等)上,对系统各个部分的功能进行在线监测和自诊断,当相应软件监测到系统某一部分出现异常时,自动发出故障告警信号提醒相关运行维护人员。

2.6.3.3 状态评价

机电设备健康状态评价是根据机电设备的历史状态以及当前运行状态的振动、压力脉动、摆度、应力等参数(可以配置分配相应测点和权重)建立综合健康状态评价模型,对采集的实时数据提取状态特征参数,计算当前的状态特征值,调用相应的健康状态评价模型,得出机电设备的健康状态评估结果[结果显示:良好(绿色)、需注意(黄色)、需检查(褐色)、需停机(红色)、无数据(灰色)]。

系统根据机电设备的累计运行时长、故障停机次数、运行评估分数和机电设备维修时间等信息提出开启闭推荐,不推荐机电设备可以对其进行检查和维修,避免出现重大事故。

2.6.4　智能调度

智能调度应用以"服务于人的管理应用"为核心,以专业预测评估模型为基础,以云计算、大数据、人工智能技术为支撑,功能包括引调水工程水资源调度、水库调度、城市引水及排涝调度、闸泵站运行调度等。

2.6.4.1　引调水工程水资源调度

1. 日常水量管理

水资源调度管理对水资源配置相关的业务进行管理,实现引调水常规调度业务的标准化、规范化、科学化、自动化,保障整个工程的有序运行,日常水量调度包括日常业务管理、水量调度方案编制、实时水量调度等模块。

1)调度工作模式及流程

调度工作模式及流程主要分为用水信息上报、分水方案拟定、分水方案审批、调度指令生成、调度执行、调度评价等几个阶段。其中,分水方案拟定为后台运行程序,它根据用水需求、水源地供水能力、水库运行状态及输水线路过水能力,制订水量分配方案。

流程中各阶段的功能阐述如下:

(1)用水信息上报。用水单位在指定时间内填报用水申请,申请包括年申请、月申请和短期申请。每经过一短周期、一月和一年填报下一时段的方案,逐时段滚动。

(2)分水方案拟定。供水单位根据用水单位的申请水量,上一周期的供水用水信息,结合水源地可调水量、调蓄水库的运行状态,计算出水量分配的拟定方案。

(3)分水方案审批。在水量拟分配方案的基础上,经行政部门统筹考虑各方利益并会商决策后,审批形成水量调度的正式调度方案。

(4)调度指令生成。对于审批后的短期调度方案,调度系统根据隧洞模型,自动生成各个节制闸阀、分水闸阀流量变化的调度指令(计划指令),作为实时调度前馈控制的依据。

(5)调度执行。调度执行过程采用基于闭环控制的输水线路控制模块,该模块将节制闸阀、分水闸阀流量变化的调度指令作为前馈环节,将实时采集输水线路水位、流量作为反馈环节,不断修正目标值与实际值的偏差。此外,调度管理系统可根据"水位—闸门(阀门)开度—流量"曲线,将计划的过闸(阀)流量换算为相应的闸门(阀门)开度,并下发至执行人员。应急调度情况下,系统启用应急调度流程,根据流程设定可自动下发调度指令,并通知执行人员。

(6)水量统计、调度评价。调度结束后,根据申请水量、审批水量、实际供水量建立水量对比分析列表;根据下发指令、指令执行情况的曲线对比,评价执行人员对指令的响应情况;根据节制闸阀和分水口之间的实际过水量,按照水量平衡的方式计算输水线路水量损失计算等。

流程的执行过程如下:

(1)在调度开始时,用水单位提交用水计划申请。

(2)供水单位接收到用水计划申请后,结合可用水量以及水量分配规则,批复或驳回用水申请,驳回的用水申请可由用水单位修改后再次提交。

(3)供水单位完成所有用水户的水量拟分配方案后,将水量分配计划提交至行政审批,审批后形成正式的调度方案。

(4)输水调度人员依据调度计划和调度执行系统生成的调度指令,完成闸阀门等设备的远程或现地操作;紧急事件发生时,应急调度子系统可自动或由输水调度人员手动启动应急预案,预案启动后,根据预案中的调度指令,操作人员完成闸门等设备操作。

(5)一个输水周期结束后,水量统计人员依据输水水量等信息完成水量统计;输水调度人员依据水量分配计划、调度指令、实际输水量、应急调度执行情况等各类数据完成调度方案总结评价。

2)日常业务管理

日常业务管理应实现调度日常业务处理工作,应能为实时调度、用水计量、调度方案评价等提供依据。输水调度日常业务管理应包含以下模块:

(1)分配规则管理。应实现对分配规则的操作管理,实现对分配规则的录入、编辑、删除、审核、发布、输出等功能。

(2)用水需求管理。应能实现调度时段内水源可供水量对用水需求进行评估、审核,形成调度时段用水计划。用水需求管理应具备用水申请录入修改、用水需求评估、用水需求审核、用水计划管理等功能。

(3)方案编制申请管理。应实现编制申请新建、编制申请发送、申请审核、编制申请管理等流程流转功能。

(4)方案结果管理和审批。应具备实现列表查询、方案详情查看、方案对比、审定方案等功能。

(5)相关文档管理。应实现对基础资料、计划和方案、调度执行情况、评价结果等文档的管理,包括文档输(导)入、修改、检索、详情查询、输出等功能。

(6)基础信息管理。应实现对各水源水库、输水工程、控制性工程、各水源水库、各受水区水库等工程特性以及数学模型参数和用水户等基础信息录入、修改、删除等管理功能。应考虑总调中心和管理站的不同功能需求。

(7)调水实时监控。应实现对各类方案信息、前期调度执行情况、实时调度状态等多类信息等的独立查询、对比查询、分类统计等功能。

3)水量调度方案编制

根据工程可供水量和沿线各受水单位的用水需求,综合考虑工程安全情况、水质情况、通航情况等多重因素,依据水量分配规则、水量分配模型、通航模型等预测评估模型,平衡受水单位需水量与可供水量之间的供需矛盾,经会商制订科学有效的年、月、旬配水计划。

水量调度方案编制应拟定工程各年、月、旬调水计划,与相关受水单位协商和确认,形成调整后的年、月、旬调水执行计划。根据调度计划编制时段的不同,水量调度方案编制可分为年水量分配方案编制、月水量分配方案编制和旬水量分配方案编制三个模块,分别梳理水量调度方案编制的年、月、旬方案编制流程,实现线上方案编制申请新建、编制申请发送、申请审核、编制申请管理等流程流转功能,以及方案编制结果的列表查询、方案详情查看、方案对比、审定方案等管理、审批过程,并提供方案编制成果输出功能。

4)实时水量调度

实时水量调度是工程日常运行管理的重要内容。实时水量调度主要功能是在短期调水计划的基础上编制全线安全可行的水量调度指令并进行全线闭环控制。

实时水量调度方案的生成有两种模式:

(1)决策辅助模式。结合智能监控、智能研判、智能管理、智能运维等信息,结合预测评估模型生成全线闸门调度、泵组调度的流量调整建议。

(2)经验规则模式。根据调度员的调度经验,编制不同的调度规则,在实时水量调度过程中,修改少量参数,即可生成实时水量调度方案。此外,调度员经常使用的可信度较高的决策辅助模式的水量调度方案也可直接转换为经验规则模式的实时水量调度方案。

实时调度系统通过对输水线路沿线的流量、水头、闸阀位等工情信息的采集,实现闭环控制,当实际调度参数与目标参数不一致时,实时调度重新调用自动控制模型发布新的调度指令,实现自动调整各闸阀门开度等,从而保证调度工作的实时监视和过程可控,确保工程的可靠、安全、精确、经济运行。

该功能要完成两项任务,一是在短期水量分配方案基础上,根据实际调度状态制定实时调度指令,该指令以面临时段各节制闸阀、分水口、其他控制建筑物的目标流量及其阈值,指令下发现地站执行;二是实时监控闸阀站的反馈,若偏离目标值超出阈值范围,重新制定调度目标、发布新的调度指令。生成的调度指令能精确指引闸阀站的启闭过程。实时水量调度功能的设计原则包括避免频繁调闸阀、软件系统部署一步到位等。

5)水量调控动态分析

为了保障工程水量调度的运行效益,提高工程水资源保障能力,建立水量动态调控分析模型,针对工程长期水量调度运行数据进行多维度动态分析,通过水量平衡分析、用水需求与调度运行分析、时段工程运行水量分析等,逐步掌握工程运行与水量调度之间的规律,拟定最优水量配置和工程运行方案,为工程的高效安全运行提供辅助决策支撑。

(1)水量平衡分析。

应综合考虑输水线路、受水单位位置等信息,建立工程统一水量分配拓扑模型,从多重分析维度,搭建工程水量平衡计算模型。根据长序列水量监测、水量统计数据,进行不同时间尺度工程水量平衡分析,为配水工程沿线是否发生了严重的水量漏损提供决策依据。系统应提供自定义时间周期、分段的水量平衡分析功能,同时可以实现用户自定义周期下的水量平衡自动分析,并根据分析结果判定是否触发预警。

(2)水量配置优化分析。

从水量管理和配置的角度,对长时间序列沿线用水户用水情况,应从月、季度、时段、节假日期间等不同维度,结合沿线各受水单位水量调节能力以及用水需求情况,进行数据统计分析,实现水量保障情况在线评估,分析工程水量配置方案的合理性。

（3）用水计划合理性评估。

根据实际来水情况、其他水源供水量,结合各受水点的实际供用水情况,合理分析实际配水情况,包括各受水点短期、长期供水保证率、用水实际供需平衡情况等;再依据分析成果对用水上报计划进行反馈,评估用水计划的合理性,为未来用水计划审批、水量合理调度提供真实可靠的决策意见建议和支撑依据。

6）水量统计与水费征收

水量统计与水费征收是工程运行效益的直接体现,工程的水量统计与水费征收应包含以下内容:

（1）用水单位水量统计与复核。

根据工程对沿程各受水单位的配水量计量数据信息,对各受水单位的配水量进行统计与复核,实现工程全线及各分受水单位的输水量统计;基于水量统计数据,以工程主体以及沿程各受水单位为对象,实现不同时段的水量比对分析等功能,并加以数据保存及分析应用。

（2）水价管理和水费计算。

水价管理和水费计算应实现对水费进行定价和优惠的管理。水价管理应按照不同收费方式进行费率定制。水费计算应包括水量信息采集和水价计算两部分。所有信息应有完整的历史记录,保证计费过程的可跟踪性。

（3）水费报表生成及通知。

水费报表生成及通知应包括累账和出账功能,系统实现对用水户缴费记录的结果进行累计,形成完整的历史账目,并提供查询、打印等功能。同时,系统还支持欠费规则管理、催缴信息生成、呆账处理和坏账处理等功能,并提供短信通知等多种通知形式。

7）调度成果整理

按照年鉴报表要求,自动提取运行数据生成调度运行的年鉴报表,包含水量、能耗、运行成本、收益等项目的日报表、月报表、年报表等。

2. 应急水量调度

应急水量调度是针对工程安全事故、水污染、应急供水等极端运行工况进行的水量调度。应急水量调度的依据是应急调度预案和预测评估模型,应急调度预案是不同运行险情的事前方案,在应急事故发生时,要借助预测评估模型,对具体的调度措施进行快速仿真评估。

应急水量调度管理系统具有应急调度方案编制、应急调度方案管理、应急预测评估模型管理等功能,当应急情况发生时采用相应的应急调度预案,经仿真评估后,发布应急调度指令,来满足不同水量调度应急险情的要求。

2.6.4.2 水库调度

1. 水库洪水预报

洪水预报是水库工程防汛调度决策支持系统的核心,系统的主要任务是根据其他子系统提供的实时雨情、水情、工情等资料,对水库工程未来将发生的洪水做出洪水总量、洪峰发生时间、洪水发生过程等情况的预测,并通过采用水文学、水力学、河流动力学及 GIS

系统的有机结合,建立洪水预报数学模型,实现洪水预报的动态仿真,快速、准确地为水库防汛提供调度决策的依据。

1)业务分析

洪水预报以实时雨情、水情、工情等各类实时信息作为输入,通过启动预报模型和方法,对洪峰水位(流量)、洪水过程、洪量等洪水要素进行实时预报,为工程防汛指挥部门提供决策依据。预报过程是根据降水过程按照指定的预报模型和参数进行产流计算的过程;根据某区域的所有降雨监测数据和预报节点参数,再由预报方案进行洪水预报;对一个预报节点,当基础数据配置完成后将会自动产生一个系统默认方案,也可设置多个预报方案;对未知时段的降水数据,可通过假拟降水输入未来降水过程进行模拟预报以延长有效预见期和提高预报精度,对预报结果可通过实时校正进行修正,也可进行人工调整处理。

2)主要功能

(1)资料处理。

数据预处理是为模型率定参数、进行洪水预报和综合分析提供规范的数据。根据实际业务情况,提供自动整理数据和人工输入数据两种输入方式,并可浏览数据、修改数据、从后向前(保证数据的连续性)删除数据。主要内容为:

①从数据库中提取实时雨、水情数据并进行合理性检查,根据模型率定和洪水预报要求将这些数据进行插补、外延、修正,并分割成 0.5 h 或 1.0 h 时段的降雨过程、流量过程。

②计算单元面雨量和前期土壤含水量,并将其作为预报的前期计算工作。

③根据需要从数据库中提取历史资料,经处理后进行典型雨洪分析。

(2)模型率定。

模型率定参数分两种情况:一是利用历史资料为建模进行率定,二是利用最新资料对模型的相关关系进行新点据的补充和对产汇流规律进行新的率定和修改。

根据流域下垫面或河道边界条件特征,设计合适的参数初始值和合理的目标函数以及优化方案进行参数优选,再按照实际模拟达到合格要求,最后确定预报模型的参数。

模型率定的精度要求:洪水预报精度评定的项目包括洪峰流量(水位)、洪峰出现时间、洪量、径流量和洪水过程等可根据预报方案的类型和作业预报发布需要确定。预报项目的精度按合格率或确定性系数的大小分为三个等级精度,并严格执行《水文情报预报规范》(SL 250—2000)的有关规定。

(3)洪水预报。

能实现实时预报,包括在线预报和离线预报。

当系统处于应急状态,但主要控制站还能正常工作时,软件仍能进行预报,预报精度可降为乙级标准。

洪水预报包括:洪水预报过程会商调整;实时洪水调度演算,包括在线调度和离线调度;按水位控制、调度原则控制、指令调度、会商调度模式进行调洪演算;此外洪水调度必须与洪水预报软件联合运用。根据调洪演算及优化调度数学模型进行水库调度调洪演算,存储演算结果并实时向相关部门发送。

洪水预报方案应与洪水调度方案联合运用。

根据预报数学模型进行每小时自动定时洪水预报及实时人工预报,存储预报结果并实时向相关部门发送。

主要模型算法:

①区域降水预报模型。分析影响研究区域降水的天气系统,以数值天气预报结果为基础,采用多元统计分析方法,建立降水预报模型。

②洪水预报模型。采用马斯京根法、合成流量法推算到工程断面,得到工程断面的洪水过程。

2. 水库防洪调度决策

防洪调度是依据实时雨、水、工情信息和预报成果,采用调洪极值解法、多目标模糊优选决策模型、人机交互决策方法,面向对象技术、数据库技术等技术与方法,自动生成调度预案,以人机交互方式制订实时调度方案,进行方案仿真、评价和优选,并且具有汛情分析、洪灾预测、信息查询、报告编制、系统管理等辅助功能的应用软件系统。

1) 业务分析

由于洪水的突发性、历史洪水的不重复性和复杂的社会政治经济等条件,应能按决策者的意图,迅速、灵活、智能地制订出各种可行方案和应急措施,使决策者能有效地应用历史经验减少风险,选出满意方案并组织实施,以达到在保证工程安全的前提下,充分发挥防洪工程效益,尽可能减少洪灾损失。

2) 主要功能

(1)防洪形势分析。

通过对实时、预报与历史的雨水情信息的检索,根据洪水预报成果,按照防汛调度规则以自动方式进行推理判断,初步判明需启动的防洪工程,并参考防洪工程运用现状,明确当前的调度任务与目标,编制出防洪形势分析报告。

①数据提取。主要对水情、雨情、工情数据,流域、水库的洪水预报成果,流域、水库的调度方案和历史洪水数据进行提取和整理,以作为防洪形势分析的数据来源。

②雨情分析。根据提取的雨情数据,生成的点雨量图、面雨量图、雨情简报等图表对某区域某时段的降雨状况进行分析。

③雨水情分析。主要根据提取的雨水情数据,生成的流量过程线、水位过程线、洪水组成图表、洪量分析图表、水情简报等相关的图表信息,分析该时段的水情状况。

④工情分析。主要根据水库、闸坝、河道、堤防、蓄滞洪区的工情信息,并结合工情简报进行分析。

⑤灾情分析。主要通过对历年洪水的淹没范围、影响人口、淹没损失等灾情信息,并结合灾情简报等报表对灾情进行分析。

⑥防洪形势综合分析。主要根据以上信息,通过洪水特征值、洪水频率分析、规则调度方案进行各类综合分析,最后形成防洪形势分析报告。

(2)调度方案制订。

根据防洪形势分析成果,如果需要进行调度,则启动该模块。按照不同的需求,可生成多种调度方案。包括:按调度方式与规则自动生成方案;以水位或出流量约束生成方案;根据实时雨情及工情人机交互生成方案;上级下达的决策调度方案。调度模型有以下几种:库水位生成模型、出库流量生成模型、规则调度模型、指定调度模型、补偿调度模型等。

①水库调度。主要根据水库的特征值,结合库水位生成模型、出库流量生成模型和规则调度模型,确定水库泄流方式、出库流量、闸门开启高度,以便进行有效的水库调度。

②方案查询。主要对水库调度和蓄洪区调度方案进行查询,查询的结果以过程线和图表、文本的形式展示,并把查询的结果输出到方案成果库。

（3）调度方案仿真。

以人机交互方式,输入防洪工程参数、降雨量、入库洪水过程等初始条件,再调用洪水预报模型、调洪演算模型,预测调度方案实施后水位与流量变化过程。在方案仿真过程中,要具有良好的反馈功能,可为人机交互修改调度方案提供必要的支持信息。

①水库调度仿真。主要根据水库的入库流量和库水位,结合水量平衡方程,推算水库的出库流量和库水位,并把水库调洪成果以过程线和图表的形式进行显示。

②河道洪水演进仿真。主要对河道上游的水位和流量过程,结合洪水传播过程,采用一维洪水演进、马斯京根法、汇流系统法等方法,推算下游的水位和流量过程,并结合人的经验进行修正和调整。

③三维动态仿真。采用三维地形建模技术,建设不同分辨率的地形模型,构建流域或分河道区段的三维地形场景。河道的洪水演进模型输出为河道的一维或二维的洪水动态演进信息,包括随时间变化的洪水水位、流量、流向及其分布,实现三维地形场景与洪水的复合和动态显示,并能实现适当大小的三维场景实时漫游、数据与文字叠加等功能。

④调度成果显示。主要对各类调度方案成果进行查询显示,可以单方案显示,也可以多方案组合显示;可以过程线显示,也可以图表显示。

（4）调度方案评价。

对所制订或仿真的方案进行可行性分析,对可行方案进行洪灾损失的初步概算和风险分析。以洪灾损失最小为准则,综合考虑防洪调度的各个目标,对各个调度方案的调度成果进行对比分析,并可根据决策者所确定的决策目标及重要程度,对各调度方案进行评价和排序。

①方案对比分析。主要根据各类调度方案对不同调度方案的水库特征值、控制站特征值进行对比分析,也可以对蓄滞洪区灾情对比分析。

②评价目标与权重。主要确定调度方案评价的目标和要素,确定相应的指标,根据经验确定每个目标和要素的权重。

③综合评价。主要通过模糊优选的方法对多目标方案进行评价,生成评价报告,可以进行查询和显示。

（5）调度成果管理。

调度成果管理主要对防洪形势分析成果、方案制订成果、方案仿真成果、方案评价成果、洪水调度综合成果等进行成果查询和成果输出的功能,并具有调度方案管理、调度方案综合查询、调度方案综合输出、洪水调度报告编制和输出等功能。

3. 水库供水优化调度

1）系统概述

水库供水优化调度系统是为水库工程沿线水资源整体调度提供辅助决策的工具，能够辅助调度人员随时掌握水利枢纽沿线的工情、水情等各方面的数据，及时判断供水任务是否能够完成，是否需要协调调整；根据供水计划提供一个至多个满足要求的输水方案，并将输水方案分解为适合管理中心的调度命令，发给管理站执行；根据水库可供水量和下游用水需求、流域的各闸门系统的实际参数，建立数学模型实现系统仿真；将各相关参数和最终优化调度结果之间的关系量化，实现跨流域调水的多目标总体优化调度，实现最佳的综合效益。

2）功能描述

（1）输水调度前期分析。

帮助调度人员及时查询提供供水对象全面和工程情况，将各类情况的轻重缓急和调度需要及时协调，合理安排调度顺序，决定采取相应的输水调度方案，保证调度目标的顺利实现。

（2）输水调度方案拟定。

在确认当前条件可以进行输水调度之后，需要为调度人员提供一个全过程的调度方案拟定环境。包括输水调度计划的数据处理、调度模型参数率定和边界设定、模型计算、方案生成、模拟、优化、审批、分解、下发。

（3）输水调度方案实施。

管理站调度员接收调度指令后，再在整体调度方案范围内进行局部的优化调整，通过管理中心领导审批后，下发调度通知。同时，对各管理站的输水调度过程进行监控，了解供水进度，掌握供水情况，以便迅速响应，及时对供水计划做出调整。

2.6.4.3 城市活水及排涝调度

1. 城市防洪排涝调度

防洪排涝调度支持模块主要通过接入区域降雨预报和实时水文监测数据，结合下垫面等资料，在数据库及模型的支持下，进行区域产汇流计算、河网水动力计算、二维内涝积水要素计算、损失评估计算等，分析不同调度方案的防洪排涝效果、编制河湖水位预降方案，及时做出城区河道水位预报预警等，调度方案编制应综合考虑城区不同片区水位控制要求、实时水位、实时降雨和预报降雨等组合关系，通过不同方案计算结果比对分析，推荐最优方案和备选方案，为防洪排涝调度提供决策支持。

防洪排涝调度模块可对区域内的降雨产汇流和河网水流进行模拟，提供多种计算方法；能够基于水面、水田、旱地和建设用地四种下垫面产流模型和基于DEM、排水管网的汇流模型，包括模型参数率定工具；具有模型计算参数识别和优化功能，能够依据实际监测资料对模拟参数进行优化，实现数据同化；可对河流、河网中的闸、坝、桥梁等涉水构筑物进行合理的概化处理，保证计算精度；能够对平原河网区的圩区防洪排涝调度进行模拟计算，包含长期稳定运行的河网水流模拟计算模块；可基于GIS技术建立集成工作环境，进行河网拓扑结构、河道断面地形、河道水文数据、闸站及调度数据、计算参数输入等前期数据处理输入及后期模拟结果的显示；可设置任意泵站的启停时间、闸站闸门的开启度及时间等编制调度预案,通过河道水位超限情况、河段水位差、流量差和蓄水量等指标对调度预案进行综合比对分析。

2."水质-水量"联合调度

水质-水量联合调度系统在综合分析区域流域特点和水功能区特点、水量供给要求的基础上,根据水文、水动力学等原理及计算机与信息化技术的发展要求,开发集成降雨径流模型、水污染物扩散模型、环境容量模型、污染物总量计算模型,并结合闸门智能控制技术,形成水质水量联合调度实时调度方案和应急调度方案,为满足功能区水资源管理需求等提供完善的技术支持。主要功能包括以下几方面。

1)水质分析评价

水质分析评价主要是实现对采集的水质数据进行审核、评价和统计分析等业务工作。提供水质评价界面,在交互界面用户通过评价方法、评价标准、评价指标的选择,形成评价方案,常用的评价方案可以预设并固定。评价结果以图表方式进行展示,提供"水质专题图"模块,在水质评价结果基础上,可生成水质监测应用系统所需各类水质专题图,多层次、多方位、直观地显示水质评价的相关信息,专题图样式可定制。水质专题图包括水质变化曲线图、河流水质分析饼图、水质比较柱状图、合格率柱状图等相关水质图表等。

此功能需至少获得一个水质监测站点的实时监测数据。

通过获取的实时水质数据,评价断面水质类别,识别超标因子,为通量计算提供支撑数据。

2)通量计算

根据监测断面的水量水质数据,调用污染物通量计算模块,计算河段的任一时段污染物通量。

3)调水量计算

根据污染物通量,结合污染物扩散模型以及一维水动力学模型,计算出水质达标所需的调水量。

4)调度方案

根据计算出的水质达标所需调水量,生成调度计划。

2.6.4.4　泵站运行调度

1.泵站的联合控制

泵站联合控制功能是在泵站自动化建设已经完善的基础上实施的。要求泵站参与流程控制的机电设备均能在中控室及调度中心远程控制;要求机组能够实现流程化开停机,即控制室能在远方成功一键启停机组。其主要功能如下。

1)泵站定时自动启泵/停泵

对于机组,可单独或批量设定开机/停机时间,时间到达后,自动下发控制指令,该指令最终到达 LCU(现地控制单元),LCU 执行流程化开机命令。定时开机指令能否执行成功的关键在于机组的流程化开机是否可靠。

2)下级泵站根据上级泵站工况自动加机组或减机组

下级泵站根据上级泵站工况自动加机组或减机组,即当下级泵站满足启泵/停泵条件时,调度中心自动下发开机、停机控制指令,该指令最终到达 LCU(现地控制单元),LCU

执行流程化开机命令。自动启泵/停泵指令能否执行成功的关键在于机组的流程化开机/停机是否可靠。

下级泵站的启泵/停泵,考虑的因素包括:前池水位、机组的排序、机组的热备、机组是否参与运行、上级泵站的运行工况等。在调度中心界面可设定前池阈值水位、机组排序、热备机组编号、机组是否参与运行等。

3)机组启动失败后自动启动热备机组

对站内某个机组,当其启动失败后,调度中心根据设定的备用机组编号自动下发其备用机组的开机控制指令,该指令最终到达 LCU(现地控制单元),LCU 执行流程化开机命令。备用机组的开机控制指令能否执行成功的关键在于机组的流程化开机是否可靠。

热备机组支持自定义,在调度中心界面可设定某个机组的热备机组编号。

4)泵站内机组的排序启动

对站内每个机组,可设定其启动的排序序号,当该泵站满足启泵条件时,按照排序序号,自动下发排序靠前机组的开机控制指令,该指令最终到达 LCU(现地控制单元),LCU 执行流程化开机命令。排序启动机组的开机控制指令能否执行成功的关键在于机组的流程化开机是否可靠。

机组排序启动支持自定义,在调度中心界面可设定每个机组的排序启动编号。

5)开机指令的自动选择

变频机组承担充水功能,其开机指令包含两种类型,初充水开机和正常开机,在生成调度指令时,可根据两种开机模式的条件不同,自动选择正确的开机命令。

6)泵站前池的恒水位控制

当变频机组的恒水位控制功能投入后,PLC 自动对比前池实测水位与设计水位的偏差,当偏差大于阈值时,进行机组频率的调整,使前池水位维持在设计值附近。恒水位控制分为两种情况,当前池水位偏高时,自动增频;当前池水位偏低时,自动减频。

2. 泵站(梯级)全线流量平衡与优化运行

泵站(梯级)全线流量平衡是调度的目标,就是要在供水沿线各分水口门需求流量变化情况下实时计算出泵站流量及对应的开机组合方案。

1)全线流量平衡

全线流量平衡体现站级流量匹配,系统水量平衡控制策略。根据水量调配系统的调度模型计算,通过各分水口需水量、调度计划等生成全线调度控制指令,调度指令通过反向隔离送回控制区自动化软件,调度中心自动化软件则根据接收到的各站调度指令及流量平衡条件,按顺序自动启停水泵、闸门。

梯级泵站智能调度模型的建模、修正、调试、测试、分析,一阶段建立初级配置调度计划模型;二阶段将根据历史数据和采集到的数据配置调度模型、自动设定、自动生成调度计划。

(1)梯级泵站调度模型。

模型的总体功能包括:根据短期调度计划,结合泵组特性曲线,寻求串联泵站输水系统的开机方案,包括不同时刻各泵站流量、级间水位的衔接。

模型输入为:短期调度计划;泵站、渠道运行约束条件。

模型输出为:泵站间调度计划。

(2)单泵站经济运行。

单泵站经济运行时泵站内各机组之间的辅助决策功能。泵站内机组之间相互协调,通过泵机组变角调节,模型以泵机组运行能耗最小为目标函数,水泵叶片角度、开机台数为决策变量,规定时间内的提水扬程为约束条件,采用最优算法对模型进行求解,并将结果输出给操作员提供调度决策。

模型输入为:泵站调度计划。

模型输出为:机组调度计划。

2)优化运行

优化运行应能通过对全线及站内机组状态、机组效率等因素进行综合分析计算,按全站能源单耗最少、电费最少等原则根据调度给定总流量值确定在当前水位下最佳的机组开停机台数、机组编号及开停机顺序。优化经济运行程序应对每台参与联合运行的机组发出开停机的指令,进行闭环自动调节,也可以只在界面上显示出操作建议作开环运行指导,提示运行人员手动发出开停机指令。优化运行实现的具体细节如下:

(1)根据闸门及其启闭设备的在线监测数据(包含与该设备供电、控制相关的电气设备的状态),自动对其适用性进行评分。评分高者,系统会建议运行人员优先安排其运行;评分低者,说明其适用性较其他闸门低,不推荐优先使用该设备。

(2)根据水泵、电动机、齿轮箱等设备的在线监测数据,以及与该设备供电相关的电气设备的状态(如主变、进出线开关柜、励磁等)和技术供水系统的状态,对水泵机组的适用性进行评分。优先推荐分值高者投入运行。

(3)当水泵投入运行后,系统会依据实时监测数据,并结合历史数据规律,自动判断是否需要对其进行调节。若水泵进入振动区域或者汽蚀区域,系统会经过计算给出其建议的叶片调节的角度。

(4)当水泵或者闸门在运行过程中出现异常时,系统会根据数据异常的程度,自动判断其是否需要退出运行,或者继续运行。若需要退出运行,则系统还将根据其他未运行的机组的状态,推荐替代其投入运行的新机组。

(5)系统在对机组或闸门设备进行健康评价的同时,自动对其运行的均衡性进行分析。对健康程度接近的机组,在决定运行的优先顺序的时候,还会考虑其设备使用时长的均衡性,避免出现不同机组利用小时数出现较大的差异。数据的程度,自动判断其是否需要退出运行,或者继续运行。若需要退出运行,则系统还将根据其他未运行的机组的状态,推荐替代其投入运行的新机组。

(6)系统在对机组或闸门设备进行健康评价的同时,自动对其运行的均衡性进行分析。对健康程度接近的机组,在决定运行的优先顺序的时候,还会考虑其设备使用时长的均衡性,避免出现不同机组利用小时数出现较大的差异。

3.泵站性能分析计算

水泵性能分析和计算,可在线计算泵站、机组的效率、损耗及性能参数等,系统能成组显示各种性能计算的结果数值、目标值、测量的输入数值、计算中间值和相关参数。性能分析计算的内容包括但不限于:

（1）全站开机台数计算。

（2）单机及全站当班、当日、当月、当年的运行台时数累计。

（3）单机及全站抽水流量计算，对于未安装机组测流装置的工程，根据泵站上下游水位、机组叶片角度，通过查询水泵机组性能曲线的方式实时计算各机组抽水流量，全站抽水流量为各机组抽水流量之和。

（4）单机抽水效率及全站效率计算。

（5）单机及全站当班、当日、当月、当年的抽水量累计。

（6）单机及全站的日、月、年用电量（有功、无功）累计，对于无电度测量装置的工程，耗电量通过累计单位时间内有功功率的方法计算得到。

通过对以上数据进行监测和分析，为运行方案的改进提供数据依据，有效改善泵站的能源利用率，充分降低泵站运营成本，提高经济效益。

2.6.5　智能管理

2.6.5.1　典型业务场景规划

1. 以两票三制为主线的运行调度

运行调度是水利枢纽工程中泵、闸站管理的中心环节，严格控制运行的人员操作和指令执行，科学、系统地强化泵、闸站管理的过程控制，是确保工程安全运用，发挥防洪排涝及调水引流综合效益的关键之处。为了能够完成这一职能，运行调度系统对外接收上级单位的调度指令，依据各工程的控制运用标准和原则，合理安排泵、闸站机组的开机台数、顺序及其运行工况的条件，对内通过实时数据的监视、调令下达、两票管理、交接班管理、日常巡查，使运行人员和设备都有很好的生产安排，并采用定期工作管理、巡回检查、设备缺陷等管理手段，使各水工建筑物和机电设备处于良好的运行状态，实现调度指令和控制操作的紧密衔接。

2. 以设备维护为主线的资产管理

设施设备管理系统以设备为核心，以设备编码为线索，对泵、闸站、变电所各类设施设备的缺陷管理、仓储管理、备品备件管理、检修管理等设备维护活动进行从项目立项、实施到验收全过程的管理，以建立一份详尽的设备"健康手册"。

当设备出现异常时，通过设备运维知识库指导方案，再结合设备日常维修和缺陷记录进行趋势分析，就有了进行新一轮检修项目安排的依据，即可根据异常严重程度派发维养工单或者编制维养项目计划，保证各站所设备安全稳定运行。

3. 以进度管控和全面预算为核心的项目管理

依托移动互联网技术、电子签名、电子签章等手段，实现对项目计划、项目申报与批复、项目下达、实施方案、实施准备、项目实施和验收准备等全过程的信息化管理，以项目管理为核心，以控制项目进度为目的，并合理控制项目预算、控制物资的库存，对项目进行全方位的管理，并形成项目管理卡。

满足项目的管理者在有限的资源约束下，运用系统的观点、方法和理论，对项目涉及的全部工作进行有效的管理。采用动态控制原理，从项目的投资决策开始到项目结束的全过程进行计划、组织、指挥、协调、控制和评价，以实现项目的目标，缩短业务审批周期，提高协作效率,管控项目进度,提高项目实施的经济性。

2.6.5.2　设备全周期管理

设备设施管理系统以水利枢纽各水工及机电设备、设施、工器具等资产为管理对象,以唯一编码作为设备设施识别线索,以设备维养为主线,围绕设备台账,对各类设备资产的仓储管理、日常检修、缺陷维护、技改管理、备品备件管理等活动进行全过程管理,确保设备资产正常发挥作用,保证各水利工程安全、稳定、高效运行。

1.设备编码

设备编码系统的建立可以更好地对水工及机电设备对象进行统一的标识和管理,通过制定合理的、科学的和规范的设备编码,可以方便各种信息的传递与共享。

通过借鉴水电厂工程中普遍使用的 KKS 编码机制,为常见水利工程(闸泵站、水库、引供水工程等)中各类设备资产进行系统自动编码,以实现支持设备的树形结构管理。编码规则更为灵活,可适应于不同管理单位的编码规则和管理需求。通过设备编码能与管理责任人进行挂钩,系统中进行对照查询。

2.设备建档

以设备唯一编码为线索,建立设备的档案信息,实现对设备基础信息的管理与维护,并生成唯一的设备二维码,便于设备信息的扫码查询。设备设施编码是管理的唯一身份代码,设备设施全生命周期管理信息都通过编码或对应的二维码进行录入与查询。

设备类别主要有电气、机械、辅助、金结、自动化、安全等 6 类。设备档案信息包含基础信息、技术参数、商家信息、生命周期信息、附件资料等。基础信息包含设备名称、编码、型号、位置、分组、责任人等内容。生命周期信息包含采购日期、投入运行日期、质保日期、各重要试验检修节点日期等,系统可对重点日期节点进行推送提醒,便于设备管理人员及时关注设备状态,提前安排相关设备维保、检修、报废等工作。

3.设备评级

设备管理评级工作按评级单元、单项设备、单位工程三项逐级评定。设备管理员可通过该功能对设备、工程进行评级,系统提供评级记录对照查看、完好率计算等功能,并保存历次评级记录,供设备管理员关注设备状态,及时对设备进行维保或报废,为设备的维修养护提供数据支撑。

4.设备状况

设备状况揭示图是各重点水工、机电设备的一本"健康手册",揭示出设备的基础信息、运行信息以及生命状态,并以各类检修、维护、运行数据为设备综合报警指标依据,为管理人员及时提供预警工作提示。设备状况涉及数据流如图 2-44 所示。

设备状况揭示图的实现手段是建立设备台账,主要记录和提供各种必要的设备信息,反映设备的基本情况以及变化的历史记录,提供管理设备和维护设备的必要信息,如设备基本信息、设备重要参数、备品备件定额等,便于进行设备的运行信息、检修信息、变更信息等方面的综合分析,也为日常设备的管理和检修提供相应的依据。

(1)设备运行数据展示。从生产控制区监控系统中获取设备关键运行参数进行展示。

(2)设备隐患问题展示。针对设备在日常巡查、专项检查环境上报的隐患,做隐患问

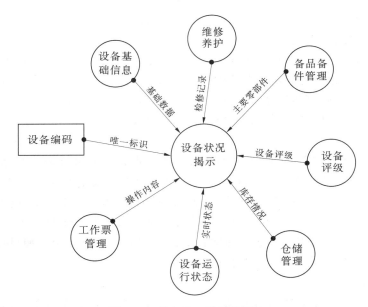

图 2-44　设备状况涉及数据流

题汇总,将隐患与设备关联,可以一目了然地看到设备隐患状况。

(3)设备维养记录。链接设备维养记录,跟踪统计该设备的历史维养情况。

(4)设备评级记录。设备管理员可通过该功能对设备进行评级,系统提供评级记录对照查看,并保存历次评级记录,供设备管理员关注设备状态,及时对设备进行维保或报废,为设备的维修养护提供数据支撑。

5.缺陷管理

缺陷管理是对工程发现的缺陷按流程进行规范处置,形成全过程台账资料;积累缺陷管理资料和信息,统计分析缺陷产生原因,有利于采取预防和控制对策。针对日常巡视检查、上报的关于设施、设备的缺陷隐患实现闭式循环管理,不仅仅是对缺陷数据的抽取、分类、归纳和统计,而且与检修工单、工作票管理等模块联合使用,自动派发处理任务,记录缺陷消除过程。具体包括:

(1)设备缺陷和事故管理。设备缺陷报告、跟踪、统计、安排处理与设备紧急事故处理。

(2)自动对不同分类的缺陷进行消缺计时管理,建立红黄牌管理模式。

(3)分权限管理所属范围内的设备缺陷。

(4)将处理过程存入设备运维知识库,积累缺陷处理经验库。

(5)记录设备发生的缺陷历史进行综合查询统计。

6.备品备件管理

备品备件管理与设备台账及物资管理关联,可以随时调用在设备台账和物资仓库中针对某具体备品备件的所有信息,并做到相应的分析判断。

制定备品备件合理的安全库存,并将设备管理和物资管理进行有效的集成,数据共享。

　　为设备管理提供必要的备品备件库存信息,将备品备件和材料的申请、采购、领用进行规范的流程化管理。

　　7.工器具仓储管理

　　以工器具、特种设备、消防设施等为管理对象,构建仓储管理系统,实现该类物资的入库、领用、出库、调拨、归还、盘点、报废等各类业务的全流程管理。对物料进行多种设置,如安全库存、库存高限、库存低限、保存期等;提供预警机制,如出现库存超限等情况,则立即自动报警。通过对物资的状态和使用实现动态化、规范化、便捷化的管理,提高物资利用率,提升仓储管理的智能化水平。

2.6.5.3　耦合式调度运行

　　调度运行管理系统以运行监视信息为数据支撑,对外接收上级调度通知,安排好调度计划,对内通过两票管理、值长日志管理、交接班管理,使运行人员和设备都有很好的生产安排。以值班交班情况为控制操作流转的耦合中心,将日常分散进行的调度与运管业务整合归一,形成统一规范的流程化、精细化管理平台,从而明确工程调度运用工作流程,规范管理行为,严格执行过程运行的各项调度指令,确保工程安全运用,发挥防洪排涝及调水引流综合效益。

　　1.调度管理

　　调度管理是水利工程管理的重要工作。通过该功能实现调度指令下发、执行,能够记录、跟踪调度指令的流转和执行过程,并能够与集中监控系统的调令执行操作进行联通与数据共享,从而明确工程调度运用工作流程,规范管理行为,严格执行过程运行的各项调度指令,确保工程安全运用,发挥防洪排涝及调水引流综合效益。调度管理流程如图 2-45 所示。

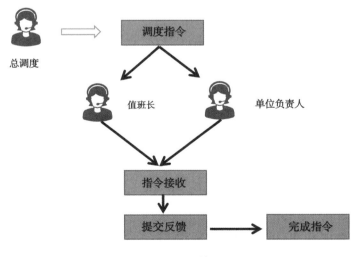

图 2-45　调度管理流程

　　1)调令下达

　　调度人员收到上级调度指令通知后,通过该功能严格执行上级管理单位的工程控制运用调度指令,依据各工程的控制运用标准和原则,合理安排闸站、泵站机组的开启数量、顺序及其运行工况的条件,将调令下达至各基层站所。

2)调令执行

各基层单位应可通过 Web 端、移动 APP 端接受调令任务提醒,依据调令内容完成相应操作后,可通过 Web 端、移动 APP 端予以执行反馈,反馈情况应及时推送给上级管理部门和领导。

3)调令流程跟踪

上级管理部门及领导、各基层单位可通过该功能跟踪查看调度指令的流转、执行过程。调令流程包括调令的下达、执行以及在集中监控系统中的操作流转,以做到科学调度,全程追溯。

2. 智能两票

水利工程调度运行管理的重点工作就是"两票三制"的落地实施,构建智能两票系统,规范、固化两票操作流程,将操作执行过程与值班用户信息耦合,在系统层面控制按值操作,操作步骤自动流转到人,同时将操作过程与集控系统联动,以真实监视数据作为操作凭证和数据支撑,科学、系统地强化水利工程管理的过程控制,逐步实现规范精细、先进科学的泵站控制运用与管理模式。

1)操作票管理

操作票是泵站在运行管理中进行电气操作的书面依据,通过对操作票管理功能的建设,将调度管理应用与操作票管理结合,将调度指令转换为可流转的操作票,实现泵站运行管理中开票—审核—执行—抽查的全过程管理。

(1)预制样票:用于维护一些常规的操作项目,针对不同票种,提前预编制典型操作票,以便在生成操作票时直接引用典型操作票,无须开票员重复编辑,简化操作,提高效率。

(2)设备状态冲突检测:将操作票开具、执行与设备状态联动,获取设备最新状况,防止误操作,确保安全措施准确到位。

(3)手机端一键执行:操作人、监护人无须填写纸质版操作票,可在移动端签收操作票,执行完毕手机确认即可将操作状态反馈至调度中心,有效规范了操作人员、监护人员的操作。

2)工作票管理

工作票在使用时可实现自动开票和自动流转。在开票时,根据情况允许用户对工作票进行执行、作废、打印等操作,并自动对已执行和作废的工作票进行存根,便于统计分析;为运行操作的正确性,保障人身及设备安全,防止事故发生提供有效帮助。

将工作票的开具与设备管理相关联,实现设备消缺、开票以及工作票合格率的统计分析,通过工作票管理系统及设备管理系统与自动化信息化系统的高度交互,提高设备运行管护以及查漏消缺的工作效率。

3)两票联动

将智能两票系统与视频监视系统联动,针对涉及具体部位或设备的操作步骤,可将步骤与设备关联,实际操作时,摄像头可根据预设步骤聚焦至相应设备,管理人员可通过视频图像查看实际人员操作,确保操作安全、规范。

3. 无纸化值班

值班管理功能主要服务于各管理单位。值班排班功能以自动化的模式管理班组,自动对班组进行排班,保障值班事务的规范化和标准化,为水利工程稳定运行提供基本保障。

通过该功能实现线上交班,使整个交接班过程可做到线上执行、跟踪与管控。同时,值班系统可与报表系统、告警系统、巡检系统、两票系统进行信息共享,抽取特征统计数据,使值班日志突出重点、可交接。

2.6.5.4 闭环式日常运检

为保证各水利工程的水工建筑物、设施设备稳定运行,需建设日常运检子系统,用于对设施设备进行巡视检查,对工程安全进行日常观测,对设备进行检修养护,通过信息化、智能化的手段规范维养工作,管控日常检查,闭环式跟踪处理隐患异常,保证各类生产、调度业务正常推进。

1. 工程检查

工程检查按照重要性、不同时期及不同工况分别确定相应的周期和内容,强调重点部位、汛期、运行期的工程检查,包含日常检查、专项检查、定期检查、点检、试验检测等不同应用场景,实现各种巡查维护工作的自动识别、定位和跟踪,以及全过程信息服务,按照日常、定期、专项、点检等多种方式对各个工程进行巡检维护,包括巡查内容记录、维护处理过程信息记录、现场突发事件信息上报等。

2. 维修养护

设施设备检修的规范化、标准化管理,使得检修的预算更科学、更合理,减少了材料和人工的浪费,缩短了检修时间,降低了检修成本,节省了检修费用;以工单为线索,实现了设备缺陷闭环化管理,通过事务机制和工作流机制,提高了消缺的效率,并且提供多种统计分析手段,满足不同管理层次的人员的需要。对设备检修进行过程管理,记录设备检修情况,并集成到设备台账中去。

3. 工单管理

工单管理运用信息和通信技术手段感测、分析、整合水利应用大平台内运行核心系统的各项关键信息,通过该模块下达维修养护、故障运维等任务,相应运维人员可通过 Web 端及 APP 端签收工单任务,并依据任务要求执行设备维养、故障运维等,维养过程中可填写维养记录、维养内容及维养后的成果。对各项任务派发和工单管理服务进行统一展示与监控,为领导及工作人员提供统一的功能管理维护、统一的数据集市以及统一的指标管理,从而使领导能直观地掌握全局任务派发工作情况,为其决策提供有效的数据支持。

4. 电气试验

试验检测内容主要包括年度预防性试验、日常绝缘检测、防雷检测、特种设备检测等,可查看该工程本年度所有试验检测的统计情况表,并对历年数据进行统计分析。针对设备电气试验,实现检测结果在线编辑、试验报告自动汇总、电子签章自动生成,并对历年设备检测数据实现智能对比分析,分析查看设备的状态趋势,对设备异常检测数据进行异常预警。

5. 工程观测

工程观测主要包括观测任务、可视化展示和观测资料等三个功能项。闸站工程日常管理中涉及的工程观测内容主要有垂直位移、河床断面监测、扬压力测量、伸缩缝测量以及专项观测。具体功能如下：

1）观测任务

支持观测任务的编辑、上报、审批及流程自定义。Web 端和 APP 端均可收到观测任务提醒。

2）可视化展示

系统能够显示建筑物及监测系统的总貌、各监测项目概貌等系统相关文档与资料，系统可以显示监测布置图、监测数据过程线图、监测数据分布图、监控图等图形信息，同时可以通过选择时段输出表格、报表，利用表格和过程线的方式查看监测数据、在数据超界后弹出报警状态显示窗口等。

3）观测资料

支持观测资料编辑录入、上报、流程处理和汇总查询。

2.6.5.5 项目全过程管理

项目管理功能涉及了项目下达、实施方案、实施准备、项目实施、验收准备、项目验收等全流程管理，能够对每年的所有工程、项目（包括设备和水工建筑物的维修、养护项目）进行管理，以项目管理为核心，以控制项目进度为目的，并合理控制项目预算、控制物资的库存，对项目进行全方位的管理，并自动输出项目管理卡，形成档案。项目全过程管理涉及的主要为水利工程的维修、养护类项目。

对该六大环节管理过程涉及的计划申报、批复实施、项目采购、合同管理、施工管理、方案变更、中间验收、决算审核、档案专项验收、竣工验收、档案管理等方面，项目负责人、技术人员、管理部门负责人在系统上进行项目实施过程信息的填报、审核，并记录流转。各环节的各流程节点均可形成任务推送，管理流程支持自定义并可跟踪查看。

2.6.5.6 安全全方位管理

安全管理遵循安全生产法规，结合安全生产标准化建设的要求，形成全过程管理台账，对问题隐患进行统计查询、警示提醒，主要包括目标职责、现场管理、安全风险管控、隐患排查治理、应急管理、事故管理、持续改进等 7 个功能项。

1. 目标职责

（1）目标。通过该功能制定安全生产总目标和年度目标，目标内容应包括生产安全事故控制、生产安全事故隐患排查治理、职业健康、安全生产管理等目标。根据各部门和所属单位在安全生产中的职能，分解安全生产总目标和年度目标并编制安全生产责任书分发流转至各基层单位。

（2）机构职责。按年度展示处级、基层各单位动态生成管理单位等组织机构架构图，通过组织机构架构图查看具体管理单位的安全组织架构图及各级安全职责。

（3）安全生产投入。提供安全生产费用计划编制功能，支持附件上传。生产费用计划可按年度显示与查询。建立安全生产费用使用台账，定期可编辑、更新费用使用明细，支持附件上传与明细查询。年度进行安全生产费用的落实情况总结编制。

（4）安全文化建设。提供安全文化建设计划编制功能，包括安全文化建设规划、安全文化年度计划等。实现计划的编制、上报、审批等流程管理。

2. 安全风险管控

1）安全风险管理

（1）风险辨识评估。建立危险源辨识档案库，记录单位、安全风险范围、风险源、风险等级、辨识时间，上传评估记录和控制措施。

（2）风险评价分析。建立风险评价一览表，内容包括单位、风险源、风险等级、辨识时间，上传评估记录和控制措施。关联风险源编制风险公告，并推送至系统内相应用户以供查阅。

2）重大危险源辨识管理

建立危险源间隙信息，包括工程单位、评估机构、评估时间。

3）预测预警

针对自然灾害，编制预测预警记录，信息包括灾害名称、灾害等级、灾害内容和防护措施。编制后的记录需提交领导审批，审批通过后的预警情况可在系统内发布。用户可在Web端、APP端以及短信收到预警通知。

3. 隐患排查治理

针对巡查隐患及日常发现隐患，编制整治措施，推送至相应整改部门或基层单位，整个排查治理流程可跟踪查看处理流程，相应处理节点均可收到任务推送。

隐患治理完毕后，各基层需定期上传隐患统计表和隐患治理分析表。

4. 应急管理

1）应急预案管理

建立预案库，调用事件信息和预测预警分析结果，确定应急预案要素（如事件接报信息、周围环境信息、处置流程、组织机构、处置措施、应急保障、善后恢复等），根据确定的应急预案要素，自动或人机交互的方式生成各项要素内容，组成应急预案，工作人员可以人为调整预案内容，并将预案流程化、结构化、知识关联化。

2）应急物资管理

建立应急物资库，录入应急物资名称、存放位置、库存数量和保管人，为预案编制提供数据支撑。应急预案执行过程中，可及时获知物资库存情况，方便应急指挥调度。

3）应急事件响应

根据应急调度指挥指令，对应急响应进度、方案执行状况、应急处置效果进行监督管理；能够实现对应急事件的分析会商、决策指挥、应急处置、财力投入、取得效益、经验教训、先进人物等进行全面总结、记录与管理。

4）应急演练

编制应急演练计划，应急演练分为桌面演练和实战计划。定期更新演练执行情况，并对演练计划和实际演练次数进行统计分析，展示演练完成情况，可作为考核指标依据。

5. 事故管理

安全管理实现各种事故进行统一管理，负责拟定安全技术措施、安全事故应对措施，统计查看安全台账，实现对全局的安全工作行为和实施进行监督检查。

在事故发生后完成从事故资料的收集和记录到事故原因的描述、分析以及对整改措施落实的检查、监督的全过程管理,以此来完成对事故的分析和管理。

2.6.5.7　协同化综合办公

综合办公是一个以工作流引擎和文档服务为核心的协同工作平台,集成了任务中心、公文管理、人员岗位管理、绩效考核、教育培训、档案管理、工程大事记等功能。业务应用基于平台支持,实现流程协同、人员协同、知识协同、应用协同。

1. 任务管理

实现对水利工程管理单位各部门的工作任务编制、下达、办理、流程跟踪等功能,并且有工作标准提示功能。相关数据链接到考核管理和设备管理中。智能管理系统中涉及的工作任务主要包括工程调度、日常巡视与检查、设备维修养护、水政执法等业务。以上工作任务中涉及的工作流程应当支持系统用户进行自定义配置。为单位(部门)提供任务清单编辑、审批、查看与链接功能;提供任务编辑、下达、流程处理和办结反馈等功能;任务统计分析,对人员所承担的工作量进行汇总统计,并可以为考核管理提供数据支撑。

2. 通知发文

为部门(单位)规范管理提供服务平台。功能要求如下:

(1)依据发文权限,具有相应权限的通知发文管理员通过该功能可编辑通知公告及正式发文,正式发文中需嵌入电子签名,形成的文件支持下载、打印及导出。

(2)通知发文流程支持自定义,编辑好的流程可在电脑端、App端流转。流程流转过程可跟踪查看。

(3)相关文件的流程可通过短信、手机App进行推送提醒。

(4)通知发文情况支持统计汇总及查询。

3. 岗位管理

实现部门(单位)的人员岗位设置与岗位说明提供编制与查看功能。通过该功能可为系统内用户定义职责岗位。以岗位为统计单元,可对在岗人员的基础信息、工作履历、工作业绩等信息进行汇总查看,形成一份人员汇总台账。

4. 考核管理

为部门(单位)考核提供管理。相关人员考核数据来源综合管理、控制应用、检查评级、设施管理、安全管理、功能管理等。本功能的考核对象分为职工和基层单位两大类。考核管理功能可分为考核指标定义、考核打分及考核统计与发布。

5. 制度管理

制度管理主要包括规范规程、管理制度、法律法规、管理细则、指导手册等功能模块。

1)规范规程

提供各个信息的分类添加、修改、删除的操作界面;提供查询界面,方便各种管理人员分类查询各种制度和规程。

2)管理制度

提供各个信息的分类添加、修改、删除的操作界面;提供查询界面,方便各种管理人员分类查询各种制度和规程。

3）管理标准

提供各个信息的分类添加、修改、删除的操作界面;提供查询界面,方便各种管理人员分类查询各种制度和规程。

4）法律法规识别

归口管理部门识别、获取适用的安全生产法律法规和其他要求,并建立法律法规文本数据库,定期公布适用清单并推送消息至各基层单位和职能部门。

各基层单位和职能部门可接受法规识别消息提醒,下载认领相应法规并将法律法规群发至基层员工,下载认领状态可反馈至归口管理部门。归口管理部门可及时跟踪法律法规识别认领情况。认领情况可作为基层单位考核指标提供数据支撑。

基层员工可收到法律法规通知,并依据权限登录查看、下载相应法律法规。

5）管理细则

提供各个信息的分类添加、修改、删除的操作界面;提供查询界面,方便各种管理人员分类查询各种制度和规程。

6）指导手册

提供各个信息的分类添加、修改、删除的操作界面;提供查询界面,方便各种管理人员分类查询各种制度和规程。

6. 教育培训

按照水利工程标准化管理的要求,对各类培训操作进行统一管理。教育培训主要包括管理人员、新职工、特种作业人员、在岗作业人员、相关外来人员。管理员可通过本功能制订培训计划,可定时群发给相关人员,相关人员可在 Web 端和 APP 端接收培训通知。

培训管理台账支持查询、汇总统计。建立培训记录清单,培训结束后可录入培训评价信息、培训总结等。培训管理台账支持查询,定期对培训情况汇总,包括培训次数和培训参加人次等。

针对参加完培训的安全作业培训的特种人员,建立特种人员作业档案库,定期对档案库进行更新。

2.6.6 智能运维

2.6.6.1 智能运维管理

智能运维管理应用以水利工程为对象,针对各类 IT 设施设备、现地测控资源,实现设备信息的采集监视、故障告警、异常联动处理、专家运维指导、系统状态评估及设备资产管控等多种应用,保证众多基础 IT 设施、现地测控设备和业务应用系统安全、可靠、稳定地运行和发挥最大性能,提升运维人员工作效率。

1. 可视化动态拓扑图

可视化动态拓扑图以全局管理视角出发,自动生成物理拓扑图、示意拓扑图、业务拓扑图、机柜拓扑图,可自定义轻松构造绚丽的展现,实时直观展现 IT 运维管理环境中各种资源的当前分布与设备运行情况。

支持自定义灵活部署物理、示意、业务及机柜拓扑图等,以可视化动态展现网络设备资源的地理位置分布、结构分布、链路关系、性能指标和运行状态等,并能通过颜色策略、动态流量、告警提示变化来表示每个资源的异常等级,做到故障快速定位,帮助 IT 运维人员快速掌握全局网络设备的运行状态,强化运维人员的管理水平。

2. 集中监视中心

1) 全覆盖监视

智能运维监视对象中包含网络、主机、存储、通信设备、数据库、中间件等 IT 设施,也包含水利工程各类现地监视监控设备。全覆盖监视对以上监视对象按类别、指标实现精准监视,包含基础信息、特征参数指标、运行状态、可用状态、日志信息等内容,并生成监视台账。除按对象类别分析监视外,设置整体监控功能,将从总体上查看各种资源的可用、不可用、健康及亚健康的数量等情况,实现化繁为简,一揽子监视。

2) 策略化故障告警

依据不同监视对象,可个性化自定义配置告警监视策略,有针对性地全面采集告警信息,按多种维度以图表等形式展现告警信息。在故障统计一览中,可直观地看到不同告警级别的告警数量统计、告警数量排名统计、不同类型设备告警数量统计。

同时,支持屏幕告警、短信告警、移动 APP 告警、微信告警、语音提示告警等多种全方位告警方式,第一时间通知运维人员故障的原因、故障所在的位置,将管理人员从网管机面前解放出来,真正实现无人值守的运维管理。

3) 大屏可视化

以全网运维数据为基础,利用数据服务,对面向各类综合主题的数据进行统一集中展示,并采用多种可视化方式,直观、全面展示全系统 IT 资源和现地设备的各类信息,通过数据分析精简于形,将复杂的 IT 网络运维管理简洁化。

大屏幕数据实时采集,通过图形化编辑界面,灵活配置各类炫酷的动态图形展示,运维管理人员可以及时了解信息化系统的资源使用情况、趋势和告警,满足不同用户业务管理、网络运维管理资源、网络运维管理结构等各场景的展示需求。

3. 运维处理中心

1) 智能巡检

对于被管对象,智能巡检基于日常工作流程管理系统,从用户实际巡检情况出发,实现无人值守的定期巡检。可以支持按不同巡检内容和设备制定周期性的定点智能巡检,以模板规范标准值为依据,根据预设的要求自动进行数据采集并生成巡检报告,进行自主学习和分析判断,进行定期巡检,并支持对系统监控巡查的整体进行评价和备注说明。

2) 一键式报告

为满足运维值班人员简化日常值班填报工作量的需求,建设一键式报告功能,系统自动获取监视设备数据并键入,定期生成报告并主动发送给值班人员,值班人员审核无误后即可进行运维交接班,简化了值班程序,减轻了值班人员的工作量,提高了填报数据的准确性。

3) 告警处理

针对设备告警信息和巡检上报设备隐患,系统为运维人员提供告警处理等功能,依据专家系统中的故障分析功能,帮助巡查人员快速定位与解决故障。针对隐患级别,对于简单问题,系统可自动推送专家知识库中的解决方案,运维人员可直接采用处理;对于严重隐患,可与工单系统联动,派发工单任务,联系专业人员进行处理。整个异常处理流程可跟踪、可追溯。

4)网管帮手

为帮助运维人员快速解决问题,系统集成常用的网络诊断和分析工具,其中包括 ping、TraceRoute、NetBios、NetSend、IPMAC 定位、链路延时、SNMP 连接测试、TCP 端口扫描、实时表查询、Telnet 等工具,使管理员无须脱离本系统的操作界面,即可对一些常见的网络故障进行诊断和排除,可以更加方便地分析网络运行情况。

4. 智能分析中心

1)智能基线

在日常运维管理中,业务管理的复杂性要远高于设备管理的复杂性。指标的正常与否,不能简单地以固定阈值来比对,要结合真实业务情况的波动来判断,从而更加恰切地评价可用性。智能基线功能将依据 AI 自动学习,采用大数据分析,根据历史经验计算浮动值,建立安全区间。

根据真实业务运行情况,发现网络运行指标的异常波动,运维管理人员根据分析结果主动出击预防故障。以性能动态基线为主,进行分析设备的 CPU、接口流量等真实的动态阈值,从而更加恰切地评价可用性。

2)专家知识库

针对运行管理单位,开发运维指导知识库,通过预置行业用户的运维处置分析经验,将这些经验进行数据化、工具化、图形化后,转化为各个场景的分析工具,辅助运维检测与分析,不但降低了人员流动带来的知识流失风险,而且将经验不断积累与沉淀,用户用得越久,知识方案越多,越保有行业特征。

3)运维分析

(1)性能 TOPN。

对业务系统下的服务器的 CPU、内存、I/O 率、网络等多项重要性能指标的资源耗比进行 TOPN 的对比分析,帮助用户确认所需重点关注的设备和基础架构的性能瓶颈。

(2)容量预测。

通过分析历史数据的周期变化和运行趋势,对物理容量、计算机资源容量、存储容量、网络资源容量,从时间维度、业务系统维度、用户数量维度,预测设备未来的性能(容量)消耗曲线,为整个业务系统的优化、升级、扩容等提供有效的理论依据。

(3)故障分析。

针对设备故障告警、巡查上报隐患进行故障定位,并依据不同告警指标进行故障根因分析,判断故障的影响范围、影响程度,并自动生成受影响设备、系统、业务、功能的清单。

4)健康评估

(1)设备状态评估。

为保证 IT 设备、现地测控设备的正常运行,需要对设备状态进行准确评估,从而选择合适的检修时间,避免因为设备宕机对系统造成影响。系统通过搜集设备历史运行状态数据,采用模糊神经网络法确立评价指标,构建设备状态评估模型,从而实现准确预测设备的运行状态,预测设备可能会出现故障的时刻,提前对设备进行干预检修,最大程度地降低设备出现故障的概率。

（2）系统健康评估。

以设备状态评估为基础，结合链路联通率评估，构建系统健康评估模型，从总体上查看各种资源的可用、不可用、健康及亚健康的数量等情况。

5. 设备深度管控中心

1）设备管理

设备配置功能实现对服务器、网络通信设备、安全设备、现地测控设备、虚拟化、存储、应用、业务等不同对象的后台配置与管理功能。通过模板设置通断指标、性能指标、扩展指标、安全指标、自定义指标、复合指标和配置指标等。也可以直接启动或停止不同类型的指标，可以批量将模板适配到不同设备，以满足不同用户的个性化网络管理需求，支持批量配置多个网络设备管理的监控，大大提高了 IT 运维管理平台用户的工作效率。

通过"模板策略"来设置指标轮询周期、阈值和异常等级、告警方法、异常过滤和告警过滤。对于很多规则相同的设备或资源，直接运用模板即可，方便 IT 运维人员批量操作，实现自动化运维管理。

2）资产管理

资产管理系统存储 IT 设备、现地测控设备的所有配置信息，将众多 IT 设备信息整合，完整记录着从资产购买到报废整个生命周期的全程管理，存储资产相关信息并设置自动提醒业务。支持硬件资产、合同资产、维护供应商等功能，帮助管理者从不同角度了解 IT 资产情况，高效统一管理设施设备资源，最大化发挥设备使用价值。

2.6.6.2 沉浸式仿真培训

针对运维人员工作特点和岗位技能要求，建设运维一体化仿真培训系统，综合采用虚拟现实、三维建模及三维 GIS 技术，开发先进的数字化、可视化的交互式仿真培训平台，主要包括三维仿真巡视、运行实操仿真培训、异常事故仿真培训，各子系统通过交互式、分布式仿真软件支撑平台有机地结合在一起，解决了分布式仿真培训系统的互操作性、分布性、异构性以及时空一致性问题。

1. 水泵零部件建模

利用三维建模技术构建各零部件模型，并进行局部及整体装配，形成用于仿真的设备模型，在零部件建模的基础之上构建三维可视化检修仿真内容（包括机械、电气检修通用常识，水泵等主要部件的工作原理及结构特点、拆卸及装配顺序、检修要点，大件起吊、专用工器具使用维护方法等）。

2. 三维仿真巡视

运用三维建模及三维 GIS 技术，构建流域水流动态模型、水流过闸动态模型、汛线水位报警动态模型等，建立各闸站、泵站、变电所的水工建筑物、机电设备、仪器仪表等三维动态仿真对象，以营造与闸站、泵站、变配电所高度类似的逼真、虚拟环境，可实现对各类水工机电设备、一二次设备的巡视检查。在模拟巡视过程中，可通过导航图功能，按一定顺序查看闸、泵站运行状态、开关量、电气量和非电气量模拟量的数据采集和各类仪器仪表运行参数等。

3. 培训考试库

开发检修知识库、试题数据库功能,形成用于理论考试和实操考试两种模式的考试模块,其中理论考试试卷有多种组合模式,自动或手动出卷,自动判卷,针对多次练习形成的错题,可进行专项练习。实现考生信息及考试试卷存档备案。实操考试模块则可以用运行实操培训模块和异常事故仿真培训模块作为考试工具。仿真测试模块既可用于日常培训,也可用于水泵机电检修有关工种技能鉴定考试。

4. 运行实操仿真培训

针对值班运维人员的开关机(闸)、倒闸、巡视检查等日常操作,建立标准化的实操仿真培训体系,仿真站所被控对象的各种运行工况,并采集运行状态、开关量、电气量和模拟量等数据。

按照泵组检修科目要求,采用虚拟现实技术开发交互式虚拟检修仿真科目(包括水泵本体全分解及全安装、电动机本体全分解及全安装等),对实操模式能自动进行评分。

采用 AR/VR 技术,配合 VR 设备,使受训者可以通过虚拟人化身与环境交互,并利用体感动作捕捉设备对受训者的肢体运动进行捕捉,得到运动轨迹数据来驱动虚拟操作员的动作,模拟虚拟运行操作人员在三维场景中完成日常巡检、开停机操作、应用软件下达控制令等,实现仿真闭环控制与调节,指令执行情况可通过被控对象数学模型的响应和实时数据采集实现反馈,在具备高度沉浸感的虚拟运行环境中,真实地模拟泵站、闸门、变电所运行中的各种操作,增强受训人员的直观感受,提升培训效果。

5. 异常事故仿真培训

1)异常仿真

现场运行、检修、试验中经常会发现设备缺陷,根据设备缺陷的严重程度的不同和缺陷位置,需要采取不同的处理方式。因此,对于现场人员来说,及时发现缺陷,对缺陷进行准确定性并采取合适的处理方式,是一项重要的工作技能。

为精准培训运维人员,提高其发现和处理缺陷的能力,因此构建异常仿真系统,模拟设置各站所实际运行、操作、检修过程中可能发生的各类设备缺陷。通过设置设备缺陷,以训练运维人员在设备巡视过程中,及时发现设备异常并做相应的处理。设备异常发生后,培训仿真系统能弹出相应的告警信息,后台监控界面、保护测控装置、设备本体等与现场同类异常情况的实际反应一致。

2)事故仿真

由于各站所实际调度运行中发生事故的概率和种类都较少,只依靠现场事故处理经验积累,很难系统、全面地提升运维人员的事故处理能力。因此,构建事故仿真应用,模拟设置实际运行中可能发生的各类事故、能够准确模拟现场事故反应,使运维人员通过事故仿真培训,快速提升事故应急处置能力。培训仿真系统设置事故时可根据培训需求,选择不同的故障类型、故障性质和故障地点,同时能与断路器、继电保护及自动装置的正确动作、误动、拒动结合设置。

2.6.7　智能服务

智能服务主要实现 Web/GIS 端、移动端、大屏端、微信、门户等的信息服务功能。

2.6.7.1 WebGIS 综合信息服务

WebGIS 综合信息服务以电子地图漫游的形式实现对运行调度、计算机监控、工程安全、水情、水质、视频等信息的查询、统计分析等功能,可根据不同的角色,授予不同的权限,访问不同的资源,并能提供灵活、简洁、个性化的应用界面,为调度运行管理提供信息支持。

2.6.7.2 移动应用服务

考虑到运行管理人员、上级主管领导每逢休假日或者出差时不在管理单位内,无法实时了解水利工程的运行状态或者及时处理业务流程信息,为了让工程相关人员可以做到实时了解工程运行管理的相关信息,通过移动应用手段实现用户移动办公和掌上办公的应用需求。

软件主要功能包括每日报告、信息查询、工程巡查、工程管理、指挥调度、信息上报、信息提醒、新闻公告、辅助功能、信息安全等功能。

每日报告是指在移动端每天以简报的形式汇总当前的信息,显示包括今日天气预报、设备运行情况、重要站点的实时流量及昨日供水量等。

信息查询包括调水工程的水文信息查询、水质信息查询、视频信息查询、调度信息查询、工程安全信息查询、工程维护信息查询、应急事件信息查询等功能。

工程巡查是指巡检人员根据巡检任务巡检路线。在现场,拍摄上传站点的图片、上报位置坐标信息,以及保存上传巡查记录,对于发现的隐患信息进行及时上报处理。

工程管理包括提供运行日志的查询,通过运行日志的查询,运管部门负责人能对在运行值班期间的重要事项进行知会与查看。日志查询主要针对记录值班期间的运行事件、设备运行情况及关注指标参数、调度指令的下发与执行情况、检修维护记录等,全面跟踪全线供水运行实况。

指挥调度是根据指挥调度中心的调度指令,当前登录移动应用的人员目前需要执行的任务,当前的总任务流程信息。

信息上报包括水情数据上报、水质数据上报、工程险情上报、应急事件上报等功能。

信息提醒包括水情异常数据提醒、水质异常数据提醒、预警提醒、代办事项提醒等功能。

综合公告包括管理单位内部日常设计的办公业务,集成新闻、通知公告、邮件系统、考勤值班、请假出差、员工报销、教育培训等业务,并支持新业务的拓展接入,支持自定义的各业务的线上签审。

辅助功能包括通信录、拍照、录像、定位、地图等功能。

信息安全包括登录管理,对所有用户的登录和手机端 APP 用户进行管理。用户权限管理可通过设定不同的权限,来保证系统的数据安全性。通过结合相关协议的自主开发来实现权限管理:用户的权限管理、用户组的权限管理、访问时间的权限管理及对以上几类访问的组合。

2.6.7.3 大屏可视化服务

充分运用大数据分析技术,挖掘已有数据资源,搭建运营大数据可视化平台。以数据大屏形式构建,通过信息之间的多维关联将不同的业务场景(水利工作进展全貌展示、水旱灾害防御、水资源、水利工程运行、水利工程建设、河湖管理、水利工程智能调度等专题)下所重点关注的信息进行全方位展示和应用,对大数据分析的成果进行情景化、层次化、综合化展示,为领导和工作人员提供快速、直观、有效的信息服务,辅助领导进行指挥决策。

1. 搭建大数据分析服务平台

为提高管理平台的业务分析处理水平,更好地为管理处提供规划、执行、管理、应急层面的决策辅助,需搭建一个大数据分析与应用平台。

大数据分析与应用平台在智慧水利平台中发挥着"大脑"的智慧作用,是水利数字化向智慧化升级的重要工具。为满足辅助决策的需要,应用数据挖掘技术,建立面向决策的数学分析模型,利用数据适应当前工程管理发展趋势和智慧水利建设需要。

在建立统一的数据中心前提下,通过对海量数据信息进行及时分析与处理,从而获得解决业务问题的应用算法,将这些算法集成到软件平台上应用,使数据分析结果发挥"大脑"的作用,起到预警、预测等效果,实现更加精细和动态的管理方式以支持水系统的整个生产、管理和服务流程。

2. 构建运营大数据可视化场景

为充分体现水利工程自动化、现代化建设成果,充分体现当前工程管理发展和智慧水利建设趋势。充分利用物联网、互联网+技术和大数据可视化技术,构建水利工程运营大数据可视化场景,包括水利工作进展全貌展示、水旱灾害防御、水资源、水利工程运行、水利工程建设、水利工程智能调度等多来源、多类型数据,考虑不同场景关联因素,提取重点信息,对重点信息进行展示。通过大数据分析平台的后台数据智能监测并对比,数据有变更,前台及时更新,时刻掌握最新数据,同时通过地图热力展示、动态流向展示、闪烁动画、自定义填充等个性化功能,借由多维度钻取、联动分析等功能,发现数据间的联系,协助更好地分析、解决业务问题,可通过灵活配置进行快速定制各类应用界面,为工程运行提供全面的支持。

2.6.7.4　微信公众服务

基于"互联网+"技术,通过微信公众号的方式,积极探索公众参与的水利服务新模式,建设管理动态查询、监测信息查询、公众互动等功能,为社会公众提供实时权威的水利信息,以满足社会公众对水利信息的需求,同时拓宽民众参与管水、治水的渠道,鼓励群众参与到智慧水利工程建设中来,积极谏言献策,推进民生水利建设。

1. 管理动态查询

向社会公众以图文形式展示有关水利工程、江河湖库管理的最新动态、水利水务工作信息简报和相关大事记或新闻报告,同时向公众宣传水利相关政策文件以及水利相关法律法规,引导社会公众更好地参与江河湖库管护工作。

2. 监测信息查询

基于微信公众平台,提供基于移动智能终端的监测信息查询功能,包括实时水情、实时雨情、控制性工程信息、实时气象等信息的发布与基本查询功能。

1) 实时水情信息查询

基于微信公共发布平台开展水情信息的发布与初步查询处理,提供包括实时水情监视、单个站点水位过程线分析、水位日报表发布等多种数据查询方式。

2）实时雨情信息查询

基于微信公共发布平台开展雨情信息的发布与初步查询处理，提供包括实时雨情监视、单个站点降水柱状图、降水日报表发布等多种数据发布与查询。

3）控制性工程信息查询

基于微信公众平台开展重要控制性工程实时调度信息的发布与初步查询处理，提供包括实时引排水量发布、引排水量日报表发布等多种数据发布与查询。

4）气象信息查询

基于微信公众平台开展气象信息发布与查询，能够从气象数据库中查询不同时期的天气预报、地面天气图、24~48 h 降雨量数值预报、台风路径、热带气旋等。

5）简报快报发布

基于微信公众平台可发布防汛抗旱简报、汛情快报、水情信息快报等信息，并提供信息的检索、查阅与发布等服务。

3. 公众互动

主要提供公众投诉、意见建议、办事指南、关于我们等功能。支持社会公众通过微信公众号为水利水务工程建设提供建议，为公众打造畅所欲言的通道。同时，当社会公众发现水环境污染等水事件问题后，可通过微信公众号"随手拍"功能进行举报，上报信息包括上报人姓名、联系电话、所属区域、详细拍照地点、事件描述、随手拍照片等。

2.6.7.5 门户服务

工程业务系统的统一对内、对外信息整合、发布平台、公众互动交流平台、公众业务受理平台，为各级领导及业务人员提供更加方便快捷的系统访问功能和快速获取相关信息的功能，从而提高公司的业务处理效率。为社会公众提供所有公司对外的公开信息、互动交流和受理公众业务等功能。门户服务由对内业务应用门户、对外信息服务门户组成。

1. 对内业务应用门户

内部门户系统（对内业务应用门户）：面向内部办公人员提供接入服务，是所有应用系统的统一门户，也是进行内部信息发布的平台。为领导和各级工作人员提供便捷、易用、高效的办公手段。作为工程的信息化系统建设的集成服务引擎，为应用系统提供统一的身份、权限、单点登录等的基础应用服务以及信息服务集成、应用集成、搜索、查询等的公共服务。标准统一规范全局的信息化建设，促进全局上行下达，全线联通。

对内业务应用门户系统主要功能包括 Portal 与用户目录平台集成、统一用户身份管理、单点登录、权限整合、应用系统的集成、信息服务的集成、用户权限控制、内网协作交流服务、在线及时沟通等。

2. 对外信息服务门户

外部网站（对外的信息服务门户）：面向有关部门、企业、公众提供各种水量调度、工程等公众关心的信息，提高服务质量，开展网上政务公开，提供公众参与互动交流等服务。同时，也是办公人员进行日常办公、各种业务处理的统一登录点，办公人员一次注册，即可以访问所有其拥有访问权限的业务处理系统。

2.6.8　数字孪生应用场景

数字孪生技术就基础组成来讲,主要分为两个部分,物理实体和虚拟体。物理实体提供水利工程的实际运行状态给虚拟体,虚拟体以物理实体的真实状态为初始条件或边界约束条件进行决策模拟仿真。

通过数字孪生技术,建成流域数据底板。通过无人机搭载激光雷达测量系统对自然地理、干支流水系、水利工程等重点要素进行航拍,并制作成工程数字高程模型、正射影像,对核心工程区域进行三维 BIM 精细化建模,对物理流域进行全要素数字化映射,构建孪生虚拟体,实现对海量地形和影像数据的支持,保证地形漫游的实时连续性,并通过对输水渠道及建筑物等进行 BIM 建模,将其载入三维场景中,从而虚拟再现工程的三维全景。

在孪生数据底板的基础之上,系统实现各类水利枢纽、设备设施等建筑的相关参数、工况数据,以及各类监测数据的查询和展示;实现各类监测监控信息的告警功能;实现与生产管理相关的空间分析功能。最终建成构建具有预报、预警、预演、预案功能的智慧孪生应用体系。

2.6.8.1　实体化监测监控场景

依托构建的数字化孪生工程,实现数字化场景内的全方位漫游。

大场景展示:构建的 L1/L2/L3 级数字底板,实时、直观地以三维场景展示工程的全貌与局部细节,并将实时获取的水雨情、机组运行数据、告警信息、日常设备管理数据等在三维场景中结合局部三维模型直观展示,主要功能包括三维漫游与浏览、空间信息查询与分析、工程运行监视、工程运行安全告警等功能,具备设计便捷、模型分类自动化、模型数据支持全面化、三维模型管理流程化、传感器数据接入便捷化等特点。

小场景展示:可实现对设备故障维修信息进行管理,为设备的正常运行及缺陷/故障提供基础的分析数据。单击设备模型,弹出该设备具体的检测历史记录、维修历史记录、维修登记等。对各设备的备品备件进行登记、查询管理。单击设备模型,弹出该设备对应的备品备件清单。

三维交互式大屏技术采用三维仿真数字孪生技术与多源图表结合的方式实现机组综合展示,通过对工程进行三维全景建模并在 Web 端进行渲染,呈现工程建设以及设备间的情况。3D 模型支持触摸旋转、漫游查看等互动操作,让用户直观地看到机组的 3D 结构。系统对接线上的设备数据接口,实时展示机组数据信息。系统也会深入挖掘水利工程运行数据、状态监测数据、日常设备管理数据,综合分析设备健康运行的各类参数,实现健康运行关联信息的全局综合分析与展示。

2.6.8.2　"四预"交互场景

在预报方面,基于相关气象数据信息,实现对气象数据的信息挖掘,数据分析。开发卫星云图、雷达反射率图、降雨色斑图、数值天气预报、降雨子流域分析图等相关数据展示分析功能,为洪水预报、干旱预报提供丰富的数据支撑。结合 GIS 虚拟仿真,构建重点工程、关键断面的精细数字演示场景。

在预警方面,基于水雨情信息采集系统、自动化监控系统,构建专业化、可视化、智能化模型,建设水利数字模拟仿真引擎,将渠系基本信息、监测数据、水情信息、摄像头信息映射到三维虚拟场景中,实现常规预警信息的定位展示。在调度预警方面,系统自动分析各水口的计划水量、实供情况、邻近水源情况,根据供水等级,自动生成供水调度预警信息,利用多元化信息发布机制,实现运行调度人员对风险预警信息的全面把控。

在预演方面,基于调度模型的研发成果,并结合水文预报模型以及气象数据信息,对不同场景下进行调度模拟推演,实现水利工程调度全过程、全要素捕捉,展示关键断面、闸站在多种组合运用下水位变化过程,对多种调度方案的效果进行对比分析,支撑水位预报、工程调度、风险预警等需求。实现预报信息和预警信息在时间和空间维度的同步仿真预演;实现预案执行中闸门运行的同步模拟。

在预案方面,依据调度方案对比分析成果,结合工程经验研判,形成不同等级响应状态下的水量调度预案,指导工程调度运行。

最终实现"预报、预警、预演、预案"模拟分析,实现物理水利工程和数字孪生水利工程在预演中相互印证、融合、完善,为智慧化模拟提供有力保障。

2.6.8.3 可视化模拟仿真检修

通过三维建模、三维仿真等技术的综合运用,建立三维可视化智能检修仿真系统。将常规闸、泵站工程的主要设备(水泵、电动机、主变、高压断路器、隔离开关等),以及电气主接线、油水风系统的三维模型,以文字、声音、灯光、色彩等配合,渲染合成用于仿真的设备模型,在此基础上结合机组拆装检修规程,开发一套虚拟仿真检修系统,包括水泵、电动机三维模型处理、三维可视化检修培训仿真、仿真测试等功能。系统以设备零部件三维模型为单元,按照检修规程中规定的检修项目、检修步骤以及检修要点等检修要素,对检修规程全方位多层次予以展现。为闸、泵站检修人员运行人员以及管理人员提供全方位、多层次的仿真培训,使用户能够更加直观地了解泵站信息和了解泵站运行的各项技术细节。

2.7 实体环境

2.7.1 建设内容

实体环境建设是为满足计算机监控机房和会商室等工作运行环境的性能要求、工艺要求和环境要求的建设内容,通过合理的实体环境建设确保电子信息系统设备安全、稳定、可靠地运行。在水利工程实体环境建设时要做到技术先进、经济合理、安全适用、节能环保,其设计应遵循近期建设规模与远期发展规划协调一致的原则。

传统实体环境的建设内容主要包括机房或会商室建筑实体、供配电系统、环境监控、安全防护、机房配线、动力环境监测系统。

近几年,随着工业化水平的提升,广泛应用于中大型数据中心、IDC、大型企业、云中心等核心业务中心的模块化机房,以其快速部署、方便扩展、智能管理等特点逐步在水利行业中得到应用。

2.7.2　机房建设

根据《电子信息系统机房设计规范》（GB 50174—2017），电子信息系统机房应划分为 A、B、C 三级。设计时应根据机房的使用性质、管理要求及其在经济和社会中的重要性确定所属级别。

符合下列情况之一的电子信息系统机房应为 A 级：

(1)电子信息系统运行中断将造成重大的经济损失。

(2)电子信息系统运行中断将造成公共场所秩序严重混乱。

符合下列情况之一的电子信息系统机房应为 B 级：

(1)电子信息系统运行中断将造成较大的经济损失。

(2)电子信息系统运行中断将造成公共场所秩序混乱。

不属于 A 级或 B 级的电子信息系统机房为 C 级：在异地建立的备份机房，设计时应与原有机房等级相同。同一个机房内的不同部分可以根据实际需求，按照不同的标准进行设计。

性能要求：

A 级电子信息系统机房内的场地设施应按容错系统配置，在电子信息系统运行期间，场地设施不应因操作失误、设备故障、外电源中断、维护和检修而导致电子信息系统运行中断。

B 级电子信息系统机房内的场地设施应按冗余要求配置，在系统运行期间，场地设施在冗余能力范围内，不应因设备故障而导致电子信息系统运行中断。

C 级电子信息系统机房内的场地设施应按基本需求配置，在场地设施正常运行情况下，应保证电子信息系统运行不中断。

2.7.2.1　机房实体

1. 机房组成

电子信息系统机房的组成应根据系统运行特点及设备具体要求确定，一般由主机房、辅助区、支持区和行政管理区等功能区组成。

主机房的使用面积应根据电子信息设备的数量、外形尺寸和布置方式确定，并预留今后业务发展需要的使用面积。

辅助区的面积宜为主机房面积的 1/5～1 倍。用户工作室可按 3.5～4 m^2/人计算。硬件及软件人员办公室等有人长期工作的房间，可按 5～7 m^2/人计算。

2. 建筑与结构

1）一般规定

建筑平面和空间布局应具有灵活性，并应满足电子信息系统机房的工艺要求。

主机房净高应根据机柜高度及通风要求确定，且不宜小于 2.6 m。变形缝不应穿过主机房。

主机房和辅助区不应布置在用水区域的垂直下方，不应与振动和电磁干扰源为邻。围护结构的材料应满足保温、隔热、防火、防潮、少产尘等要求。

设有技术夹层、技术夹道的电子信息系统机房，建筑物设计应满足风管和管线安装和

201

维护要求。当管线需穿越楼层时,宜设置技术竖井。

改建和扩建的电子信息系统机房应根据荷载要求采取加固措施,并应符合现行国家标准《混凝土结构加固设计规范》(GB 367—2013)的有关规定。

2) 出入口

主机房宜设置单独出入口,当与其他功能用房共用出入口时,应避免人流、物流的交叉。有人操作区域和无人操作区域宜分开布置。电子信息系统机房内通道的宽度及门的尺寸应满足设备和材料运输要求,建筑的入口至主机房应设通道,通道净宽不应小于 1.5 m。宜设门厅、休息室、值班室和更衣间,更衣间使用面积应按最大班人数的 1~3 m²/人计算。

3) 防火和疏散

根据现行国家标准《建筑设计防火规范》(GB 50016—2014)的有关规定。在主机房和其他部位之间应设置耐火极限不低于 2 h 的隔墙,隔墙上的门应采用甲级防火门。

面积大于 100 m² 的主机房,安全出口应不少于 2 个,且应分散布置。面积不大于 100 m² 的主机房,可设置 1 个安全出口,并可通过其他相临房间的门进行疏散。门应向疏散方向开启,且应自动关闭,并应保证在任何情况下都能从机房内开启。走廊、楼梯间应畅通,并应有明显的疏散指示标志。

主机房的顶棚、壁板(包括夹芯材料)和隔断应为不燃烧体,且不得采用有机复合材料。

4) 室内装修

主机房内的装修,应选用气密性好、不起尘、易清洁,符合环保要求,在温度、湿度变化作用下变形小,具有表面静电耗散性能的材料。不得使用强吸湿性材料及未经表面改性处理的高分子绝缘材料作为面层。

主机房内墙壁和顶棚应满足使用功能要求,表面应平整、光滑、不起尘、避免眩光,并应减少凹凸面。

主机房地面的设计应满足使用功能要求:当铺设防静电地板时,活动地板的高度应根据电缆布线和空调送风要求确定,并应符合下列规定:

(1)活动地板以下空间只作为电缆布线使用时,地板高度宜不小于 250 mm。活动地板下的地面和四壁装饰,可采用水泥砂浆抹灰。地面材料应平整、耐磨。

(2)若既作为电缆布线,又作为空调静压箱,地板高度不宜小于 400 mm。活动地板下的地面和四壁装饰应采用不起尘、不易积灰、易于清洁的材料。楼板或地面应采取保温防潮措施,地面垫层宜配筋,维护结构宜采取防结露措施。

技术夹层的墙壁和顶棚表面应平整、光滑。当采用轻质构造顶棚做技术夹层时,宜设置检修通道或检修口。

当主机房设有外窗时,应采用双层固定窗,并应有良好的气密性,不间断电源系统的电池室设有外窗时,应避免阳光直射。

当主机房内设有用水设备时,应采取防止水漫溢和渗漏措施。

门窗、墙壁、顶棚、地(楼)面的构造和施工缝隙,均应采取密闭措施。

3. 机房位置

对于多层或高层建筑物内的电子信息系统机房,在确定主机房的位置时,应对设备运输、管线敷设、雷电感应和结构荷载等问题进行综合考虑和经济比较,采用机房专用空调的主机房,应具备安装室外机的建筑条件。

电子信息系统机房位置选择应符合下列要求:

(1)电力供给应稳定可靠,交通通信应便捷,自然环境应清洁。

(2)应远离产生粉尘、油烟、有害气体以及生产或储存具有腐蚀性、易燃、易爆物品的场所。

(3)远离水灾火灾隐患区域。

(4)远离强振源和强噪声源。

(5)避开强电磁场干扰。

4. 设备布置

电子信息系统机房的设备布置应满足机房管理、人员操作和安全、设备及物料运输、设备散热、安装和维护的要求。

产生尘埃及废物的设备应远离对尘埃敏感的设备,并宜布置在有隔断的单独区域内。

当机柜或机架上的设备为前进风/后出风的方式冷却时,机柜和机架的布置宜采用面对面和背对背的方式。

主机房内和设备间的距离应符合下列规定:

(1)用于搬运设备的通道净宽不应小于 1.5 m。

(2)面对面布置的机柜或机架正面之间的距离不应小于 1.2 m。

(3)背对背布置的机柜或机架背面之间的距离不应小于 1 m。

(4)当需要在机柜侧面维修测试时,机柜与机柜、机柜与墙之间的距离不应小于 1.2 m。

(5)成行排列的机柜,其长度超过 6 m 时,两端应设有出口通道;当两个出口通道之间的距离超过 15 m 时,在两个出口通道之间还应增加出口通道;出口通道的宽度不应小于 1 m,局部可为 0.8 m。

2.7.2.2　供配电

机房供电要建立独立、稳定的配电系统,设备供电、空调供电和照明用电应使用各自独立的系统分别供电,在建筑设备安装过程中引入机房。

1. 供电容量

设备供电一般需要增加稳压电源、UPS 等的电源过滤保障设备,保障设备安全正常运行。

总设备容量应按照计算机、网络等设备以及机房场地设备的要求,确定合适的输入输出电压、线制、频率、容量、线径、开关、过电流保护等参数,根据今后一定时期的增长情况,机房供电容量要留有一定的余量。

2. 照明

机房和辅助区一般照明的照度标准值按照现行国家标准《建筑照明设计标准》(GB 50034—2013)的有关规定执行。

机房内的主要照明光源应采用高效节能荧光灯,荧光灯镇流器的谐波限值应符合国家标准《电磁兼容限值谐波电流发射限值》(GB 17625.1—2012)的有关规定,灯具应采用分区、分组的控制措施。工作区域内一般照明的均匀度应不小于0.7,非工作区域内的一般照明照度值不宜低于工作区域内一般照明照度值的1/3。电子信息系统机房还应设置通道疏散照明及疏散指示标志灯。

2.7.2.3 环境监控

机房和辅助区内的温度、相对湿度及空气含尘浓度应满足电子信息设备的使用要求;无特殊要求时,应根据电子信息系统机房等级的要求标准执行。

1. 温度要求和控制

《计算站场地技术条件》(GB 2887—89)中开机时对机房内温度的要求见表2-9。

表2-9 开机时对机房内温度的要求

项目	A 级		B 级	C 级
	夏季	冬季		
温度/℃	22±2	20±2	15~30	10~35
温度变化率/(℃/h)	<5 要不结露		<10 要不结露	<15 要不结露

停机时对机房内温度的要求见表2-10。

表2-10 停机时对机房内温度的要求

项目	A 级	B 级	C 级
温度/℃	5~35	5~35	10~40
温度变化率/(℃/h)	<5 要不结露	<10 要不结露	<15 要不结露

为了防止机房内湿度过高或过低以及急剧变化对计算机设备及附属设备造成影响,必须采取以下措施,以保证机房内的湿度控制在一个稳定的范围内:

(1)使用恒温、恒湿装置来调节机房内的湿度(精密空调)。

(2)在机房内安装除湿机和加湿机,当机房内湿度超过规定值时,使用除湿机使机房内湿度降低;当机房内湿度低于规定值时,使用加湿机对机房内空气进行加湿,提高机房内湿度。

(3)机房内外为了进行空气交换和维持机房正压值所使用的新风机系统,必须具有加湿和去湿功能。在送入机房内的新鲜空气湿度过高(大于机房湿度规定的范围)时要进行除湿;过低时要加湿,以保证机房内的空气湿度符合计算机设备及工作人员的要求。

2. 湿度要求和控制

在相对温度不变的情况下,湿度越高,水蒸气对计算机设备的影响越大。湿度过低时,机房内各种转动设备、活动地板等有摩擦的部位易产生静电和积累静电荷,当静电荷大量积累时,将会引进磁盘读写错误,烧坏半导体器件。纸带、卡片、打印纸等纸媒体在高湿状态下吸收水分,从而变软,强度降低,易于破坏。

为了防止机房内湿度过高或过低以及急剧变化对计算机设备及附属设备的影响,采取措施和温度控制方法相同。

3. 防尘要求和控制

灰尘对计算机设备的影响很大,特别是对一些精密设备和接插件的影响最为明显。计算机设备中最怕灰尘的是磁盘存储器,存储器中保存着计算机程序和数据,决定着计算机的具体工作过程,若灰尘进入盘中,将会造成"读""写"错误,虽然计算机的其他部件也许在正常运转,但也已经失去意义。

防尘措施可从以下几方面进行:

(1)在机房入口安装风浴通道,防止工作人员把灰尘带入机房。

(2)装修材料应采用不吸尘、不发尘材料。

(3)对机房围护结构进行严格的保洁、固化处理。

(4)机房内不做不必要的平面。

(5)不使发尘源扩大,保持机房一定的正压。

(6)新风系统送入机房的新风,应进行高效及亚高效过滤。

(7)工作人员在机房内工作时,应穿无尘工作服。

(8)采取必要措施,减少设备发尘量。

4. 设备选择

空调和制冷设备的选用应符合运行可靠、经济适用、节能和环保的要求。

空调系统和设备应根据电子信息系统机房的等级、建筑条件、设备的发热量等进行选择,并按规范要求执行。

空调系统无备份设备时,单台空调制冷设备的制冷能力应留有 15%～20%的余量。

选用机房专用空调机时,空调机宜带有通信接口,通信协议应满足机房监控系统的要求,显示屏宜为汉字显示。

空调设备的空气过滤器和加湿器应便于清洗和更换,设备安装应留有相应的维修空间。

分体式空调机的室内机组可安装在靠近主机房的专用空调机房内,也可安扎在主机房内。

空调设计应根据当地气候条件,选择采用下列节能措施:

(1)大型机房空调系统宜采用冷水机组空调系统。

(2)北方地区采用水冷冷水机组的机房,冬季可利用室外冷却塔作为冷源,并应通过热交换器对空调冷冻水进行降温。

(3)空调系统可采用电制冷与自然冷却相结合的方式。

2.7.2.4　安全防护

安全防护主要包含防雷、防磁、防静电和安全监控系统。

1. 防雷

微电子的抗冲击电磁干扰和过电压防护是一项系统工程,必须贯彻整体防护思想,综合运用分流(泄流)、均压、屏蔽、接地和保护(箝位)等各项技术,构成一个完整的防护体系,才能取得明显的效果。

雷电过电压入侵电器设备的形式有两种:直击雷和感应雷。

直击雷：雷电直接击中线路并经过微电子设备入地的雷击过程。

感应雷：由雷闪电流产生的强大电磁场变化与导体感应出的过电压、过电流形成的雷击。

2. 防磁

电磁干扰对计算机设备影响很大，轻则引起误操作，重则会使计算机停止工作，甚者使其瘫痪，难以恢复。

当室内电气配线在混凝土板内埋设时，就从这里产生漏磁场，使计算机设备产生误差。

我国对计算机机房内干扰的要求规定如下：

机房内无线电干扰场强在频率范围为 0.15~1 000 MHz 时不大于 120 dB；

机房内磁场干扰场强不大于 800 A/m（相当于 100 e）。

防止电磁干扰最有效的方法有两种：接地、屏蔽。机房建设单位可根据设备和机房建设的要求，分别对主机室、电力配线、信号线、机房内的主要设备或整个机房进行屏蔽。同时，必须有一个良好的接地系统。

为了防止电磁干扰对计算机设备的影响，在机房建设时应注意以下几个问题：

（1）为了防止混凝土板内埋设的电力配线产生的电磁干扰，机房施工时，在墙内埋设的各种电器配线应穿金属管，且管壁不能太薄，金属管接头应用螺丝接头连接，并拧 8 个以上的丝扣，一直把螺纹拧到底，直到丝扣拧死。

（2）在室内尽量减少在混凝土内埋设配线，使更多的电缆、电线、信号线敷设在地板下和吊顶上。

（3）机房内使用的所有电力线和信号线都得使用电磁屏蔽线，并穿钢管或蛇皮管。

（4）机房内配线尽量不做环形配线，而采用辐射配线。

（5）对机房内的主要设备或主要区域进行屏蔽。

（6）建立良好的接地系统。

3. 防静电

计算机房的防静电技术，是属于机房安全防护范畴的一部分。由于种种原因而产生的静电，是发生最频繁、最难消除的危害之一。静电不仅会使计算机运行出现随机故障，而且还会导致某些元器件，如 CMOS、MOS 电路、双极性电路等的击穿和毁坏。

静电对电子计算机的影响表现有两种类型：一种是元件损害，一种是引起计算机误动作或运算错误。

元件损害主要是指用于计算机的中、大规模集成电路，对双极性电路也有一定的影响。

静电引起的误动作或运算错误，是由静电带电体触及电子计算机时，对计算机放电，有可能使计算机逻辑元件输入错误信号，引起计算机出错。

4. 监控

场地监控系统（监控）应对 UPS 不间断电源、配电柜、柴油发电机（如有）、安保监控、消防与自动报警系统、气体灭火系统、门禁系统、漏水检测系统以及其他认为必要的部分系统及设备提供 24 小时全天候监控。

安保监控系统宜由视频安防监控系统、入侵报警系统和出入口控制系统组成,各系统之间应具备联动控制功能。

2.7.2.5　机房配线

多数情况下,机房布线也是综合布线系统工程中的一部分,安装施工也须按照《建筑与建筑群综合布线系统工程验收规范》(GB/T 50312—2007)中的有关规定进行安装施工。

机房布线系统工程中所用的缆线类型和性能指标、布线部件的规格以及质量等均应符合我国通信行业标准《大楼通信综合布线系统第 1-3 部分》(YD/T 926.1-3-1997—1998)等规范或设计文件的规定,工程施工中,不得使用未经鉴定合格的器材和设备。

主机房、辅助区、支持区和行政管理区应根据功能要求划分成若干工作区,工作区内信息点的电缆数量和型号应根据机房登记和用户需求进行配置。

承担信息业务的传输介质应采用光缆或六类及以上等级的对绞电缆,传输介质各组成部分的等级应保持一致,并应采用冗余配置。

当主机房内的机柜或机架成行排列或按功能区域划分时,宜在主配线架和机柜之间培植配线列头柜。

缆线采用线槽或桥架敷设时,线槽或桥架的高度不宜大于 150 mm,线槽或桥架的安装位置应与建筑装饰、电气、空调、消防等专业协调一致。

电子信息系统机房的网络布线系统设计,除应符合本规范外,尚应符合现行国家标准《综合布线系统工程设计规范》(GB 50311—2016)的规定。

敷设在隐蔽通风空间的低压配电线路应采用阻燃铜芯电缆,电缆应沿线槽、桥架或局部穿管敷设,当电缆线槽与通信线槽并列或交叉敷设时,配电电缆线槽应敷设在通信线槽的下方。活动地板下作为空调静压箱时,电缆线槽(桥架)的布置不应阻断气流通路。

配电线路的中性线截面面积应不小于相线截面面积,单相负荷应均匀地分配在三相线路上。

2.7.2.6　动力环境监测

动力环境监控系统针对各种通信局站(包括通信机房、基站、支局、模块局等)的设备特点和工作环境,对机房内的通信电源、蓄电池组、UPS、发电机、空调等智能、非智能设备以及温湿度、烟雾、地水、门禁等环境量实现"遥测、遥信、遥控、遥调"等功能。

1. 站点管理

(1)在站点管理、设备管理页面管理基础数据,对站点和设备的数据进行增、删、改操作。

(2)站点授权页面为站点授权负责人和设备,负责人基于授予的权限登录系统管理该站点机房,当设备数据超出阈值或设备异常时该负责人进行报警通知。

2. 实时监控

实时监控机房中各类传感器采集的数据,包括温湿度、烟感、水浸、UPS 等,页面动态实时显示报警数据;历史告警中对产生的报警信息进行记录方便管理员进行查阅。

远程控制界面的灯箱控制页面,实时控制站点的灯箱开关,并可任意设置开关的时间,实现定时开启关闭;监控模块的空调监控页面,图形化显示该站点的空调数据并实现普通空调远程控制及来电自启功能。

3. 告警功能

可提供短信、电话、语音等多种报警方式。

在系统中添加管理员的电话、账号等信息,在温湿度数据超限、断电、漏水、火灾等异常情况时,可以进行现场声光报警以及远程短信、电话报警。管理员在室外或异地时也能获取警报信息,及时进行故障的处理。

2.7.2.7　模块化机房

模块化机房主要由机柜、密闭通道、供配电系统、制冷系统、智能监控系统、综合布线和消防系统组成。单个模块化机房按照最大 N 台机柜(包括服务器机柜、网络机柜、综合布线柜)配置,其示意图如图2-46所示。

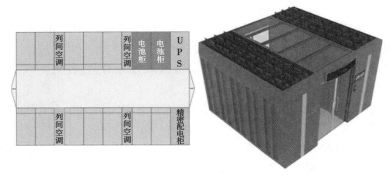

图2-46　模块化机房示意图

传统机房实体建设面临的问题:

(1)建设周期长:传统数据中心建设周期根据项目建设的实际情况,通常将数据中心的基本建设周期细分为决策阶段、实施准备阶段、实施阶段和投产竣工阶段,整个建设周期为200 d左右。

(2)扩展性差:扩展能力对于适应性就十分重要了,基于对未来业务需求的分析,根据最坏的情况来规划系统容量,然而他们却无力预见3~4年以后的情形,因此造成了过度建设。

在机房建设过程中,相较于传统建设模式,模块化机房建设主要有以下几点优点:

(1)节能高效:高效供配电、贴近热源制冷、有效降低模块PUE值;隔离冷热气流,消除无效气流循环并消除局部热点,通过模块集成管理,协调运行,提升功能组件效能。

(2)快速部署:标准化部件,去工程化,整体交付,根据业务发展即时匹配,迅速扩容。

(3)简单可靠:机房基础设施产品化,降低施工工艺影响,提升系统可靠性;产品级出厂检验,获得更高质量保证;适应能力强,适合用户多种现场条件。

2.7.3　会商室建设

会商室作为公司对外接待与重要会议的主要场所,功能需要满足以下要求:作为公司在异地会议室视频的分会场,满足双流输出与显示要求;作为公司内部主要重大会议场所,是公司头脑"碰撞"的主要场所。

会商室建设内容主要包括：

（1）会商显示系统：安装电视及配套的布线等。

（2）会议桌：根据会商室的实际位置，摆放会议桌及配套座椅。

（3）扩声系统：安装集成调音台、专业音箱、音箱支架、功率放大器、抑制器、音频处理器、一拖二桌面式无线麦克风、系统机柜、扩声系统的综合布线。

（4）网络视频会商系统：安装集成高清视频会议、会议管理软件、高清视频会议终端、高清视频会议摄像机等，并进行网络视频会商系统的综合布线。

会商室建设功能要求主要包括：

（1）实时：高清视频会议系统通过行业领先的高清视频和内容协作解决方案，以自然、高效的会议体验与原创团队即时连接。

（2）可视：高清投影画面显示与高保真音频还原，为会议人员提供高效协作所需的会议室场景。

（3）交互：以文字、语言、图片、音视频、PPT 文档等多种多媒体表现形式，结合多种互动方式来进行展示，让与会人员做到真正的随心所欲的演示。

2.7.4　其他相关环境建设

随着自动化和信息技术的飞速发展，机房中控室和会商室对信息显示的要求越来越高，其中大屏显示系统、无纸会议系统、电子沙盘作为集中信息显示的交流平台，可以将各种监控系统的计算机图文信息、视频信号和流域水情信息等进行集中显示，在实时调度、会商、决策、指挥及信息反馈等方面都起到了重要作用。

2.7.4.1　大屏显示

大屏显示系统是由屏体、图像拼接处理系统（包括控制器和专用控制软件）及相关外围设备（框架、底座、线缆）组成。大屏显示系统可实现对视频监控信号、计算机网络信号等计算机图像文字信息的综合显示，形成一个信息准确、查询便捷、管理高效、美观实用的信息显示管理控制系统。

展示系统主要展示工程信息，与信息发布平台及监控平台等对接，构成一套完整的信息系统。显示单元支持单屏、多屏以及整屏显示和跨屏显示，实现图像窗口的缩放、移动、漫游等功能；能够与各种应用平台进行集成，支持 TCP/IP 等标准传输协议，支持 Windows 操作系统；系统可逼真地还原 DVD、视频会议、有线电视和摄像机的视频信号；可以准确地放大VGA 全系统信号，任意切换显示视频图像及计算机图文信息，使网上一些相关信息清晰的显示在屏幕上，提供高效的服务；系统不仅能确保 24 小时的连续运行，而且系统操作简单、先进、成熟、可靠、便于维护，维护方便，使用寿命长。同时，能实时显示所有分布在不同场地的视频监控信号、本地网络工作站的 RGB 信号，满足演示和展示的应用需求。

2.7.4.2　无纸化会议

无纸化会议系统可提供会议议程、会议投票、分组讨论、资料查阅等多种功能，可为水利信息化调度和会商提供一个极为实用的会议平台。通过这个平台，各部门单位可进行实时的会商和有效的信息沟通；改变了传统会议模式的效率低、操作复杂、形式单一、资源浪费、保密隐患等问题。实现新型会议的全程无纸化概念。

根据会议室的布局,无纸化会议系统在会议室每个座位设计 1 台无纸化终端超薄 15.6 英寸电容液晶屏,自带多媒体终端和 11.6 英寸电子桌牌用于显示。负责处理会议过程的文件推送、文件分发、浏览阅读、文件批注、智能签到、投票表决、电子白板、电子铭牌、会议交流、会议服务、视频信号互联互通、会议管控、同屏广播等应用。

将一台无纸化控制主机,作为系统的管理和控制中心,无纸化会议终端通过网络与无纸化控制主机连接,组成一套完整的智能交互式无纸化会议系统。同时,设计 1 台无纸化流媒体服务器,用于无纸化会议系统外部高清视频信号输入和视频信号同步输出的同步、异步处理转换处理,实现无纸化会议系统与其他视频设备的无缝对接,可为无纸化多媒体会议系统提供外部音视频信号和内部音视频信号互联互通的流媒体平台,同时支持无纸化会议签到、投票、同屏等会议信息的展示功能。同时,设计 1 台会议主机对话筒单元机进行发言控制。

2.7.4.3 电子沙盘

电子沙盘系统,可为水利信息化系统水调工作的指挥及宣传提供一个综合的平台。同时,电子沙盘因内部结构更加直观,无法以语言文字表述的地理位置可用三维立体的形式表达出来,提升水利工程整体规划的水平。

系统可将全景画面进行立体化显示,具备在沙盘上立体的展示重要点位的位置信息,通过触摸屏一体机可控制整个显示系统,并能实现光影沙盘和大屏的联动显示。系统可同时结合实景的照片和视频对整个项目进行立体式介绍,具备声、光、电三位一体的讲解。

系统能使用立体可视化呈现技术,实现将水利运管单位行政管线范围内的各流域情况,通过具体需求经过定制化的设计制作转化为最终视频展示效果,通过使用前沿的可视化呈现的技术实现将水利建设管理单位管理流域三维立体化,获得独特感观体验。

2.8 标准规范

标准规范建设的内容分为两部分:一是明确可以遵循执行的国家、国际和行业标准规范;二是制订或完善仅在本系统中应用的标准规范。

标准规范体系框架由总体标准规范、技术标准规范、业务标准规范、管理标准规范、运营标准规范等部分组成。工程综合智慧管理平台标准规范体系框架如图 2-47 所示。

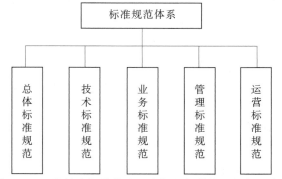

图 2-47 工程综合智慧管理平台标准规范体系框架示意图

（1）总体标准规范：包括系统标准规范目录、系统名词术语、系统建设管理办法等内容。

（2）技术标准规范：包括数据标准、网络标准、应用标准、安全标准等内容。

（3）业务标准规范：包括业务划分、业务流程、业务应用方面的标准规范。

（4）管理标准规范：包括项目管理标准、验收与监理标准、系统测试与评估标准等内容。

（5）运营标准规范：包括信息资源评价标准、安全管理标准等内容。

第 3 篇　运行维护

一个成功的水利工程信息化系统,一半在于建设期的开发、调试及集成,一半在于运行期的管理与维护。在建设期需要选用稳定性强的设备及成熟度高的软件,在运维期需持续保持维护资金投入让系统正常运行。运行维护对象主要分为基础设施和业务应用两大类。

3.1　运行维护总则

3.1.1　运行维护管理

水利信息化的运行维护需严格参照《水利信息系统运行维护规范》(SL 715—2015)。水利信息化系统运行维护一般由运行维护主管机构、运行维护管理机构和运行维护服务机构分工负责完成。运行维护主管机构负责运行维护工作的整体协调;运行维护管理机构负责运行维护工作的组织、管理、监督、检查,负责运行维护经费的申请、管理;运行维护服务机构承担运行维护工作。

3.1.2　运行维护模式

水利信息系统运行维护一般分为自行维护、外包维护和混合维护三种方式。自行维护是各单位运行维护管理机构或其下属单位作为运行维护服务机构承担信息系统的运行维护服务工作;外包维护是由运行维护管理机构以外的专业信息技术服务单位作为运行维护服务机构承担信息系统的运行维护服务工作;混合维护是信息系统部分要素采用自行维护,部分要素采用外包维护。

对于自行维护或混合维护中自行维护部分,基础设施运行维护服务应由信息化技术支撑部门承担,业务应用部分运行维护服务可由信息化技术支撑部门或业务主管部门承担。运行维护服务机构可将部分维护任务委托给第三方协作单位,维护任务的委托不解除运行维护服务机构的运行维护责任。

对于外包维护或混合维护中的外包维护部分,运行维护管理机构应建立外包服务管理机制,对外包服务进行管理、评估。运行维护管理机构在选择外包服务单位时宜优先选择通过 GB/T 28827.1、GB/T 28827.2、GB/T 28827.3 等《ITSS 信息技术服务标准》系列标准符合性评估的单位,未经运行维护管理机构同意,外包服务单位不应将维护服务任务部分或全部委托给第三方。

3.1.3　运行维护阶段

信息系统在设计阶段(包括初步设计、实施方案等)应明确运行维护管理机构,并在工程投资中考虑建设期运行维护费用。

在信息系统建设期,运行维护管理机构应参与信息系统建设过程,并配合建设管理单位开展运行维护管理工作,承建单位承担建设期运行维护服务工作。

信息系统或其部分要素竣工验收后,运行维护管理机构应全面负责运行维护管理工作,并选定信息系统运行维护服务机构开展运行维护服务工作。

在信息系统或其部分要素停止运行后,相关运行维护工作同时终止。

3.1.4　运行维护服务级别

运行维护管理机构应根据信息系统的重要程度确定运行维护服务等级要求。

服务等级宜划分为四个级别,级别由高到低分别为一级、二级、三级、四级。每个级别的服务要求均有系统可用率、服务受理时间、服务响应时间、故障恢复时间等四方面控制指标,见表 3-1。

表 3-1　运行维护服务级别控制指标

控制指标	服务等级			
	一级	二级	三级	四级
系统可用率	≥99.95%	≥99.95%	≥98%	≥95%
服务受理时间	7×24 h	7×24 h	7×24 h	法定工作时间
服务响应时间	常驻,即时响应	常驻,即时响应	≤1 h	≤4 h
故障恢复时间	一般故障≤1 h	重大故障≤2 h	重大故障≤12 h	重大故障≤24 h
	重大故障≤2 h	重大故障≤8 h	重大故障≤36 h	重大故障≤72 h

注:系统可用率=1-(全年异常宕机小时数/全年小时数)×100%。

重要信息系统(信息系统安全保护等级为三级及以上级别的系统)的服务级别应不低于二级,重要时期服务级别宜提升到一级。其他信息系统服务级别可为三级,并可根据信息系统服务的实际需求降低或提高服务级别。根据信息系统的特点,运行维护管理机构可对服务指标进行调整,省级及以上水行政主管部门信息系统服务级别宜不低于三级,地市级及以下水行政主管部门信息系统服务级别宜不高于二级。信息系统要素属于多个信息系统共享时,按其所属最高级别的信息系统等级确定其服务级别。

运行维护管理机构应根据信息系统运行维护的实际需求明确信息系统运行维护服务等级要求,运行维护服务机构应根据选择的服务等级细化服务指标。

3.1.5　运行维护服务考核

运行维护服务管理机构应定期对运行维护服务机构服务质量进行考核,运行维护服务机构应根据运行维护服务管理机构考核评估要求定期开展服务质量自评估。考核评估的主要内容包括约定的服务级别指标完成情况、重大故障处理情况、信息系统用户满意度情况等。

3.1.6 运行维护经费

运行维护管理机构应依照《水利信息系统运行维护定额标准》和本单位实际情况,按年度申请专项运行维护经费,并按相关要求使用。

3.2 运行维护服务体系

水利信息系统运行维护服务体系由运行维护对象、运行维护活动、运行维护过程管理、运行维护组织体系、运行维护保障资源等五部分构成。

运行维护对象分为基础设施和业务应用两大类。运行维护服务可将信息系统整体视为一个对象,也可将信息系统一个或多个组成要素视为一个对象。

运行维护活动按工作内容分为监控巡检、例行维护、响应式维护、故障处置、应急响应、安全管理、分析总结和其他等八类。

运行维护过程管理包括事件管理、服务请求管理、变更管理和应急管理四类。

运行维护组织体系包括人员组织、工作模式、岗位职责、技能要求和绩效考核五方面。

运行维护保障资源包括支撑系统、工具装备、文档资料、备品备件和管理制度五方面。

运行维护服务能力管理宜采用规划、实施、检查、改进模型,即 PDCA 模型。运行维护服务机构应按照 PDCA 模型进行运行维护能力管理,不断改进运行维护服务能力,并执行下列具体规定:

(1)依据信息系统运行维护服务等级要求制定运行维护服务规划,服务规划至少应包括运行维护服务内容与服务级别、运行维护服务组织体系设计、运行维护服务保障资源计划、服务过程管理流程与管理指标等。

(2)根据运行维护服务规划组织运行维护实施,包括制订实施计划、完成实施工作、记录实施活动、提交实施成果等。

(3)监控服务过程和结果,对比服务等级要求和服务规划,分析存在的不足。

(4)对运行维护服务中存在的不足进行改进,持续提升运行维护服务能力。

3.3 运行维护对象

3.3.1 基础设施

运行维护活动应完成下列各类基础设施的维护工作:

(1)物理环境:信息系统运行的机房环境及机房辅助设施,主要包括机房、配线间、空调、UPS、供电系统、换气系统、除湿/加湿设备、防雷接地、消防、门禁、环境监控等。

(2)信息采集设施:收集、传输和处理水情、雨情、工情、旱情等各种水利信息的设施,主要包括各类传感器、传输设备和接收处理设备等。

(3)通信系统:信息传输的通信设备及其附属设施,主要包括微波通信设备、卫星通信设备、光纤传输设备、程控交换设备等。

（4）计算机网络：各类网络连接设备及数据传输线路，主要包括网络路由设备、网络交换设备、数据传输设备、流量管理设备、综合布线系统等。

（5）主机：各类服务器及用户终端，主要包括小型计算机、服务器、虚拟服务器、台式计算机、便携式计算机、虚拟终端等。

（6）存储备份：存储、备份水利信息系统信息的各类硬件设备及管理软件，主要包括存储网络设备、磁盘阵列、磁带库等硬件设备及存储管理系统、备份管理系统等管理软件。

（7）基础软件：支持水利信息系统各类业务应用运行的支撑软件，主要包括数据库管理软件、中间件、GIS 平台软件等。

（8）数据资源：水利信息系统运行所需的数据，主要包括文本、图片、动画、音视频等通用数据及水文、水资源等专用数据。

（9）安全设施：水利信息系统安全防护的硬件设备及软件系统，主要包括安全防控设备、安全检测设备、用户认证设备等硬件设备及安全防控软件、安全检测软件、用户认证系统等软件。

（10）其他设施：水利信息系统其他基础设施，如工程视频、视频会议等。

3.3.2　业务应用

运行维护活动应完成各类水利业务应用的维护工作，包括防汛抗旱减灾、水资源管理、水利工程管理、水利电子政务等相关业务系统。

3.4　运行维护活动

3.4.1　维护工作分类

3.4.1.1　监控巡检

运行维护服务机构应提供监控巡检服务，应实时或定期对信息系统运行状态进行监控，并定期对物理环境和硬件设备进行人工巡检。重要信息系统应实时自动监控，并定期进行人工监控，非重要信息系统及暂不具备实时监控条件的信息系统可定期监控。

运行维护服务机构应根据服务级别要求制订监控及巡检服务计划，应做好监控巡检记录，对于监控巡检中发现的问题应根据事先制定的工作流程进行通知、通告及处置。

3.4.1.2　例行维护

运行维护服务机构应提供例行维护服务，定期对信息系统进行保养、健康检查、系统更新等周期性维护。

运行维护服务机构应根据服务级别要求制订例行维护的服务计划，应做好例行维护工作记录，发现问题可根据事先制定的工作流程进行通知、通告及处置。

3.4.1.3　响应式维护

运行维护服务机构应根据业务需要进行配置变更、系统优化、信息更新等响应式维护，应做好响应式维护工作记录。

响应式维护开展前宜根据事先制订的工作流程进行申请审批、通知、通告。

响应式维护实施前应制订实施方案,重点是应急恢复方案,保证系统的安全可靠及可恢复性。

3.4.1.4 故障处置

运行维护服务机构应提供故障处置服务,在信息系统发生故障时,根据服务级别要求,在规定的时间内消除故障影响,并最终清除故障。

依据 GB/T 28827.3 分类分级标准,信息系统根据故障严重性和受影响系统的重要性分为特别重大、重大、较大和一般四个等级。重大及以上故障应启动应急预案,按预先制订的应急预案进行处置。

故障处置宜遵循"先抢通、后修复,先核心、后边缘"的原则,优先保证重要业务的恢复,特殊情况酌情处理。

故障处置应根据预设工作流程开展,根据故障情况适时启动应急响应机制。

故障处置完成后应及时记录故障处理方法、做好故障总结,并定期进行统计分析,对发生频次较多的故障现象应进行重点分析,采取相应措施,降低故障发生率。

3.4.1.5 应急响应

运行维护服务机构应提供应急响应服务,确保按预先制订的应急处置流程处置信息系统突发事件。

应制订应急响应流程。依据《水利网络与信息安全应急预案》的相关规定,应急响应流程应包括事故发现、事件接报、事件类型判断、应急预案启动、事态控制、应急恢复、应急结束等环节。

应编制整体应急预案,可针对信息系统不同的服务级别明确相应的应急响应级别,针对重要系统制订专项应急预案,建立多手段、多层次的保障机制。应急预案应包括编制目的、适用范围、系统说明、故障等级定义、应急预案启动条件、应急处置流程、应急组织等。

应定期进行应急预案的培训与演习。

应急响应结束后应及时进行总结,同步优化、调整和完善应急预案。

3.4.1.6 安全管理

运行维护服务机构应提供安全管理服务,包括系统脆弱性评估、安全威胁监测、安全攻击事件处置等。

应定期进行系统脆弱性评估,分析系统存在的安全隐患,并提出改进建议。

应实时监测系统安全威胁,对于发现的安全威胁可根据预设工作流程进行通知、通告及处置。应及时对安全事件进行处置,处置的原则是先阻断后处理。

安全设施自身的维护服务按相关标准的要求进行。

3.4.1.7 分析总结

运行维护服务机构应定期进行分析总结,包括信息系统运行状况的分析总结、运行维护工作的分析总结及安全状况的分析总结,提出优化完善建议,并优化改进运行维护工作。

3.4.1.8 其他

根据运行维护管理机构的委托,运行维护服务机构应提供视频会议的音视频系统操作服务、新闻采编服务、数据加工整理服务等。

运行维护服务机构应在汛期、重要会议等关键时期对关键系统提供重点保障服务,从驻场人员、备品备件、备用措施等方面予以重点保障,提升系统运行的可靠性。

应做好系统技术文档的收集、整理及保管,应明确文档的使用范围并严格控制,应做好运行维护工作过程的记录。

制订运行维护操作规程,规范各项维护工作。应定期对运行维护对象、备品备件进行盘点。

3.4.2　维护工作内容

3.4.2.1　基础设施

1. 物理环境

物理环境维护服务应做到下列几点:

(1)定期对机房进行巡检,查看并记录照明、空调、UPS、换气系统、除湿/加湿设备、消防、门禁等机房辅助设施的运行状况、参数变化及告警信息,空调、UPS等关键设施宜定期进行全面检查,保证其有效性。

(2)实时监测机房超温、超湿、漏水、火情、非法入侵等异常情况。

(3)定期对空调、UPS等机房辅助设施进行保养。

(4)根据服务级别要求按时修复故障设施。

(5)制订应急预案,应急预案可纳入整体应急预案中,应定期进行预案演练。

(6)做好机房出入管理,人员进出应审批并登记,门禁记录宜每月检查并留存。

(7)定期进行总结评估,对物理环境运行状况及运行维护工作情况进行分析,提出改进意见。

(8)做好物理环境技术资料的收集、整理,定期提交物理环境设备清单,定期绘制、更新机房机柜布置图,做好运行维护工作过程文档的收集、存档。

物理环境运行维护服务周期宜按表 3-2 执行。

表 3-2　物理环境运行维护服务周期

工作内容	服务等级			
	一级	二级	三级	四级
巡检	每小时	每日	每周	每周
监控	实时,自动	实时,自动	每日	每周
设施保养	每周	每月	每季度	每半年
故障处置	按服务级别要求确定			
分析总结	每周	每月	每季度	每年
资料整理	每月	每季度	每半年	每年

2. 信息采集设施

信息采集设施维护服务宜遵循 SL 415 等相关标准的要求。

3. 通信设施

水利部门自建的专用通信系统维护服务宜遵循 SL 306 的要求,租用公用电信服务宜遵循《电信服务规范》的要求。

4.计算机网络

计算机网络维护服务应做到下列几点:

(1)定期对计算机网络设备进行巡检,查看并记录设备运行状况及告警信息。

(2)实时或定期监控计算机网络运行状况。

(3)定期对计算机网络设备进行例行维护。

(4)根据需要对计算机网络进行响应式维护。

(5)根据服务级别要求按时修复网络故障。

(6)制订应急预案,应急预案可纳入整体应急预案中,应定期进行预案演练。

(7)定期进行总结评估,对计算机网络运行状况及运行维护工作情况进行分析,提出整改意见。

(8)做好计算机网络技术资料的收集、整理,宜定期提交计算机网络设备及线路清单,定期绘制、更新详细网络拓扑图,定期提交网络资源分配情况表,做好运行维护工作过程文档的收集、存档。

5.主机

服务器维护服务应做到下列几点:

(1)定期对各类服务器进行巡检,查看并记录设备运行状况及告警信息。

(2)实时或定期监控服务器运行状况。

(3)定期对服务器进行例行维护。

(4)根据需要对服务器进行响应式维护。

终端维护服务应做到下列几点:

(1)定期对终端设备进行清查。

(2)实时或定期监控终端安全状况。

(3)定期对终端进行全面检查。

(4)根据需要对终端进行响应式维护。

(5)根据服务级别要求按时修复终端系统故障。

(6)做好终端信息的收集、整理,做好运行维护工作过程文档的收集、存档。

信息系统所属终端服务级别应与该信息系统一致,其余终端的服务级别由各单位确定,省级及以上单位宜不低于三级,地市级及以下单位宜不高于二级。

6.存储备份

存储维护服务应做到下列几点:

(1)定期对各类存储系统进行巡检,查看并记录设备运行状况及告警信息。

(2)实时或定期监控存储系统运行状况。

(3)定期对存储系统进行例行维护。

(4)根据需要对存储系统进行响应式维护。

(5)根据服务级别要求按时修复发生的存储系统故障。

(6)制订应急预案,应急预案可纳入整体应急预案中,定期进行预案演练。

(7)定期进行总结评估,对存储系统运行状况及运行维护工作情况进行分析,提出改进意见。

（8）做好存储系统技术资料的收集、整理,宜定期提交存储资源分配使用清单,定期绘制存储系统连接图,做好运行维护工作过程文档的收集、存档。

备份维护服务应做到下列几点：

（1）定期对各类备份系统进行巡检,查看并记录设备运行状况及告警信息。

（2）实时或定期对备份系统运行状况进行监控。

（3）定期对备份系统进行例行维护。

（4）根据需要对备份系统进行响应式维护。

（5）根据服务级别要求按时修复备份系统故障。

（6）应制订应急恢复预案,并纳入整体应急预案中;宜定期进行本地、异地备份恢复测试。

（7）定期进行总结评估,对备份系统运行状况及运行维护工作情况进行分析,提出改进意见。

（8）做好备份系统技术资料的收集、整理,宜定期提交备份资源分配使用清单,定期整理备份策略;做好运行维护工作过程文档的收集、存档。

7. 基础软件

1）数据库管理系统的维护

数据库管理系统维护服务应做到下列几点：

（1）实时或定期监控数据库系统运行状况,监控内容至少包括下列几个方面：

①数据库运行状态；

②数据库表空间占用率；

③分析数据库系统日志。

（2）定期对数据库系统进行例行维护,维护内容至少包括下列几个方面：

①数据库健康检查,关键数据库应定期进行包括性能分析、安全审计的全面健康检查；

②数据库系统登录口令定期修改；

③数据库系统软件补丁升级。

（3）根据需要对数据库系统进行响应式维护,维护内容至少包括下列几个方面：

①数据库用户权限管理；

②数据库表空间分配等资源规划及分配；

③数据迁移等的配合业务应用进行数据库性能监控和优化等。

（4）根据服务级别要求按时修复发生的数据库系统故障。

（5）制订应急预案,应急预案可纳入整体应急预案中,应定期进行预案演练。

（6）定期进行总结评估,对数据库系统运行状况及运行维护工作情况进行分析,提出改进意见。

（7）做好数据库系统技术资料的收集、整理,宜定期提交数据库资源分配使用清单,做好运行维护工作过程文档的收集、存档。

数据库管理系统运行维护的服务等级对应的维护服务周期执行标准同存储系统。

2）中间件及其他基础软件维护

中间件及其他基础软件维护服务应做到下列几点：

（1）实时或定期监控中间件及其他基础软件的运行状况，监控内容至少包括以下几个方面：

①中间件及其他基础软件运行状态；

②分析中间件及其他基础软件日志。

（2）定期对中间件及其他基础软件进行例行维护，维护内容至少包括以下几个方面：

①中间件及其他基础软件健康检查，关键系统应定期进行全面健康检查；

②中间件及其他基础软件登录口令定期修改；

③中间件及其他基础软件补丁升级。

（3）根据需要对中间件及其他基础软件进行响应式维护，维护内容至少包括下列几个方面：

①配合业务应用进行中间件及其他基础软件配置变更；

②配合业务应用进行中间件及其他基础软件性能监控和优化等。

（4）根据服务级别要求按时修复发生的中间件及其他基础软件故障。

（5）制订应急预案，应急预案可纳入整体应急预案，应定期进行预案演练。

（6）定期进行总结评估，对中间件及其他基础软件运行状况及运行维护工作情况进行分析，提出改进意见。

（7）做好中间件及其他基础软件技术资料的收集、整理，做好运行维护工作过程文档的收集、存档。

中间件及其他基础软件运行维护的服务等级对应的维护服务周期执行标准同存储系统。

8. 数据资源

数据资源维护服务主要针对通用基础数据及元数据，业务应用数据的维护服务纳入业务应用系统维护工作中，数据资源维护服务应做到下列几点：

（1）数据资源的接收、分发。

（2）数据资源的处理：包括校核、编辑、整理等。

（3）数据资源的发布。

（4）数据资源的入库、存档。

（5）定期进行数据清理工作。

（6）做好运行维护工作过程文档的收集、存档。数据资源维护服务周期应满足业务应用的需求。

9. 安全设施

安全设施维护服务应做到下列几点：

（1）定期对各类安全设备进行巡检，查看并记录设备运行状况及告警信息。

（2）实时或定期对安全设施运行状况进行监控，监控内容至少包括下列两个方面：

①安全设施运行状态；

②安全设施系统日志分析。

（3）定期对安全设施进行例行维护,维护内容至少包括下列几个方面:

①安全设施健康检查,主要设备应定期进行全面健康检查;

②安全设施登录口令定期修改;

③安全设施配置文件备份;

④安全设施固件及系统软件升级;

⑤安全策略审核。

（4）根据需要对安全设施进行响应式维护,维护内容至少包括下列两个方面:

①安全策略调整等配置变更;

②配合完成信息系统安全等级保护测评的相关工作;

③安全预警信息发布。

（5）根据服务级别要求按时修复安全设施故障,按时处置计算机病毒爆发、黑客入侵等安全事件。

（6）制订应急恢复预案,并纳入整体应急预案中,宜定期进行演练。

（7）定期进行总结评估,对安全设施运行状况、信息系统安全状况及运行维护工作情况进行分析,提出改进意见。

（8）定期使用安全设施进行信息系统安全威胁监控分析。

（9）定期使用安全设施进行信息系统安全脆弱性扫描和分析,发现安全漏洞,提出加固建议。

（10）做好安全设施技术资料的收集、整理,宜定期绘制安全设施拓扑图,定期整理安全策略,定期提交信息系统安全风险评估报告;做好运行维护工作过程文档的收集、存档。

10. 视频会议系统

视频会议系统维护服务应做到下列几点:

（1）定期对视频会议系统的音视频设备进行巡检,查看并记录设备运行状况及告警信息。

（2）实时或定期监控视频会议系统的音视频设备运行状况,监控内容至少包括下列两个方面:

①音视频设备运行状态;

②音视频设备日志检查分析。

（3）定期对视频会议系统的音视频设备进行例行维护,维护内容至少包括下列几个方面:

①音视频设备健康检查,主要设备应定期进行全面健康检查;

②音视频设备登录口令定期检查、修改;

③音视频设备固件及系统软件升级;

④音视频设备易耗件及时更换;

⑤新增视频会议节点配置,记录更新到相应的文档记录;

⑥音视频设备配置调整等变更,记录更新到相应的文档记录;

⑦视频会议系统调试,每次会议前一天安排调试,根据会议议程进行演练。

（4）根据服务级别要求按时修复视频会议系统的音视频设备故障,重要设备应有备件。

（5）制订应急恢复预案，并纳入整体应急预案中；宜定期进行演练，系统中关键设备损坏失效的情况下，应有备件替换或者备选操作方案。

（6）提供视频会议的操作服务，应对每次会议制订会议操作脚本，并按脚本进行视频会议系统设备操作。

（7）定期进行总结评估，对视频会议音视频设备运行状况及运行维护工作情况进行分析，提出改进意见。

（8）做好操作人员的操作培训以及音视频技术知识的理论基础培训，提高操作人员的操作和应变能力。

（9）做好视频会议音视频设备技术资料的收集、整理，宜定期提交视频会议音视频资源分配清单；做好运行维护工作过程文档的收集、存档。

11. 工程视频

工程视频维护服务应做到下列几点：

（1）定期对工程视频系统设备进行巡检，查看并记录设备运行状况及告警信息。

（2）实时或定期监控工程视频系统运行状况，监控内容至少包括下列几个方面：

①前端设备工作情况；

②监控图像质量；

③监控点位置；

④局端设备日志检查分析。

（3）定期对工程视频系统进行例行维护，维护内容至少包括下列几个方面：

①前端设备健康检查，主要设备应定期进行全面健康检查；

②局端设备健康检查，主要设备应定期进行全面健康检查；

③系统登录口令定期修改；

④系统软件升级。

（4）根据需要对工程视频系统进行响应式维护，维护内容至少包括下列两个方面：

①接入前端设备的变化、调整；

②用户权限的分配。

（5）根据服务级别要求按时修复工程视频系统故障。

（6）制订应急恢复预案，并纳入整体应急预案中；宜定期进行演练。

（7）应定期进行总结评估，对工程视频系统运行状况及运行维护工作情况进行分析，提出改进意见。

（8）做好工程视频系统技术资料的收集、整理，宜定期提交工程视频系统接入图像资源清单，做好运行维护工作过程文档的收集、存档。

12. 其他基础设施

其他基础设施应从监控巡检、例行维护、响应式维护、故障处置、应急响应、安全管理、分析总结等方面开展维护服务。

3.4.2.2　业务应用

业务应用维护服务应做到下列几点：

（1）实时或定期监控业务应用运行状况,监控内容至少包括下列几个方面:

①业务应用运行状态;

②分析业务应用日志。

（2）定期对业务应用进行例行维护,维护内容至少包括下列几个方面:

①业务应用健康检查,关键系统应定期进行全面健康检查,包括安全审计;

②业务应用数据的校核、清理;

③业务应用性能分析、优化;

④业务应用管理员登录口令定期修改。

（3）根据需要对业务应用进行响应式维护,维护内容至少包括下列几个方面:

①业务应用权限变更、业务流程调整等配置变更;

②业务应用数据的添加、修改、删除及导入、导出;

③业务应用系统补丁升级。

（4）根据用户需求进行软件功能性完善等开发工作。

（5）根据服务级别要求按时修复发生的业务应用故障。

（6）制订应急预案,应急预案可纳入整体应急预案中,应定期进行预案演练。

（7）定期进行总结评估,对业务应用运行状况及运行维护工作情况进行分析,提出改进意见。

（8）做好业务应用技术资料的收集、整理,做好运行维护工作过程文档的收集、存档。

3.5　运行维护过程管理

3.5.1　要求

运行维护服务机构宜根据《信息技术服务管理第 1 部分:规范》(GB/ T 24405.1—2009)的相关规定加强运行维护服务过程管理,过程管理至少应包括事件管理、服务请求管理、变更管理和应急管理。

3.5.2　事件管理

事件管理负责对事件处理过程进行监控,并根据事件影响程度决定服务等级或应急响应等级的升降。事件管理涉及控制的范围应包括故障处置、应急响应等运行维护活动。

事件管理过程应包括事件受理、初步诊断和分类、解决、进展监控与跟踪、关闭等关键过程节点。

实际应用中可根据自身实际情况,在关键节点基础上调整相应管理节点。事件过程管理应包括下列内容:

（1）建立事件分类分级机制,根据事件故障影响程度确定事件等级,并启动相应处理流程。

（2）在事件处理完毕后,宜与事件影响的用户确认事件处理完成情况,并加以记录。

（3）在事件处理过程中,若需要修改系统相关配置,应适时启用变更管理流程,保证相关记录与信息系统运行配置相一致。

(4)建立事件评估机制,包括事件分类、事件解决情况统计、事件解决时间统计、事件影响程度分析等,为提升运行维护服务质量提供依据。

(5)事件处理过程中产生的文档、记录等应及时归档。

3.5.3 服务请求管理

服务请求管理是对服务请求过程进行监控,其涉及控制的范围应包括响应式维护活动。

服务请求管理过程应包括服务请求受理、初步诊断和分类、解决、进展监控与跟踪、修改配置信息、关闭等关键过程节点。

实际应用中可根据自身实际情况,在关键节点基础上调整相应管理节点。

服务请求过程管理应包括下列要求:

(1)建立服务请求管理分类分级机制,根据潜在影响程度,建立回溯机制。

(2)服务请求管理过程中,有信息系统服务中断或服务质量下降的可能性时,应进入事件管理。

(3)服务请求管理过程应归档记录,在服务请求关闭时,应启用变更管理流程,保证相关记录与信息系统运行配置相一致。

3.5.4 变更管理

变更管理是对变更过程进行监控,变更管理涉及控制的范围应包括在例行维护、响应式维护、故障处置、应急响应、安全管理等活动中。

变更管理过程应包括变更请求、评估、审核、实施、确认和审计等关键过程节点。

在实际应用中可根据自身实际情况,在关键节点基础上调整相应管理节点。

变更过程管理应包括下列要求:

(1)应根据变更类型和变更范围进行变更评估。

(2)宜从紧急程度、业务影响度等方面将变更分成常规变更、重大变更、紧急变更三种类型。常规变更指的是频繁发生、影响范围较小、紧急程度较低、实施风险较小、已经制订了标准实施流程的变更;重大变更指的是实施工作复杂、影响范围广、存在风险、需要制订详细方案、在系统与业务功能方面有重大调整的变更;紧急变更指的是如果不进行变更,会立即或正在严重而大范围地影响业务运行、服务等级或者带来重大影响的变更。

(3)变更方案应包括回溯机制。

(4)变更管理要保证相关记录与信息系统运行配置相一致,目的是确定所需要的变更,并使这些变更在最小的范围内得到实施。

(5)配置项主要包括信息系统的硬件、网络、软件、应用、环境、系统及相关文档的配置情况。

3.5.5 应急管理

应急管理是指对突发事件进行控制管理。应急管理涉及控制的范围应包括应急响应活动,应急管理的过程参见《水利网络与信息安全事件应急预案》。

3.6 运行维护组织体系

3.6.1 人员组织

运行维护服务机构应成立专职的队伍负责运行维护工作。

运行维护队伍宜由技术人员和管理人员组成,并根据工作内容配备相应专业技术人员。

运行维护队伍宜根据运行维护工作对象类别分成多个专业服务组,各专业组分工协作,共同完成运行维护工作。

3.6.2 工作模式

运行维护队伍应根据运行维护实际建立高效的工作模式,合理利用资源。

省级及以上水行政主管部门信息系统运行维护机构应设立服务台集中受理用户服务请求、故障申告、业务咨询,并跟踪服务请求和故障处理进展,确保服务级别的实现。服务台应具有电话、传真、网站、电子邮箱等多种沟通渠道。

各单位宜建立由热线(服务台)、一线(运维工程师)、二线(运维专家)、专业机构组成的多级技术支持体系,热线不能解决的问题提交一线;一线负责监控巡检、一般性的问题处理,并配合二线进行复杂问题处置,一线不能处理的问题提交二线;二线负责解决复杂问题,并进行深度的运行状况分析、评估,二线不能解决的问题提交设备生产厂商、软件开发商或第三方服务单位等专业机构。

3.6.3 岗位职责

运行维护服务机构应进行岗位设计,明确运行维护岗位,规定岗位职责,岗位职责规定至少应包括维护对象范围、工作内容及工作要求等。

根据实际情况,每名运行维护人员可以任职多个岗位,重要岗位应有两人或两人以上任职。

3.6.4 技能要求

运行维护人员应具备信息技术基础知识、运行维护岗位所需的专业知识及信息系统所支撑业务的相关业务知识,宜具有专业技能资质证书。

运行维护服务机构应加强人才队伍的建设和培养,定期组织各类培训,运行维护人员每年参加专业技术培训时间宜不少于48学时。

3.6.5 绩效考核

运行维护服务机构应针对各维护岗位建立绩效考核机制,内容可包括用户满意度、维护服务完成度及质量、维护服务效率、维护对象故障率及故障处理时间等方面。运行维护服务机构应定期将绩效考核结果报运行维护管理机构。

3.7 运行维护保障资源

3.7.1 支撑系统

3.7.1.1 **功能要求**

应配备运行维护支撑系统,对运行维护工作进行全面的支持。支撑系统应至少具备下列功能:

(1)自动监控:对信息系统物理环境、网络、主机、存储备份、安全设施、基础软件、业务应用等进行全面监控。

(2)风险预警:对信息系统发生的故障或潜在故障进行告警,对安全威胁进行预警。

(3)过程管理:对运行维护过程进行全面的记录、监督。

(4)分析评估:对信息系统运行状况、运行维护工作和安全风险进行评估。

(5)安全管理:对安全设施策略进行统一管理,对安全事件统一收集、处理、分析,对信息系统脆弱性进行自动或半自动评估。

(6)应急管理:对应急预案进行管理,开展应急响应预案演练,并可部分实现应急处置措施的自动执行。

(7)知识库:对运行维护经验进行积累,提供便捷的查询检索。

(8)配置管理:对运行维护对象进行自动发现和信息管理。

3.7.1.2 **其他要求**

运行维护支撑系统各功能应集成统一,信息共享,实现统一登录、统一授权、统一门户。应根据业务需要定期对运行维护支撑系统进行更新,更新费用可纳入运行维护经费。

3.7.2 工具装备

3.7.2.1 **仪器仪表**

应配备必要的专用仪器、仪表。

仪器、仪表应专人专管、定期测检校正。

3.7.2.2 **维护工具**

应配备必要的维护工具。

维护工具领用应登记,并妥善保管。

3.7.2.3 **档案资料**

基础资料:应建立运行维护对象清单、系统详细说明、操作手册、应急预案等。技术资料应整理成册。

运行资料:运行维护服务机构应对信息系统运行状况、运行维护服务过程进行记录,并整理形成系统运行资料。

知识库:运行维护服务机构应建立运行维护知识库,并建立更新维护机制。

3.7.2.4　**备品备件**

备件购置:运行维护服务机构应根据服务级别要求预先储备备品备件,以便在发生故障时能及时更换受损部件。

备件管理:应加强备品备件管理,做好备件入库、领用登记。应定期对备品备件进行盘点。备品备件应分类妥善保管,详细记录,并定期检查抽测,以保证其性能良好。

3.7.2.5　**管理制度**

运行维护服务机构应建立健全运行维护管理制度。

运行维护管理制度应至少包括工作制度、行为规范、操作规程等。

3.8　运行维护保障资金

水利信息化工程项目在设计阶段应明确运行维护管理机构,并在建设期考虑运行维护的资金费用。工程建设期完成后,运行维护管理机构应全面负责运行维护管理工作,并选定信息系统运行维护服务机构开展运行维护服务工作。

信息化系统运维投资主要包括三类:①通信费用;②网络安全建设及评定费用;③保证系统正常运行的设备、人员及服务。

其中,通信费用一般包括租用链路费用、GPRS 或北斗卫星通信费。

网络安全建设及评定根据定级标准,三级一般需要每年评定,二级一般需要每两年评定一次。

保证系统正常运行的设备、人员及服务主要包括备品备件的购置、设备的定期维护、故障设备的更换、软件的消缺等。

运行维护管理机构应依照《水利信息系统运行维护定额标准》和本单位的实际情况,按年度申请专项运行维护保障经费,并按相关要求使用。

由于全国各地经济水平和信息系统的运行环境条件存在差异,发生的费用必然存在差别,在经费预算编制中,应根据各地的实际情况对运行维护费用进行调整。调整内容包括电费、信道租赁费、运行维护材料费、异地设备维护费和设备运行年限等。

第4篇 典型案例

4.1 典型解决方案

4.1.1 智慧水利一体化管控整体解决方案

4.1.1.1 应用概述

　　智慧水利一体化管控典型应用为水利管理部门提供水资源开发利用、水利工程建设、水利工程安全运行、防汛抗旱、供排水与节水、江河湖泊、水土保持、水体治理等水问题处理的智慧解决方案,将自然水循环系统和社会水循环系统连接形成"水务物联网",提供涵盖"水资源、水管理、水安全、水环境、水生态"等领域各类智能感知现地监测监控设备,以及信息采集、传输、处理、存储、集成、管理、服务、应用为一体的水利应用服务平台,高效整合和优化配置各领域、各部门信息资源,统筹已建和新建信息化系统,在此基础上实现防汛抗旱、水资源管理、水利工程运行监控、供排水管理、水利工程建设管理、水政监察等智慧应用,全方位提升水利管理部门的监测、管理、预警、决策、调度、指挥能力,增强城市防汛抗旱、供水保障和水资源管理能力。

4.1.1.2 总体架构图

　　智慧水利一体化管控总体架构见图4-1。

4.1.1.3 功能应用

> ➤水利工程建设与运行管理系统;
>
> ➤ 水务一体化(供排水)系统;
>
> ➤ 生态河湖和河长制信息化系统;
>
> ➤ 农村饮水安全信息化管理系统;
>
> ➤ 灌区及城乡供水一体化管理系统;
>
> ➤ 水灾害防御与调度指挥系统;
>
> ➤ 水厂智能运行管理系统;
>
> ➤ 二次供水管理系统;
>
> ➤ 供水管网GIS及水力模型管理系统。

4.1.1.4 应用场景

　　智慧水利整体解决方案为水利管理部门提供水资源管理、防汛抗旱、供排水、河道、工程管理、水体治理等水问题处理的智慧解决方案,为水利水务管理部门提供一个水资源监控、预警预测、调度管理、分析评价的决策支撑平台;为水务企事业单位打造一个管理人

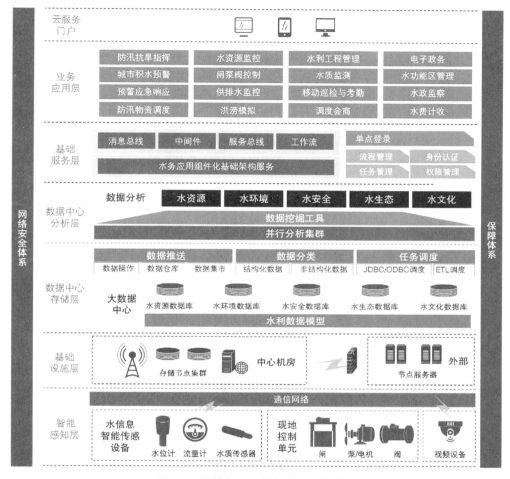

图4-1 智慧水利一体化管控总体架构

员、专家、运营信息高度融合的集成管理环境;为社会公众提供一个开放互动、高效灵活、便捷通畅的服务窗口。

4.1.2 智慧调水一体化管控整体解决方案

4.1.2.1 方案概述

智慧调水一体化管控整体解决方案是为引调水工程、城市水务等综合性水资源配置工程提供的全方位立体化的整体解决方案。方案充分考虑了调水工程输水线路长、站点分散、渠系管网及建筑物结构复杂、调度管控难等特点,通过建设统一的物联感知测控平台、数据资源管理平台、应用支撑平台,实现工程多专业自动化设备测控接入,各类运行、管理信息的全面汇聚和统一管理,并提供多源全景监控、水量调度、智能告警与联动、工程/管网安全分析评估、事故应急响应与决策、工程标准化管理、系统智能运维、智能安防与行为分析、工程数字化管理、综合信息服务及移动应用等智慧应用,最终实现调控管维一体化,为工程"安全、经济、高效、绿色"运行提供有力支撑和技术保障。

4.1.2.2 总体架构图

智慧调水一体化管控总体架构见图4-2。

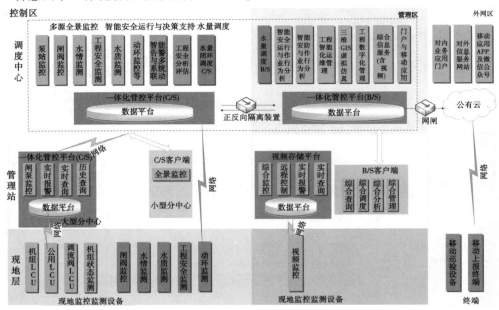

图4-2 智慧调水一体化管控总体架构

4.1.2.3 功能应用

➢ 多源全景监控;

➢ 智能告警与多系统联动;

➢ 工程安全分析评估;

➢ 水量联合调度;

➢ 智能安全运行与决策分析;

➢ 智能安防与作业行为分析;

➢ 工程标准化、信息化管理;

➢ 设备全生命周期管理与智能运维;

➢ 三维 BIM+GIS 的数字孪生应用;

➢ 综合信息服务平台;

➢ 门户与移动 APP 应用。

4.1.2.4 应用场景

智慧调水整体解决方案主要应用于长距离引供水工程、区域性水资源配置工程、城市水生态调度(闸泵联合调度)工程、灌区工程,为工程水雨情监测、水质监测、自动化设备监控、水量计量、水费核算、调度管理提供先进的技术手段。

4.1.3　智慧水库一体化管控整体解决方案

4.1.3.1　方案概述

　　智慧水库一体化管控整体解决方案以全面落实"水利工程补短板、水利行业强监管"的工作要求,结合水库(群)信息化建设现状及运行管理模式,为水库安全运行提供技术保障,促进水库管理效能和现代化管理水平的提升,实现水库管理从数字化到智能化的转变。方案为大中型水库提供大坝安全监测、水雨情遥测、流量监测、水环境在线监测、电站/闸门控制、视频监控等专业现地监测监控子系统,提供集多专业自动化多元测控、数据汇聚、存储、交换、分析、服务于一体的水库智慧综合管控平台,实现水库全景监控、来水预报、防洪调度、发电调度、巡检管理、运行值班、工程管理、信息服务等智能应用,实现水库感知、传输、应用的网络化和智能化。同时,可为中小型水库提供一体化智能测控装置实现现地采集传感一体化整合,通过瑞智云服务平台直接提供云应用服务,实现小型水库低成本信息化建设全面覆盖及集中监管。

4.1.3.2　总体架构图

　　智慧水库一体化管控总体架构见图 4-3。

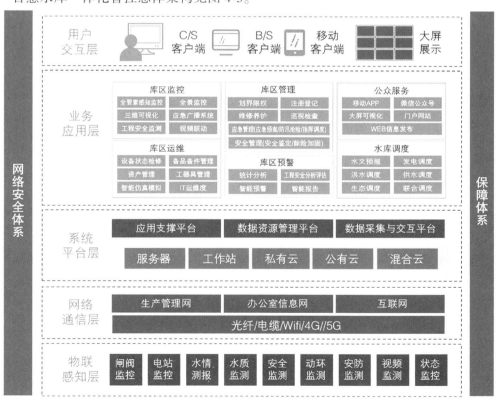

图 4-3　智慧水库一体化管控总体架构

4.1.3.3　功能应用

➢　全面感知:库区水工建筑物安全、流域水雨情、机电设备状态、视频图像等;

➤ 预报调度:丰富的预报模型,多功能调度模式,包括水库洪水预报、防洪调度、发电调度等;

➤ 安全管控:主动预警与告警,提供移动巡检、水库安全鉴定管理、工程安全分析评估等应用;

➤ 运行控制:闸门控制、电站控制、配套设备控制、通用设备控制;

➤ 高效运维:水库管理高效精细、解决问题快速精准;

➤ 决策服务:信息驱动、智能决策,让复杂数据更易读、易看、易懂;

➤ 智能报告:提供可自定义的监测月报、年报等常规的资料分析,系统自动生成资料分析报告;

➤ 云端托管:针对中小水库提供一套物联测控硬件装置及基于云服务应用的云端托管解决方案。

4.1.3.4 应用场景

智慧水库解决方案主要应用于水库(群)的综合管控,适用于新水库信息化建设及老旧水库信息系统改造。对于中小水库管理提供多元物联测控及云托管服务,为水库管理单位提供质优价廉的信息服务。

4.1.4 智慧灌区一体化管控整体解决方案

4.1.4.1 方案概述

针对大中型灌区设备种类多、站点分散、管理效率低的问题,为灌区提供集测控、调度、计量、信息化管理于一体的智慧灌区整体解决方案。系统以节水为中心,通过多类现地智能化成套装置设备与一体化灌区管控系统,实现水资源的合理配置和灌溉系统的优化调度,为灌区管理部门提供科学的决策依据,全面提升灌区经营管理的效率和效能。

4.1.4.2 总体架构图

智慧灌区一体化管控总体架构见图4-4。

4.1.4.3 功能应用

1. 灌区测控

针对灌区管理面积大、设备设施分散、基础条件差等特点,提供基于多元物联测控的系列水位计、系列流量计、多参数水质监测仪及微功耗数据采集器、节水灌溉电磁阀、低功耗硬件架构的一体化闸门、安全可控智能 PLC、智能刷卡控制器等测控装置,实现灌区精准量水、精确配水。

2. 节水灌溉

依据农田墒情、作物生长信息等田间实测信息进行墒情预报,结合灌区渠系水量优化调度模型、自动耦合闸门闭环控制,提供灌区精准水量调度系统,提高灌区的水资源利用效率,实现节水灌溉。

3. 灌区综合管控

一体化管控平台可接入主流的泵闸阀控制、水情、视频、水质、安全监测等现地测控设备,提供灌区全景监控、预报调度、水量水费计量统计、工程管理、移动 APP 等应用,系统

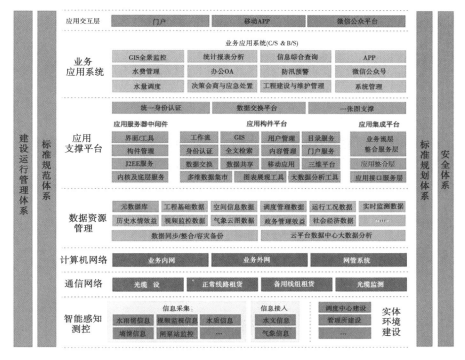

图 4-4　智慧灌区一体化管控总体架构

融合调度与运行,最终实现灌区全面感知、精准调控、协同管控。

4.1.4.4　应用场景

智慧灌区整体解决方案主要客户是各大、中、小灌区建管单位和用水户协会等,通过灌区信息化综合管控系统实现灌区信息共享、科学决策、过程监控,实现水资源的合理配置和灌溉系统的优化调度,为灌区管理部门提供科学的决策依据,全面提升灌区经营管理的效率和效能。

4.1.5　智能泵站一体化管控整体解决方案

4.1.5.1　方案概述

智能泵站可定义为“以自动化、数字化、信息化为基础,广泛应用新兴信息技术和现代工业技术,具备智能感知、智能运行、智能可视、智能交互、智能协联、智能预警、智能评估、智能诊断、智能决策特征,实现信息高度融合、业务友好互动、智能决策运行、高效工程管控目标的泵站”。

4.1.5.2　总体架构图

智慧泵站一体化管控总体架构见图 4-5。

4.1.5.3　功能应用

➢ 泵闸监控;

➢ 状态监测;

➢ 联合优化调度;

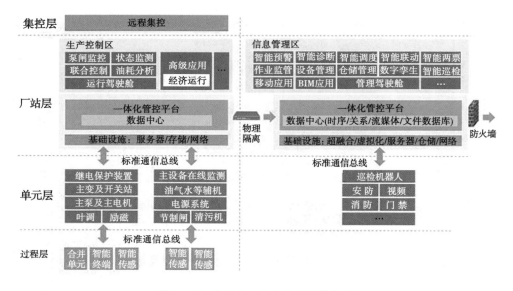

图 4-5　智能泵站一体化管控总体架构

➢ 泵闸经济运行；

➢ 能耗分析；

➢ 智能预警；

➢ 智能诊断；

➢ 智能联动；

➢ 智能两票；

➢ 作业监管；

➢ 设备管理；

➢ 仓储管理；

➢ 泵闸数字孪生；

➢ 智能巡检；

➢ 移动应用；

➢ 运行驾驶舱。

4.1.5.4　应用场景

　　智能泵站系统主要应用于抽水排涝泵站、引供水工程泵站、市政及园区供排水泵站等工程,可有效减少系统建设成本、检修时间,降低运维工作量,提高生产效率。

4.1.6　智慧水运一体化管控整体解决方案

4.1.6.1　方案概述

　　智慧水运一体化管控整体解决方案是以调度控制自动智能、安全防护可控及时、工程管理精细高效、信息服务便捷通畅为出发点,围绕航道、船闸、船舶三要素,采用智能化设备,自动完成信息采集、测量、控制、保护等基础功能,构建涵盖信息汇聚、存储、交互、分析、服务为一体的综合管控平台,在平台基础上部署全景监控、统一调度、协同指挥、智能管理、信息服务等智慧应用,全面提高运营管理单位的调度、管理、预警、决策和指挥能力,达到"全面感知、可靠传递、智能处理、高效协同、阳光便捷"的目标。

智慧水运内容涵盖集中监控(航标、船闸闸门、交通灯、广播等的集中控制)、船闸收费调度系统(登记收费、联合调度、电子支付、电子发票)、电子航道图、信息发布、综合展示、工程运维管理(工程物资、维修养护、工程巡检及值班管理)等。

4.1.6.2　总体架构图

智慧水运一体化管控总体架构见图 4-6。

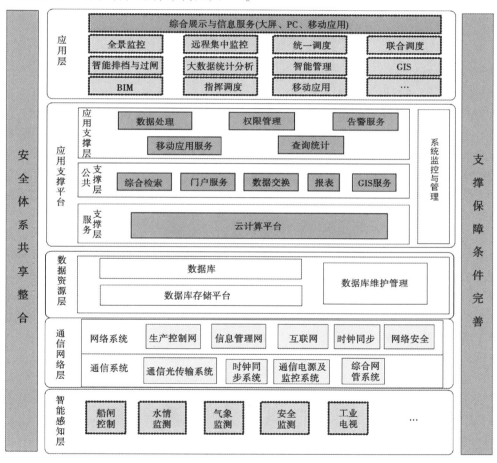

图 4-6　智慧水运一体化管控总体架构

4.1.6.3　功能应用

航道动态监测:建设航标遥控遥测系统和智能视频监控系统。遥测系统主要包括导标、浮标、航保设施、通信设施等的工作状态的监控管理;视频系统实现对航道内设施的自动感知和安防监控。

航道维护管理:建设航道工程建管系统和航道工程运管系统,提升船闸工程专业化、精细化和标准化管理水平。

船闸收费调度管理系统:建设船闸收费调度管理系统,实现对上下行过闸船舶的收费和过闸调度管理功能。

4.1.6.4 应用场景

智慧水运综合可提供船舶航行、船舶船员监管、协同办公、行政执法、通航调度与事故处理等综合服务,可实现集监控、通信、指挥、调度等功能于一体的水上智能交通平台,为通航水域内的安全监管及通航服务。

4.2 典型项目案例

4.2.1 引供水工程一体化管控系统建设案例——杭州市千岛湖配水工程

4.2.1.1 项目概况

杭州市千岛湖配水工程是关系近千万人民饮水安全、健康及钱塘江水资源科学配置的重大民生工程。工程从千岛湖淳安县境内取水,线路全长 113 km,通过输水隧洞、分水口等工程措施,输送千岛湖原水,沿途分配水量至沿线的建德、桐庐、富阳部分区域,到达闲林配水枢纽前,富余能量经调流调压电站发电后流入配水井后分配水量至杭州市主城区、萧山区和余杭东苕溪以东地区等三个方向,实现水位、水量控制,提高杭州及沿线城乡供水水质和保证率,杭州市区形成千岛湖、钱塘江、东苕溪联合供水、互为备用的多水源供水格局,并为实现分质供水打下基础。

本工程为Ⅰ等工程,主要建筑物及设施包括千岛湖进水口(分层取水闸、进水口事故检修闸)、输水隧洞(含埋管、3 座事故检修闸、5 座事故检修阀、调压井等)、6 个分水口(莲花溪、下包、谢田、鸿儒、官地上、上陈)闲林枢纽流量控制建筑物[林控制闸、流量调节阀(5 座)、能源回收电站(4 台)、连通控制闸、九溪、余杭方向取水闸、江南方向取水闸]、闲林配水井等主要建筑物为 1 级建筑物,检修排水退水设施、交通道路等次要建筑物为 3 级建筑物,工程总体布置如图 4-7 所示。

4.2.1.2 建设内容

1. 现地监测监控

现地监测监控主要含水情、水质、工程安全、工程运行等监测信息和视频安防信息的采集和接入工作。

同时,通过数据共享,获取上级和供水区有关单位等共享信息数据。

2. 综合通信与计算机网络

综合通信网络系统主要包括通信传输系统和计算机网络系统。主要完成租用数字电路模式完成通信系统组网,通过控制专网、业务内网和业务外网模式建设计算机网络系统,为管理系统建设提供基础支撑。

3. 实体环境

实体环境主要完成机房配套工程和指挥场所实体环境两项建设工作,建设范围覆盖运行调度中心、会商中心等。

图 4-7　杭州市第二水源千岛湖配水工程平面布置图

4. 信息安全体系

在全面分析和评估工程调度运行管理系统各要素的价值、风险、脆弱性及所面对的威胁基础之上,遵照国家等级保护的要求,控制专网和业务内网系统信息安全按 3 级等保要求完成建设,业务外网系统信息安全按 2 级等保要求完成建设,构建技术体系、管理体系、服务体系,实现集防护、检测、响应、恢复于一体的整体安全防护体系。

5. 云计算中心

完成云计算中心建设,以服务器主机、存储备份、异地容灾等基础支撑设施建设为基础,采用云计算技术为数据服务中心、应用支撑平台和业务应用系统平台提供弹性计算服务和按需存储空间。云计算中心的主要建设内容包括云计算基础设施、云计算虚拟化和云资源管理平台。云计算中心集中部署在总调中心,保障工程运行期的应用系统建设运行需求。

6. 一体化管控平台及智慧应用

平台系统总体框架由 4 个层次组成,完成信息采集交互平台、数据资源管理平台、应用支撑平台、业务应用模块建设。

其中完成九大智慧应用:多源全景监控、水量调度管理、智能安全运行与决策支持(智能告警与多系统联动、工程安全分析评估、事故应急响应与会商决策)、智能安防与作业行为分析、工程智能化运维管理(工程标准化管理、设备智能化运维)、三维 GIS 虚拟仿真、工程数字化管理、综合信息服务、门户与移动应用。

7. 标准规范体系

完成标准规范体系框架建设,由总体标准规范、技术标准规范、业务标准规范、管理标准规范、运营标准规范等部分组成。

4.2.1.3　项目成效

千岛湖配水工程智慧管理综合平台遵循“简单、实用、安全、可靠”的建设原则,建立输水沿线配水信息及工程运行信息采集站点,实现信息采集自动化,搭建覆盖调度中心-分中心-现地设备的通信网络系统,实现传输网络化,集中布署一体化管控软件平台,实现调度控制管理一体化,统筹建设自动化系统运行实体环境,实现运行安全化,融合并吸收已建工程及相关业务系统经验,实现千岛湖配水工程的信息采集、监测监视、预测预警、调度控制、工程管理和调度会商决策支撑,支撑千岛湖配水工程形成水资源综合利用的供水网络体系,切实提高了配水工程综合监测、调度、控制、管理和决策水平,保障了配水工程安全、可靠、长期、稳定的经济运行,实现安全调水,为合理调配区域内水资源,充分发挥调水工程的经济效益和社会效益起到技术支撑作用。

项目首次提出了针对大型山地长距离有压引调水工程新一代智慧调水管控应用及安全体系,围绕施工、运行、调度、生产、运维、服务等应用需求,提出了"六智"理念及多场景应用融合、分区安全策略,解决了长距离大型实时调水工程管控协同性差、安全防护不足、辅助决策困难等问题。提出并构建了基于多元物联感知测控的调水工程全线一体化实时调控,并从设备故障诊断与运维层面,提出并构建了"三层五域"(现地-站(所)-中心、硬件-软件-数据-网络-安全)一体化监控,实现了长距离调水工程运行与运维融合,打破了传统调水工程多专业自动化系统独立构建的现状,并解决了工程全系统故障识别不准确、不全面、不及时、智能化程度低等难题。同时,系统创新性提出并实现"供水-发电"并联运行实时优化调度,确保从千岛湖长距离引入闲林水库的水能在满足城市需水的前提下高效发电,有效提升了供水与发电的综合效益。杭州市千岛湖配水工程管控系统平台现场实际展示效果如图 4-8 所示。

图 4-8　杭州市千岛湖配水工程管控系统平台现场实际展示效果

4.2.1.4　功能亮点

(1)研制出了涵盖引供水一体化工程管理全要素展示页面,支持包含大屏、桌面、移动端等多终端渲染,基于图形化界面开发的图元组态应用,如图 4-9 所示,采用 HTML5 技术,实现综合监控、一体化平台大屏、APP 信息展示等全终端页面的低代码开发与维护。

(2)研制出基于一体化平台框架的 BIM+GIS 轻量化水利工程设备设施全生命周期管

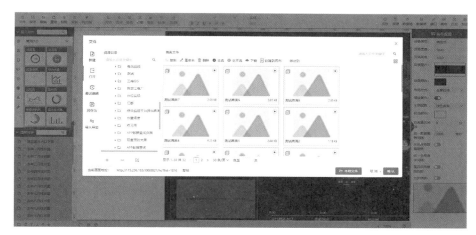

图 4-9　图形化界面示意图

理展示应用,如图 4-10 所示,针对 BIM 模型实现 Web 方式轻量级查看,利用三维化技术对建筑物内构以及周边设备结构智能分析并进行全要素、全生命周期、全视角、全方案交互展示。

图 4-10　BIM+GIS 轻量化水利工程设备设施示意图

(3)研制出基于一体化平台的工程化智能运维应用,如图 4-11 所示,能实现对网络设备、服务器设备、操作系统运行状况进行统一监控与管理,同时支持各类型软件如数据库、中间件以及各种通用或特定服务的监控管理,能建立自学习运维知识库,针对故障自动快速诊断定位,给出解决方案。

4.2.2　水利枢纽一体化管控建设系统案例——江苏省江都水利枢纽工程

4.2.2.1　项目概况

江都水利枢纽工程整体图如图 4-12 所示,位于京杭大运河、新通扬运河和淮河入江水道"三水"交汇处,南濒长江、北连淮河,是江苏江水北调工程的龙头,国家南水北调东线工程的源头,是全国治水的典范。枢纽是全国最大的电力排灌工程、亚洲规模最大的泵站枢纽,由 4 座大型电力抽水站、5 座大型水闸、7 座中型水闸、3 座船闸、2 个涵洞、2 条鱼

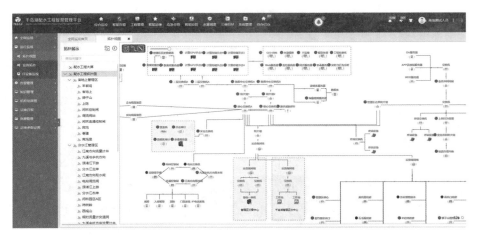

图 4-11 工程化智能运维示意图

道以及输变电工程、引排河道组成,是一个具有灌溉、排涝、泄洪、通航、发电、改善生态环境等综合功能的大型水利枢纽工程。其中 4 座抽水站从 1961 年开始兴建,1977 年竣工,共装有大型立式轴流泵机组 33 台(套),装机容量 55 800 kW,最大抽水能力为 508 m³/s,是我国第一座自行设计、制造、安装和管理的大型泵站群。

图 4-12 江都水利枢纽工程整体图

4.2.2.2 建设内容

以原有集中监控系统、工程管理系统为基础进行整合,以核心业务为主,兼顾行业管理新业态,紧扣工程管理的事项、标准、流程、制度、考核、成效等重点管理环节,建立一套水利枢纽一体化管控系统。构建了一个涵盖"工程运行、工程管理、高效调控、可视化应用"四大板块的水利工程一体化管控功能集。

(1)工程运行,按照管理辖区、站点类型、给定时间区间等要素指标查询和统计基础信息、监测信息、过水量信息、运行信息、告警信息等,制订标准化的 PLC 控制程序,在具

240

备权限时可实现安全可控地远程操控相应自动化设备。对于泵站类信息的要严格按照用户分配的权限进行查询和统计。在系统集成时,将泵站的各类信息上传至调度中心,现地站与调度中心数据要保持时钟同步一致性、数据展现一致性、数据定义一致性,最终在调度中心实现整个工程的统一管理、统一调度。

（2）工程管理方面,构建了"7+2+1"架构的精细化管理平台,主要包括综合事务、设备管理、调度运行、检查观测、水政管理、安全管理、项目管理等 7 个管理模块,管理驾驶舱、后台管理 2 个辅助模块以及 1 个移动客户端,通过该平台的建设将工程管理任务和责任各方面"元素化"地细化到岗位职责,实现了"工程全要素管理、设备全周期管理、耦合式调度运行、闭环式日常运检、项目全过程管理、安全全方位管控、协同化综合办公"。

（3）高效调控方面,通过一体化管控平台实现数据全覆盖采集,结合泵站精细化管理要求,从数据、设备、系统、业务多维度建立数据分析研判体系,为泵站运行调度、智能告警、智能控制、能耗分析、综合管理提供基础数据;开发预测模型,对相关数据进行组合研判,预测故障可能发生的时间和概率,提前进行分级告警,指导运行维护人员提前进行检查和维修;按照调度控制水位、流量等目标要求,根据主机组特性曲线、水文环境、泵站工况、安全运行等条件,进行智能调度控制整体策略设计,最终实现泵站的智能调度;对泵站耗能进行分析,采用合理措施,提高资源利用率;实现泵站的"一键启停"开机流程、停机流程、事故停机流程,按照设定的流程自动操作,减少或杜绝人工干预,从而提高开停机过程的智能化程度,减轻运行维护人员的劳动强度。

（4）可视化应用方面,在深入分析数据可视化展示需求的基础上,通过应用二、三维GIS、BIM、HTML5、HybridAPP、数据资源池等技术,构建"流域-工程-设备"级的数字孪生场景,在精细、逼真的模型中,对集成的各类监测信息进行实时监控,出现异常状况时能够发出预警报警,并将建模精度匹配日常管理需要的设备及建筑部件层级,形成设备树,与工程管理平台的设备信息之间建立关联,某个设备发生故障后可以快速地定位到跟其有连接关系构件的位置信息,并与设备巡检、检修工单、工作票管理等模块联合使用,派发处理任务,记录缺陷消除过程,实现数字工程的共生共长。

4.2.2.3　项目成效

通过江苏省江都水利枢纽一体化管控系统建设,"运行驾驶舱"实现用数据服务决策、"精细化管理平台"构建管理新模式、"智能调度"为泵站运行配置"运算大脑"。

远程集控应用:泵站传统的监盘方式监控数据不全面、展示方式不直观,由此带来数据延时问题,可能会导致运行人员判断或决策失误。江都水利枢纽"运行驾驶舱"是服务枢纽运行管理的决策中心,全面梳理出泵站智能管理中运行调度、机组检修等关键应用场景和主要监控数据流,好比汽车和飞机的仪表盘,形象地展示泵站关键业务的数据指标以及执行情况。"运行驾驶舱"打破了自动化系统和信息化系统之间的数据孤岛,通过可视化的泵站运行及管理数据看板,提供"一站式"决策支持,有效地增强了水利枢纽的调水、排涝等水资源配置能力。

精细化管理应用:紧扣水利工程管理中的生产运行、设备资产、维修养护、检查观测等重点环节,运用可视化编辑器、电子签章、权限管理等功能,实现管理事项清单化、管理要求标准化、管理流程闭环化、成果展示可视化、管理档案数字化、管理审核网络化,构建了现代化水利工程管理新模式。该平台不仅满足生产运行、日常业务管理的要求,还覆盖了工程管理、安全生产标准建设、精细化和标准化管理、行业监管等评价考核标准中的要素,为水利工程的精细化管理与考核提供强有力的技术支撑和考核依据。

智能调度应用:传统泵站调度工作主要依靠人工操作。江都泵站位于南水北调工程源头,运行过程中,下游水位每天受长江潮位顶托(每日潮涨潮落两次),而上游河道水位相对稳定,造成上下游水位差波动较大,需要根据水位变化人工频繁调节机组运行工况,造成较高的能耗。针对这一问题,感潮智能调度将水动力学模型与大数据分析、智能算法融合,依托云计算平台,进行智能优化调度决策算法研究,将机组工况调节次数降低到一天两次,保证泵站节能高效运行,解决了潮位顶托工况下的泵站运行优化调度问题。在保证枢纽泵站运行安全及上游河道供水量要求的前提下,实现泵站的降本增效运行及经济效益最大化的目标。

一体化管控系统的建设将在江都水利枢纽工程建立起水利工程标准化、精细化、现代化管理的示范性应用,为全省乃至全国水利枢纽以"抓好抓实创建、细化完善体系、健全长效机制、建立考核机制、完善信息平台"为重点,加快实现工程管理的"制度化、专业化、信息化和景观化",起到示范和借鉴作用。图 4-13 为江都水利枢纽工程精细化管理平台示意图。

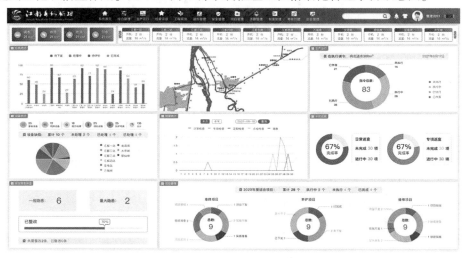

图 4-13　江都水利枢纽工程精细化管理平台示意图

4.2.2.4　功能亮点

(1)研制出了涵盖水利工程精细化管理全要素、全过程的可复制、可推广的通用化信息化平台。如图 4-14 所示,以水利工程安全高效运行为核心,以精细化管理要素为导向,以"事项、标准、流程、制度、考核、成效"为驱动内核,构建了水利工程"感知-调控-管理"全过程、全要素的信息化平台范式。

(2)基于图形化工作流引擎、低代码表单动态搭建技术实现了水利工程管理多业务全流程动态管控。如图 4-15 所示,采用数据模型技术、工作流技术、低代码应用生成技术,对"控制运用、检查评级、工程观测、维修养护、安全生产、制度建设、档案管理、水政管理和度汛准备"等 12 板块、33 细项任务,实现工作任务编制→下达→办理→跟踪→总结评价全流程管理,约束各项计划落实到位、及时处理。

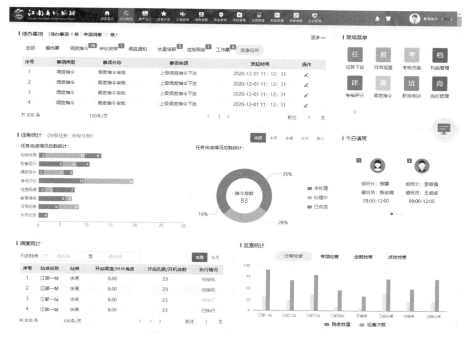

图 4-14　信息化平台示意图

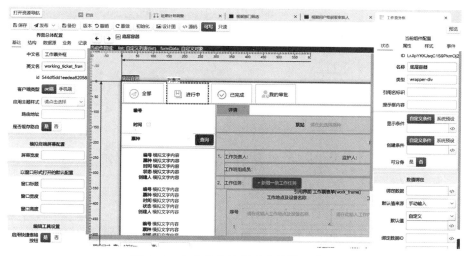

图 4-15　多业务全流程动态管控示意图

（3）提出了基于时间序列预测（LSTM）和并行遗传算法的感潮泵站实时在线优化调度技术路径。如图 4-16 所示，通过机器学习实现了受潮汐影响下的泵站前池水位在时间序列上的在线精准预报，实现了基于并行遗传算法的泵站开机台数、开机时段、叶片角度的最优调度方案的实时在线求解。

（4）实现水利工程设备设施全生命周期管理。如图 4-17 所示，研究设备编码自适应规则，对设备进行批量化地自动生成唯一编码，以唯一编码为标识，以二维码为"身份证"，实现对各类设备资产从投入到退出的全生命周期活动管理。

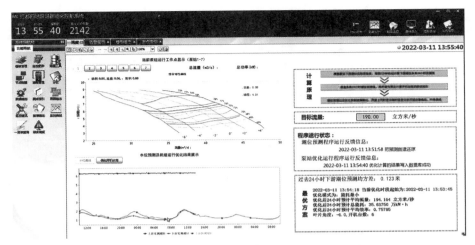

图 4-16　感潮泵站实时在线优化调度技术路径示意图

图 4-17　设备设施全生命周期管理示意图

4.2.3　流域水资源一体化管控系统建设案例——巴音郭楞管理局一体化管控系统

4.2.3.1　项目概况

巴音郭楞管理局直接管理开都河、孔雀河灌区,还肩负着开都河、孔雀河流域内的水利工程供水和管理。在用水管理上,承担着向开都河-孔雀河流域5县1市,5个地方国营农牧(园艺)场和部队、铁路、监狱农场及农二师11个团场共计308.97万亩的地表水灌溉任务,另承担着工业、城镇绿化的供水任务,同时还负责开都河、博斯腾湖、塔里木河中下游生态水的宏观调控。

巴音郭楞管理局主要职责是:在管辖范围内依法实施水资源统一管理,组织编制或预审流域综合规划及专业规划,行使水资源评价;取水许可审批;取水许可证发放;水资源费征收;水量调度管理;河道管理;水政执法;水政监察;水事纠纷调处;水利工程管理和水费征收;水能资源的开发利用,地表水、地下水水质监测等流域水资源管理、流域综合治理和监督职能。

4.2.3.2　建设内容

1. 现地监测监控系统

现地监测监控系统主要包括现地闸门监控、视频监控、水情测报、工期监测、泵站励磁系统、高压开关柜、自动化仪表、泵站软启动、动力环境监控等。

通过现地监控系统的建设,实现了在巴音郭楞管理局集控中心,对泵站远程管理可视化,提高泵站运行可靠性;偏远地区水情遥测系统能够在无人值守的条件下长期连续正常工作,减员增效;励磁系统和自动化仪表的建设,保障远程数据的可靠性和实时性。通过对工情水位信息的采集实现水情站点水位、流量(基于水位流量关系曲线)等数据监测和查询,包括实时数据、历史数据的各类曲线、图表查询,以便掌握工程的水情、流量状况,为闸门远程控制提供基础数据。

2. 网络与安全系统

网络与安全系统主要包括网络传输与网络安全。其中,网络传输主要包括各现地站至分中心数据通信、分中心与新疆塔里木河管理局(简称塔管局)机房数据通信、塔管局机房与水调中心数据通信等;网络安全主要参照符合《信息安全技术　网络安全等级保护基本要求》(GB/T 22239—2019)及《水利网络安全保护技术规范》(SL/T 803—2020)水利行业标准。

网络安全建设主要为在核心安全域与其他网络区域边界部署安全隔离装置,确保安全域之间有清楚明晰的边界设定,如塔管局机房配置安全管理平台、日志审计、数据库审计、入侵检测、运维管理平台、流量监测设备;配置标识管理平台、标识密码机、安全接入平台;控制区与管理区之间配置正、反向隔离装置等。针对下属管理站和枢纽网络接口配置防火墙、入侵检测及加密网关。构建具备三级等级安全保护能力的网络安全综合防御体系。

3. 支撑平台系统

为满足水调中心建成运行所必须的实体环境支撑及配套。具体包括水量调度控制室的建设、水情会商室建设、水调中心机房建设、水调中心大楼办公配套及塔管局机房超融合系统的建设。

4. 综合运管平台应用系统

综合应用平台建设主要内容包括:①综合运管平台建设;②大屏可视化应用;③运行调度控制应用;④智能运维应用;⑤快速报告应用;⑥移动应用。

综合运管平台系统以现地测控系统为基础,以数据处理与交互平台为纽带,全面、及时地采集所需数据,进行统一处理,并存入实时数据库和历史数据库;构建统一的数据共享平台,统一安全可靠地进行数据存储管理;通过一体化应用支撑平台,对统一数据平台中的数据进行专业化的数据分析与处理,并提供不同应用领域以及综合的数据、应用服务支撑。在一体化应用支撑平台上提供泵站、闸门、水情、视频等各类综合监控监测应用,并在此基础上实现运行调度管理、智能运维应用、大屏可视化系统、快速报告、移动应用等管理类应用。并通过强有力的一体化基础支撑、安全防护管理及标准规范体系,为全面提高巴音郭楞管理局水利信息化各项业务的处理能力、实现调水过程的自动化和全线调水安全提供有力的支撑。图 4-18 为巴音郭楞管理局水利信息化一体化管控平台首页。

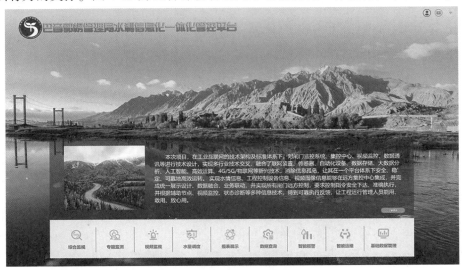

图 4-18　巴音郭楞管理局水利信息化一体化管控平台首页

5. 安全体系

对于本工程来说，为了满足最根本的安全需求，需要建设主动、开放、有效的系统安全体系，实现网络安全状况可知、可控和可管理，形成集防护、检测、响应、恢复于一体的安全防护体系。

系统安全体系包括安全技术体系和安全管理体系，其中安全管理体系包括安全策略体系、安全组织体系、安全运作体系的建设。

4.2.3.3　项目成效

巴音郭楞管理局一体化管控系统建设基于工程信息化建设现状及实际需求，补水利信息化短板，以水利现代化建设需求为引领，以智慧水利建设推动水利现代化管理体制改革为目标，提升巴音郭楞管理局所辖流域的全面感知能力，建设巴音郭楞管理局水利信息化基础设施体系，强化水利业务与信息技术的深度融合，充分利用先进的通信与计算机网络技术、信息采集技术、监视监控技术、数据汇集管理技术和信息应用技术，实现巴音郭楞管理局水利信息化的全面感知、可靠传递、智能调度、高效协同、便捷应用。提高综合监测、调度、控制、管理水平，保障调水安全、可靠、长期、稳定的经济运行，达到"信息采集自动化、数据传输实时化、闸门启闭远程化、运行工况视频化、安全生产可靠化、水量计算精准化、水量调度统一化"，最终实现"可看、可控、可算、可调、可防"的总体目标。图 4-19为巴音郭楞管理局一体化管控系统。

巴音郭楞管理局一体化管控系统建设项目关键产品、关键技术高度国产化，采用国产操作系统、国产数据库、国产应用软件、国产芯片工控机、国产现地控制单元等，在国家国产化战略上迈出了坚实的一步。

通过一体化管控系统建设，提高了流域水利枢纽的管理水平，加强了水利枢纽的远程控制和调度能力，增强整个流域水量控制的反应能力。改变了传统的巡河工作方式，信息化系统成为主要的工作平台，节约了巡河工作中人力、物力的投资，降低了运维成本。

图 4-19　巴音郭楞管理局一体化管控系统示意图

4.2.3.4　功能亮点

1.资源管控系统

原有系统以水量统计、水费计收为目的,无法覆盖巴音郭楞管理局成立水调中心后日常水量调度管理的整个业务需求。本项目根据梳理的调度业务需求,在现有水量统计、水费计收功能的基础上,开发新的系统,该系统具备水量实时纠偏提醒功能,通过信息化系统的管控考核,严格规范供水计划执行,使用水户的计划准确性逐年提高;系统可实现对调度人员及现场操作执行人员的闭环管控,从而使得调度执行记录可追溯;系统能将调度经验程序化,减轻对专人的依赖,减少操作失误;系统具备移动 APP 和短信提醒功能,提供便捷易用的人机交互体验,实现调度业务的闭环管理。图 4-20 为水资源管控系统示意图。

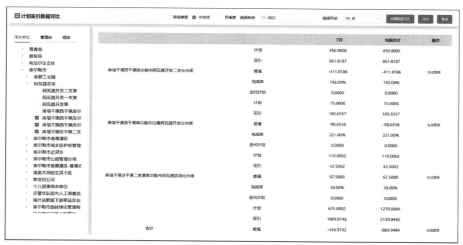

图 4-20　水资源管控系统示意图

2.流域水量平衡分析

对渠系水量平衡的控制,国外常用的技术是渠池控制理论,通过程序实时调节闸门开度,使渠道内的水位和流量保持在目标值范围。但是,在某些工程中,由于闸门自动调控系统可靠性差、渠系落差大,或渠段借用天然河道,渠系控制理论难以发挥作用。当调度员接收到分水口流量调整指令时,需要向上游渠段逐级叠加计算新的目标流量,当多个分水口连续调流时,计算工作量非常庞大且极易出错。本项目使用图论技术将分水口、节制闸抽象为顶点,将渠段抽象为边,建立渠系的有向图,并将其逻辑关系在计算机中表达出来,设计了渠段流量平衡计算方法,当多个分水口同时变更流量时,能快速计算各渠段的流量变化情况,最后将分析结果通过图形展示并输出维持水量平衡的调度方案。图 4-21 为孔雀河流域水量调度智能化平衡图。

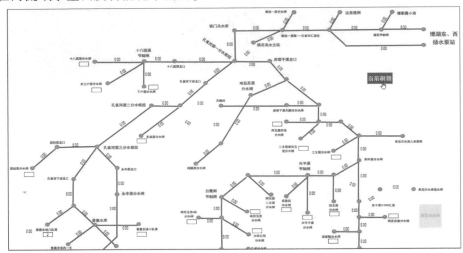

图 4-21　孔雀河流域水量调度智能化平衡图

3. 闸站的恒水位控制

开都河-孔雀河流域有多个拦河枢纽,通过拦河枢纽的调蓄作用,将水分流到两岸干渠,要实现两岸干渠的稳定分水,就需要通过调节泄洪闸,使得分水闸前的水位保持恒定。由于上游来水情况不稳定,运行值班人员需要连续不断地频繁调节泄洪闸。如图 4-22 所示,本项目的恒水位控制程序能对闸前水位实时采集,通过调整各闸门的开度,将闸前水位长期控制在预期范围内。

4.2.4　区域智慧水利一体化管控系统建设案例——慈溪市智慧水利

4.2.4.1　项目概况

慈溪市智慧水利项目以实现水利现代化、城市运行智能化、社会管理精细化、公众服务便捷化为出发点,依托先进的传感测控、通信网络、数据管理、信息处理等技术,构建涵盖"水资源、水管理、水安全、水环境、水生态"等领域的信息采集、传输、处理、存储、管理、服务、应用为一体的智慧水利大平台,对雨情、水情、墒情、工情、水量、图像、生态、社会、经济等信息进行汇集存储、共享分发、预报预警和决策支持,全面提高水业务管理部门的预报、预警、预演、预案能力,增强城市防洪保障、供水保障和水资源承载能力,优化水资源配置格局,显著提升城市信息化水平,强化政府的社会管理和公众服务能力。

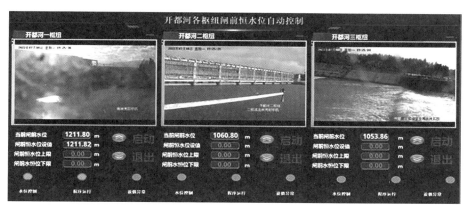

图 4-22　恒水位控制程序示意图

项目基于慈溪市水资源分配情况进行展开,解决日常水资源供需矛盾以及汛期防洪排涝问题。慈溪市水系如图 4-23 所示,全市共有中小河流 1 878 条,总长 2 943.78 km,水域面积 57.96 km², 水面面积 52.69 km², 正常蓄水 8 880 万 m³。大小水库山塘 87 座,水库总集雨面积 154.56 km², 正常蓄水 14 986 万 m³。一线御潮海塘共计 40.55 km,共 11 座一线出海排涝闸。本项目依据《慈溪市智慧水利总体规划》分阶段完成智慧水利建设目标,初步完成智慧水利大框架构建,使得慈溪市智慧水利总体上达到好用水平。

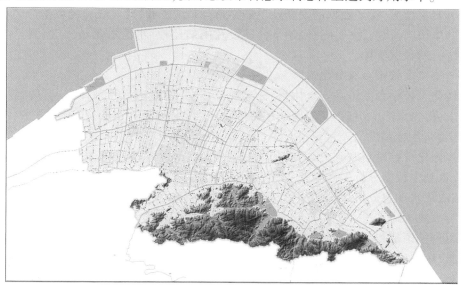

图 4-23　慈溪市水系图

4.2.4.2　建设内容

1.现地感知测控

现地感知测控主要包含河网水雨情、闸泵站工情、水库自动化接河湖视频监测等现地数据采集和接入工作,并通过数据共享,获取不同层级水利有关单位的信息数据,扩大城市水利监测体系的覆盖范围和提升自动化、智能化水平。

2. 综合通信与计算机网络

综合通信网络系统的主要目标是为系统所涉及的各级管理机构之间提供数据、图像等各种信息的传输通道,通过租用数字电路模式完成通信系统建设,通过控制专网、业务内网和业务外网模式建设计算机网络系统,为管理系统建设提供基础支撑。现地闸站的监控为满足高实时性和高安全性的需要,采取专网专用的方式建设一张独立的计算机监控专用计算机网络系统。

3. 实体环境

实体环境主要完成调度中心机房网络建设,建设范围覆盖网络分区隔离、超融合平台部署及数据资源中心构建。

4. 网络信息安全

计算机网络层面分为控制专网、业务内网和业务外网,参照等级保护二级要求进行建设。在系统部署完毕上线时,选用第三方安全检测机构对系统的应用安全和网络安全进行评估,从网络结构改造、安全设备升级及建立健全管理制度方面入手,全面加强慈溪市水利局安全防护能力。

5. 数据资源中心

数据资源中心针对工程各业务工作流程的特点,建立统一的数据模型。通过采用成熟的数据库技术、数据存储技术和数据处理技术,建立分布式网络存储管理体系;通过采用备份等容灾技术,保证数据的安全性。最终整合系统资源,形成统一的数据存储与交换和数据共享访问机制,为一体化应用平台建设及闸站监控、水情水调、安全监测等应用系统提供统一的数据支撑。

6. 一体化管控平台及智慧应用

一体化管控平台系统在安全体系、标准规范体系、建设运行管理体系、实体运行环境的基础上,由5个层次组成,完成现地采集传输层、数据资源管理层、应用支撑平台层、业务应用层、交互层建设。

在一体化管控平台基础上,完成9大智慧应用:"水利一张图"GIS 虚拟仿真、多源全景监控、水利大数据分析平台服务、智慧城河调度、智慧海闸排涝管理、数字引水城市水大脑、区域取用水动态分析、水文数据分析组件、智慧水利综合管理门户。

7. 标准规范体系

项目遵循国家相关标准,根据实际需要,补充制订与智慧水利有关的标准规范,形成一套完整、统一的标准规范体系,支撑工程智慧管理综合平台的合理集成。

4.2.4.3 项目成效

慈溪市智慧水利一体化管控系统的建设,充分利用通信与计算机网络技术、信息采集技术、监视监控技术、数据汇集管理技术和信息应用技术,结合相关河流闸泵自动控制系统的建设,实现了慈溪市重点水利工程的信息采集、监测监视、自动化控制与联合调度,同时将数据资源与各类业务应用的整合共享,建设了一个统一、协同的慈溪市智慧城河综合应用门户,集成各类新建、已建系统,实现综合监测、水资源优化调度、政务管理、公众服务等方面的业务应用。同时在综合门户建设基础上,进一步完善了智慧水利框架,在中心城区智能化试点上,扩大了重点水利基础设施的智能化范围,建设了覆盖全要素动态感知的水利监测体系,基于多源全景要素的大数据分析服务,构建了智慧感知、智慧监控、智慧海闸等创新协同的智能应用,有效提升了日常工作的业务能力、响应速度、执行效率和过程质量,已基本完成了慈溪市智慧水利体系的构建,助推慈溪市水治理体系、水治理能力和水治理水平的现代化进程。

通过一体化管控系统建设,实现了慈溪市智慧水利大框架的构建,并在重点水利基础设施和业务应用方面开展了大量智能化试点工作,完成浙江省水利厅数字化改革揭榜挂帅任务,成效显著。本项目利用一体化管控平台实现慈溪市水利智慧化,推动互联网、大数据、云计算、人工智能等高新技术与水利工作深度融合,对水域、水利设施等智能识别、模拟、预测预判和快速响应,以水利大数据为基础,以人工智能驱动,深度学习水利工程防汛调度决策,打造慈溪市水利大脑,实现智慧监管、智慧引水、智慧展示,树立城市智慧水利建设新标杆,为浙江省实现"政府数字化转型"积累可复制、可推广的慈溪新经验。图 4-24 为慈溪市智慧水利一体化管控平台示意图。

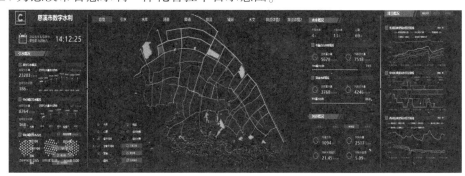

图 4-24　慈溪市智慧水利一体化管控平台

4.2.4.4　功能亮点

慈溪市智慧水利区域智慧水利一体化管控系统解决区域日常水质-水量联合调度及汛期排涝调度面临的决策难题,整合基础地理、气象、水文、工情以及水环境等各类信息,采用水文、水动力学、水质最优化等模型与方法,基于机理模型和数理模型,构建城市河网"水量-水质-闸泵站联合调度"模型与应用。同时,利用大数据分析手段,厘清引、供、用、排四笔水账,构建耦合相关分析模型量化河区内引水量与水位、水质三个变量的相关关系,最后通过校正技术提高模型计算精度,做到河网水资源精细化管理。如图 4-25 所示,为区域河道防洪排涝调度及精准配水提供集"实时监视、模拟分析、方案制订、调度控制"于一体的决策支撑和科学调度,实现城市"日常水可引、应急水可排"的目标。全面提高水业务管理部门的预警、决策、调度、指挥能力,为增强城市防洪保障、供水保障和水资源承载能力,优化水资源配置格局提供决策支撑。

技术实现亮点如下:

(1)调度与控制一体化:采用调控一体化的平台架构设计,通过"双机非网"物理层跨隔离同步技术和水利调度管理模型树结构,实现调度与控制的交互操作,保证生产管理区(管理区)的调度指令生成,下达至生产控制区(控制区),对指令二次安全操作确认后实现安全调控。

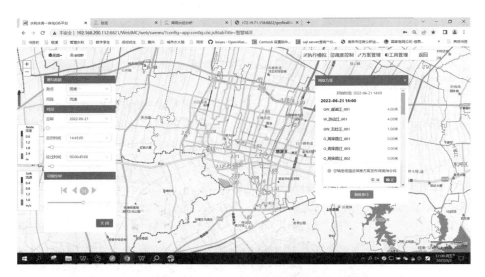

图 4-25　城市河网"水量-水质-闸泵站联合调度"模型示意图

（2）模型库统一管理：采用开放的模型架构，统一定义模型结构，支持多种水文模型、水力模型、优化调度模型等，并支持不同模型之间的相互耦合，快速构建协同预报调度系统。

（3）人工智能-大数据技术与传统模型结合应用：根据海量的水文、气象、地理等多源信息，结合人工智能和大数据分析技术，利用深度学习算法分析历史场景的相似性，与传统水文水调模型结合，对不同场景的模型参数进行自动率定，提高计算精度与效率。

4.2.5　灌区一体化管控系统建设案例——茨淮新河灌区

4.2.5.1　项目概况

茨淮新河是安徽省淮北平原的一条大型人工河道，见图 4-26，是 20 世纪 70 年代兴建的治淮战略性骨干工程，以防洪为主，兼有灌溉、航运、供水等综合效益，全长 134.2 km，横跨黑茨河、西淝河、芡河等流域，流域面积 6 960 km²。

图 4-26　茨淮新河

茨淮新河灌区是以茨淮新河作为水源工程的大型提水灌区,是淮北地区最大的灌区。工程位置如图 4-27 所示,灌区位于安徽省淮北平原粮食主产区,涉及阜阳、亳州、淮南、蚌埠四市的颍东、颍泉、利辛、蒙城、凤台、潘集、怀远七个县(区),设计灌溉面积 201 万亩,实灌面积 175 万亩。

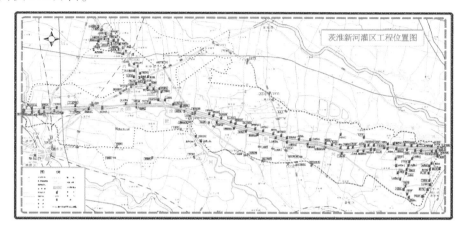

图 4-27　茨淮新河灌区工程位置

数字灌区建设分四个阶段,总体目标:构建天空地一体化茨淮新河灌区工程信息感知网、构建全面互联高速安全的工程调度信息网、建设数字灌区调度大脑、构建协同创新的智能应用体系、落地基础运行环境,保障系统稳定运行。

项目作为数字灌区建设的第一阶段,以水工程安全运行管理和水资源配置两个基本职能为核心;初步构建茨淮新河灌区工程信息感知网、初步构建互联高速安全的工程调度信息骨干网、初步构建灌区调度平台、初步构建灌区业务应用平台;达到可视、可知、可控的初级目标。

4.2.5.2　建设内容

茨淮新河灌区续建配套与节水改造骨干工程项目(2016—2018 年)(三期)灌区调度信息化系统包括量测水监测系统、闸泵站监控系统、视频监控系统、系统运行实体环境建设、通信网络及网络信息安全、应用软件等的建设。在新型的水利工程一体化管控平台的基础上,以业务为核心,构建了运行调度管理一体化应用体系。

1. 感知体系

感知体系已建内容包括:

➢已建 29 座泵闸站运行状态监控系统;

➢已建 62 座泵闸站水量监测站点;

➢已建 39 座河道侧水位监测站点;

➢已建水量监测泵站视频监控系统,共 62 个视频监控点;

➢已建管理局视频监控系统,共 13 个视频监控点。

2. 自动控制体系

已建 5 座泵站(利辛县谢刘站、阜阳阜蒙河站、凤台小黑河站、怀远河西站、蒙城蒙凤沟站)计算机监控系统及视频监控系统,共 31 个视频监控点;已更新改造上桥节制闸计算机监控系统及视频监控系统,共 27 个视频监控点;已建上桥抽水站视频监控系统,共 3 个视频监控点。

3. 通信网络

全部建成茨淮新河水利信息网络地区网,在茨淮新河工程管理局、四个枢纽及七县灌区配置相应的路由器、网络安全网关、三层交换机等其他设备,租用公网信道,通过 PTN、MSTP 等技术完成茨淮新河水利信息专网建设。

茨淮新河工程管理局与茨河铺枢纽、插花枢纽、阚疃枢纽、凤台管理所、54 座抽水站之间的公网专线或无线通道,蚌埠基地专线带宽提升至 50 M,茨淮新河工程管理局带宽提升至 200 M。

4. 实体环境

1)上桥中心机房

上桥中心机房包括机房硬件设施建设和机房环境建设。硬件建设包括网络冗余、服务器组、存储设备、网络安全设备等,机房环境主要是机房必要的装饰、空调等辅助设备。

2)视频会商系统

完成视频会商系统的改造、升级与新建,实现茨淮新河灌区与茨河铺枢纽、插花枢纽、阚疃枢纽等单位和部门间的视频会商功能。

5. 数据资源管理

1)数据库

数据库建设:根据水利信息的基本分类,分别建设基础数据库、监测数据库、空间数据库、业务数据库、多媒体数据库等五大数据库。系统数据库设计按照省水利厅水利对象统一表结构的相关内容设计,表结构提供了 36 等类水利对象数据库表结构(《水利对象基础数据库表结构与标识符》)。

2)数据资源平台

数据资源平台主要包含数据管理、数据接入、数据资产管理和数据治理等。

6. 应用支撑平台

应用支撑平台分为资源管理、基础服务、应用支撑等 3 个层次。其中,资源管理层主要提供的服务包括统一的数据访问接口、数据抽取、数据字典服务等;基础服务层主要提供数据查询、数据交换服务、消息服务、目录服务、服务管理、用户管理和安全服务等;应用支撑层主要包含了与业务应用紧密相关的各类服务,它所提供的服务包括空间信息服务(含电子地图服务和遥感信息服务)、数据分析服务、数据展现服务和告警服务等。

应用支撑平台由应用支撑平台、BIM+GIS 支撑平台等组成。应用支撑平台包含基础应用组件、公共服务、应用交互、虚拟化应用组件等组成部分。BIM+GIS 支撑平台包含了 BIM 模型支撑组件和 GIS 应用支撑组件两部分。

7. 业务应用系统

与可研相比,对业务应用系统的开发内容进行了优化,见图 4-28,新增了灌区一张图综合管理模块、工程运行管理模块、视频综合监控模块、工程档案管理模块,保留了水旱灾害防御模块、移动应用模块等,并对详细功能进行了优化设计。

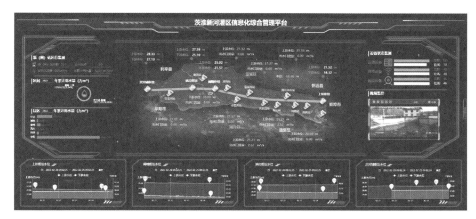

图 4-28 茨淮新河灌区信息化综合管理平台

8. 网络安全体系

安全、备份系统建设:茨淮新河水利信息中心信息安全、备份依托整个水利信息安全体系来实现,主要包括三个方面:一是常规的安全管理与配置建设;二是基于身份认证的资源使用授权管理建设;三是系统备份建设。

根据《信息安全技术网络安全等级保护基本要求》《中华人民共和国网络安全法》的相关规定,在管理局部署相应网络安全设备。同时,对上桥抽水站和上桥节制闸两座重要水利工程建设基于工业控制系统的网络安全防护措施。目前已评测达到二级等级保护要求。

4.2.5.3 项目成效

依托本项目的研究成果,安徽省茨淮新河工程管理局基本实现了水工程安全运行管理和水资源配置两个基本职能,项目的主要成效如下:

(1)初步构建了茨淮新河灌区工程信息感知网,解决了信息化系统分散、管理不便、重复投资、运维效率低的问题。

初步建设了灌区前端感知网络。实现茨淮新河灌区沿河的四级枢纽、65 个二级泵闸站的水文、水量、视频、运行状态等工程运行动态信息的实时自动采集,并将采集信息远程传输至信息平台。

初步构建了数据汇集与服务平台。建立包含管理局、四级枢纽、65 个二级泵闸站在内的多级感知数据汇集平台及级联的水利视频集控体系,建立管理局信息接收处理服务平台,初步实现监测数据、视频数据等资源的汇集与服务。

利用光纤、4G、有线专线等通信技术,初步建成茨淮新河灌区通信骨干网,实现工程管理局、四级枢纽工程、65 个二级泵闸站之间的网络链接和信息互联互通。

初步构建了网络安全体系。初步建设上桥抽水站、上桥节制闸工业监控网络防护体系;按二级等保要求,构建管理局通信调度系统网络安全防护体系。

(2)初步构建了灌区调度平台,解决了信息化设备不足、信息融合程度低、灌区管理工作效率低的问题。

初步建成了灌区数据资源平台。共享安徽省水利厅水利大数据,整合茨淮新河灌区工程调度业务数据,通过多元化采集、主体化汇集构建全域化原始数据,开展存量和增量数据资源汇集和治理,形成标准规范数据资源。

建设了基础支撑平台和专业支撑平台。初步建成应用支撑平台,应用 GIS、BIM 等技术为业务开发提供支撑;初步开发预测和调度模型,初步建设模型库、知识图谱库,建立灌区工程一张图,为上层应用提供基础应用服务和专业应用服务。

(3)初步构建了灌区业务应用平台,提升了工程安全运行、水资源开发利用、档案管理等业务管理水平和能力。

茨淮新河灌区信息化系统以灌区最迫切的水工程管理和水资源调度职能业务为出发点,紧密结合茨淮新河灌区现代化管理需求,在 GIS+BIM、三维可视化等使能支撑的基础上,开发灌区一张图综合展示、水利工程安全运行、水资源开发利用、工程档案管理,依托综合门户、移动服务等访问手段提升管理局专项业务应用能力,全面提升灌区现代化管理水平,增强灌区数字化业务能力。

数字灌区一体化智能管控关键技术与应用的研究成果打通了各独立专业的瓶颈,构建了开放的、标准化的、插件式的灌区信息化系统建设新模式,在统一的软、硬件平台上,实现了泵闸站监控、水情测报、视频监视、工程管理、水量调度等各类业务的"全面感知、综合管控、智慧决策"。彻底打破了传统水利自动化系统专业多,软硬件产品繁杂,使用不便,维护不便的诸多困难。在单个系统平台上做"减法",通过系统集成、资源整合、提档升级、深度融合,实现管理水平和效率的"乘法"效应。

茨淮新河灌区信息化系统创新性的建设了灌区一体化综合管控体系架构,构建了灌区核心基础平台,开放、标准化地接入四大枢纽、沿线各泵站、量测水设备、视频等各类自动化资源,并集成省厅相关的水雨情数据等信息资源,实现了全线闸门、泵站及量测水自动化资源的多专业监测监控,构建了茨淮新河智慧水利感知测控层以及运行调度管理数据中心。平台提供图表、权限、GIS+BIM 等中台组件,并在此基础上开发了灌区一张图综合展示、水利工程运行管理、水旱灾害防御、工程档案管理等应用模块,支持移动、Web 多终端交互,实现了日常调度管理业务的高效流转。

通过多维多业务信息融合的技术体系以及在线决策支撑系统,调度人员可以实时监视四大枢纽上下游水情、雨情、工情信息,为调度决策提供数据支撑;基于风云四号气象卫星数据,利用 NARI 气象信息服务,实现流域降雨的精确预报,为枢纽调度提供来水依据;基于上桥枢纽附近的历史水情信息,利用人工智能的时间序列预测分析技术,对上桥水情信息进行长时间预测,实现洪水传播过程的预报预演;将上桥枢纽闸门通过专家经验知识库,同时结合泵组运行特性曲线,实现闸门和泵组调度预案的快速输出,为规范调度提供依据;定制开发值班和调度信息化流程,实现值班过程、调度流程的信息化流转及全过程监督,强化责任意识、风险意识,提高调度指令的执行效率,降低调度事故风险。

4.2.5.4　功能亮点

1.高效灵活的一体化全业务融合系统架构

茨淮新河灌区地域跨度大、分布范围广，沿线建设了量测水监测、自动化监控及视频等站点，并接入了安徽省水利厅以及茨河铺、插花、阚疃、上桥等枢纽的水雨情及工情的数据。茨淮新河灌区信息化系统创新性地建设了灌区一体化综合管控体系架构，构建了灌区核心基础平台，开放、标准化的接入四大枢纽、沿线各泵站、量测水设备、视频等各类自动化资源，并集成省厅相关的水雨情数据等信息资源，实现了全线闸门、泵站及量测水自动化资源的多专业监测监控，构建了茨淮新河智慧水利感知测控层以及运行调度管理数据中心。

2.全方位+多维度的灌区感知监控

茨淮新河灌区此前未实施过专门的量测水项目，缺乏整个灌区统一的量测水站点的规划，没有系统的量测水监控体系，自动化和信息化程度较低。灌区补水主要通过上桥抽水站抽调淮河水到茨淮新河，近几年来，上桥抽水站年运行时间逐年增加，调水机制仅凭用水单位提出需求和多年的经验，且对用水量和提水量之间的时空平衡无法掌控，不能及时地为灌区进行补水；没有精准的量测水计量设施，也无法得知各枢纽及泵闸站的运行状态。

通过项目的建设，实现了对沿茨重要泵闸站的自动化控制，能监视到茨淮新河灌区全线运行调度各类核心信息，直观地看到沿茨各枢纽和泵闸站的实时监测数据、设备运行情况以及动态视频等，结合图形工具反映出茨淮新河灌区全局当前状态和信息。全面地把控茨淮新河的实时调水状态，实现全方位、多维度的灌区感知监控，达到了可视、可知、可控的目标。如图 4-29 所示，为登录平台-灌区一张图展示-驾驶舱展示。

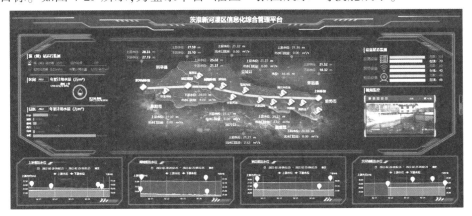

图 4-29　登录平台-灌区一张图展示-驾驶舱展示

本次建设以上桥枢纽为试点，建立上桥节制闸和抽水站的三维可视化，采用 BIM 建模和仿真等技术手段，建立逼真的虚拟建筑场景，查看设备实时监测数据、设备基础信息、设备关联数据、实时视频监控画面，对超限数据实时预警，实现虚拟场景与实际环境有机结合，促进灌区水利行业管理现代化、全面提升灌区管理工作效率，同时为后续数字孪生提供了基础支撑。图 4-30 为登录平台-三维展示-上桥枢纽三维展示。

图 4-30　登录平台–三维展示–上桥枢纽三维展示

3. 适配运行管理的全业务信息化支撑

相关科室到直属管理单位,日常工作中,在安全管理、检查观测、项目管理、行政执法等采用传统方式,业务流转、信息归档效率有待提升,管理能力虽然比较成熟,但没有先进和实用的工具做支撑,无法实现现代化科学管理。

面对安全管理问题,可以通过"安全管理"模块,可以制订全局的安全目标职责,对现场安全、风险、隐患、事故等进行管控和治理并进行考核。

面对日常烦琐和严谨的检查工作,通过"检查观测"模块,应用手机 APP 填报检查并及时上报解决隐患;水政在执法巡查工作中发现危险和隐患,应用手机 APP 将问题描述和拍照并上传,及时解决并将记录存档。

项目在日常管理中受各种因素影响容易忽视重要节点,不能流程化地跟踪,纸质档案资料随着时间的推移更容易丢失,通过"项目管理"模块,打破传统管理模式,将烦琐的项目日常事务搬到系统中统筹管理,项目管理从项目的申报、下达到项目管理对项目多维度全过程闭环把控,运用合理的管理工具提升管理水平,实时把控各个审批流程和工期节点,同时将项目的档案资料进行数字化归档,解决了纸质资料丢失等问题。同时,将工程科技项目和文书类资料进行数字化存档和电子阅览等,提升了科学的现代化管理水平。

4. 精准化的水资源调度和水旱灾害防御

在平台未开发前,获取流域内的水雨情信息只能依靠上级单位推送、借助水文系统查询或打电话沟通。调度则是以汛期、非汛期水位控制为技术指标,结合上一级枢纽阚疃枢纽排水量情况,根据人工经验估算来水量情况、洪水传播时间。整个调度决策过程中,调度决策人员无法全面、实时掌握流域内的水情和工情信息,调度方案制订依赖于人的经验,缺乏科学规范的技术支撑,调度手段通过电话等常规方式,效率不高,距离"预报、预警、预演、预案"还有较大差距,这给工程调度管理工作带来不便。

针对以上问题和情况,登录平台进入水旱灾害防御系统,调度人员可以实时监视四大枢纽的上下游水情、雨情、工情信息,这为调度决策提供了数据支撑;基于风云四号气象卫星数据,利用 NARI 气象信息服务,实现了流域降雨的精确预报,为枢纽调度提供了来水依据;基于上桥枢纽附近的历史水情信息,利用人工智能的时间序列预测分析技术,对上桥水情信息进行长时间预测,实现了洪水传播过程的预报预演;将上桥枢纽闸门通过专家经验知识库,同时结合泵组运行特性曲线,实现了闸门和泵组调度预案的快速输出,为规范调度提供了依据;定制开发了茨淮新河工程管理局值班和调度信息化流程,实现了值班过程、调度流程的信息化流转及全过程监督,强化了责任意识、风险意识,提高了调度指令的执行效率,降低了调度事故风险。

4.2.6　水利一体化管控系统建设案例——新疆卡拉贝利水利枢纽

4.2.6.1　项目概况

新疆卡拉贝利水利枢纽工程是以防洪、灌溉为主,兼顾发电的山区控制性水利工程,枢纽工程位于新疆维吾尔自治区克孜勒苏柯尔克孜自治州乌恰县境内的克孜河中游出山口处。

工程为Ⅱ等大(2)型,主要由大坝、泄水建筑物和发电引水系统、地面厂房等主要建筑物组成,以防洪、灌溉为主,兼顾发电,是克孜河流域的控制性工程。新疆卡拉贝利水利枢纽工程可有效控制克孜河的洪水灾害,使克孜河下游喀什市的防洪标准提高至 50 年一遇,还可有效地缓解当地电力不足的矛盾,对实现农牧业增效、增收,促进民族团结,巩固边防具有重要意义。图 4-31 为其水利一体化管控系统示意图。

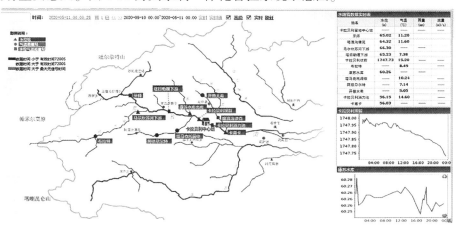

图 4-31　水利一体化管控系统

4.2.6.2　建设内容

1. 工程安全监测

大坝、溢洪道、泄洪排沙洞、电站厂房等水工建筑物内安装有各类传感器,在主要建筑物内安装数据采集箱、测量模块、通信设备与电源等,自动定时采集各类传感器的运行信息,在一体化管控平台软件安全监测业务功能中,可以在画面上直观查看仪器安装部位与运行情况,对仪器的健康状态能够一目了然。软件可自动生成报表、变化曲线等内容,通过对信息数据的分析处理实现从监测数据、监测断面到整个工程的数据监视和异常告警,分析工程的运行和安全状况,为工程的维护决策和运行管理提供依据。

2. 雨水情测报

雨水情测报系统包括遥测气温雨量站、雨量水位站等,测站建设遵循科学合理、经济可行的原则,用较少的站点来满足洪水预报模型所要求的精度。站网布设可反映流域内雨情的时空分布和水位的动态变化。一体化管控系统中水情测报功能能够及时、准确地对水情信息进行计算、分析和综合处理,实现出入库流量与水量、水库库容变化等与枢纽运行密切相关数据的计算,并为高级应用提供相关数据及基础支持,为水调分析决策提供支撑。

3. 水务计算

水务计算根据水量平衡原理定时(可调整计算频次)进行水库的相关计算。水务计算根据时段初、末的坝上水位、尾水位、闸门开度、发电流量等计算电站水库的出库、泄流等流量,时段电量及入库流量等时段数据。自动水务计算软件具备定时计算、手工反算与数据修正、可视报表输出功能,同时实现算法文件和计算软件本身的分离,允许使用者通过定制新的算法,定制电站、时段、项目,以及新接入水库的自动计算功能。

4. 洪水预报

在测报范围内布设气温雨量站、水位站、气温雨量水位站等遥测站,编制相应的预报方案,进行入库洪水、重点防洪断面洪水预报。短期预报方案采用河系预报法,辅以合成流量法及降雨径流模型作为主要水文预报方案配置;中期水情预报方案分为产流计算、汇流演算两个部分,配合中期水文预报的尺度,建立大区产汇流模型和河道演算模型,并分析流域的退水规律,实现中期流量过程预报;长期预报业务以水文气候背景分析和数理统计分析方法相结合。

5. 水库防洪调度

卡拉贝利水利枢纽工程水库防洪调度是已知水库的入流过程和综合利用要求,根据调度规则,在确保大坝自身、上下游防洪对象安全的前提下,运用水库的防洪库容,采用数学算法和调度模型,调用水雨情数据、实时监测数据、各类计划数据、闸门启闭数据,基于各类防洪参数、约束条件、负荷调整规则、闸门操作规则,求解洪水调度合理方案,对入库洪水进行拦蓄和控制泄放,保障下游防护对象的安全,并尽可能地发挥水库最大的综合效益。

防洪调度首先保证大坝的安全,调洪过程的最大出库流量不能大于入库洪峰流量,不人为制造洪峰。调度结果求得下泄流量过程和库水位过程,结合闸门的启闭规则将下泄流量分配到各闸门,形成闸门开度的决策支持方案,防洪调度方案有水位控制、出库控制、闸门控制三种模型。

4.2.6.3 项目成效

卡拉贝利水利枢纽工程水库管理调度系统一体化管控平台在监控中心层对系统进行整合,建立了一个能够适应水库工程特点的管理信息综合型业务应用的广域测控、信息管理网络,包含水情测报、闸门监控、工程安全监测自动化、电站监视及运行维护、工程管理等多业务融合的水利工程信息化系统。构建并涵盖了水库流域水资源的信息采集、传输、处理、存储、管理、服务、应用、决策支持和远程监控等信息展现流程为一体的智能统一综合管控系统,能够及时、准确地对全流域范围内的水情、水量、工情等信息进行汇集存储、共享分发、预测预警和决策支持,实现对卡拉贝利水利枢纽各业务的远程集中监控、实时监测和实时管理,基本达到"采集自动化、传输网络化、集成标准化、管控统一、决策智能化"的目标,确保了工程的安全运行,达到水资源合理配置与高效利用、电站发电效益最大化与防洪调度科学化的目标,促进了流域经济社会持续稳定的发展。

4.2.6.4　功能亮点

1. 水库综合管控

卡拉贝利为大(1)型水库,针对水库规模大、业务多、数据量大等特点,一体化管控系统以现地测控系统为基础;以数据处理与交互平台为纽带,全面、及时地采集所需数据,进行统一处理,并存入实时数据库和历史数据库;实现了上下游雨水情、大坝安全监测、水电站监控、闸门监控、机房动环监控、库区沉沙监测、强震报警、视频监视、办公自动化、工程运维管理等业务的综合应用,实现洪水预报、水库调度、水务计算等决策支持综合应用。

2. 大坝安全监测自动化

大坝安全监测是水库管理的重要部分,卡拉贝利水库约有700支各类仪器,一体化管控系统以多种方式完成了各类仪器的接入,功能主要包括监测、显示、操作、数据通信、综合信息管理、综合评判与信息发布、系统自检和报警等。根据运行特点,系统还提供人工采集以及其他环境量、第三方数据等各类监测数据和资料输入功能,能够在系统中对其进行统一的管理与维护,可自动生成报表(日、月、年)、综合过程线、布置图、分布图、相关图等。对每支传感器设置警戒值,系统能够自动进行报警。

3. 库区沉沙监测

卡拉贝利水库上游的克孜河含沙量大,年平均含沙量多达 5.93 kg/m^3,而且泥沙颗粒极细,库区泥沙淤积情况较为严重,在两个泄洪排沙洞闸门前分别安装泥沙监测装置,用以监测水库和闸门前的沉沙淤积情况,泥沙监测装置接入水库调度系统,纳入一体化管控平台参与联合调度。为保障泄洪排沙洞闸门能够正常运行,同时为了降低电站发电引水口前淤沙高程,减少发电机组的进沙量,水库调度系统根据泥沙淤积、水库水位情况,结合防洪调度自动生成报警信号和闸门开启策略,指导用户及时进行冲沙清淤。

4.2.7　智能泵站一体化管控建设案例——引江济淮工程西淝河智能泵站

4.2.7.1　项目概况

引江济淮工程西淝河北站为引江济淮工程江水北送段的西淝河线第二级泵站,工程位于安徽省利辛县阚疃镇吕台子村。西淝河北站工程主要由泵站工程和防洪闸工程组成。泵站工程设计流量 80 m^3/s,设 4 台立式轴流泵(其中 1 台备用)。泵站所配同步电动机型号为 TL2500-44,单机容量为 2 500 kW,额定电压 10 kV,额定功率因数为 0.9(超前),效率为 94%。

泵站厂房分为主厂房和副厂房。主厂房分 5 层,即进水流道层、出水流道层、水泵层、联轴层和电机层。副厂房布置在主厂房出水方向的右侧,共分 4 层,地下二层布置消防水池和消防设备,地下一层为电缆夹层,一层主要布置有 10 kV 及 0.4 kV 开关柜室、站用变室、LCU 及直流室等;二层主要布置有中控室、通信机房及值班室等。

4.2.7.2　建设内容

根据泵站日常运行、管理的业务需求,利用物联网技术、大数据、三维建模、虚拟仿真、人工智能等技术建设西淝河北站三维可视化智能一体化平台,以智能感知、智能运行、智能可视、智能调节、智能交互、智能协联、智能诊断、智能预报、智能预警、智能评估、智能决策等应用为目标,实现智能泵站的数据采集与分析、调度与控制、故障诊断与评估、检修指导与培训、科学决策与分析等综合应用。西洮河北站三维可视化智能一体化平台包括三维综合一体化平台、综合监测系统、智能工程监控系统、智能检修交互系统。

1. 三维综合一体化平台

三维综合一体化平台提供轻量化三维引擎、三维模型制作、数据资源管理系统、数据库建设、统一用户体系与权限管理、报表及图形管理与服务、工作流管理和消息服务等基础支持功能。通过建模软件对厂区场景、工程建筑物及金属结构设备、水力机械设备、电气设备、消防设备、暖通设备等创建 BIM 模型,通过一体化平台集成机组运行、闸门运行、设备监测、工程安全监测、视频监控等业务数据,最终实现基于 BIM 的综合监测、智能工程监控、智能检修交互等系统的业务融合,并提供面向工程、运行、设备的不同专题数据可视化。

2. 基于 BIM 的综合监测系统

基于 BIM 的综合监测系统是实现与泵站各监测子系统的数据集成,对相关数据进行统计分析,并结合三维 BIM 模型实现运行数据、分析数据的可视化图表的综合展示。监测系统包括水力量测系统、主机组装置效率实时监测系统、主机组全生命周期监测系统、技术供水监测系统、渗漏排水监测系统、暖通监测系统、闸门状态监测系统、工程安全监测与分析系统、智能视频监控及安防系统。

3. 基于 BIM 的智能工程监控系统

基于 BIM 的智能工程监控系统是实现主机组一键开、停机功能和全流程三维可视化,通过三维建模和可视化人机界面实时查看泵站主要系统的运行状态,包括泵站主机组、叶片调节机构、工作闸门、技术供水、励磁系统、变配电系统、排水系统等运行设备的操作流程、运行参数、事故、故障报警信号及有关参数和画面。

4. 基于 BIM 的智能检修交互系统

智能检修交互系统是在传统泵站运行管理的基础上,实现机器人巡检、可视化三维作业指导、可视化三维检修培训与考核等创新应用,以提高运维管理的工作水平和效率,包括三维模拟仿真与检修培训系统、智能语音交互系统、智能巡检机器人。

三维模拟仿真与检修培训系统:通过三维建模、三维仿真等技术的综合运用,将常规泵站主要设备(水泵、电动机、主变、高压断路器、隔离开关等),以及电气主接线、油水风系统用三维可视化技术进行建模,以文字、声音、灯光、色彩等配合,渲染合成用于仿真的设备模型,在此基础上结合泵站机组拆装检修规程,开发一套虚拟仿真与考核系统,为泵站检修人员、运行人员以及管理人员提供全方位、多层次的仿真培训,使用户能够更加直观地了解泵站信息和泵站运行的各项技术细节。

智能语音交互系统:为一体化管控平台、三维综合一体化平台提供语音交互能力。系统以离线语音识别引擎为核心,以声学模型、语言模型以及智能分析模型为支撑,将语音信号转换为文字指令,进一步解析为语义单元,再通过接口协议转接到业务系统,从而实现从用户语音到业务系统的流转。智能语音交互的应用场景包括业务数据查询、调取业务界面、控制指令下达等。

智能巡检机器人:是一种面向巡检任务的智能机器人,融合人工智能、神经网络、生物识别、物联网等一系列高科技手段,实现了多维度数据采集、融合、分析和决策,具备环境感知、自主导航与定位、路径规划、智能控制、三维实景智能交互等一系列智慧能力的新型机器人。巡检主机下发控制、巡视任务等指令,由机器人具体开展室内设备巡视作业,将巡视数据、采集文件等上送到巡检主机,主机对采集的数据进行智能分析,形成巡视结果和巡视报告,异常时及时发送告警。同时,具备实时监控、三维可视化展示分析等功能。图 4-32 为 BIM 的智能检修交互系统界面图。

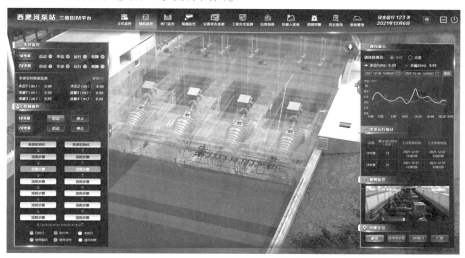

图 4-32　BIM 的智能检修交互系统

4.2.7.3　项目成效

当前,我国泵站大多建立了计算机监控、水情测报、工程安全监测等各类型自动化系统。但各系统之间相对孤立,难以全面掌控整个工程的运行情况,运行时依赖人员在各系统之间进行频繁切换和操作,效率低、易出错,难以确保系统始终运行在最优状态,也难以满足突发事件应急响应的需求。此外,对主辅设备的健康状态感知能力不足,泵站工程及各类机电设备的结构展示不够直观,缺乏状态评估和故障诊断的系统性科学支撑体系,难以对各类设备故障进行预警预控,第一时间防止设备故障扩大化,无法按照工程对象或设备对象进行直观监视分析和高效故障处置,难以满足工程安全可靠运行的要求,也使得设备检修和维护成本居高不下。

本项目在国家智慧水利发展战略的指导下,按照智慧水利总体架构以及透彻感知、全面互联、深度挖掘、智能应用和泛在服务等方面要求,开展先行先试工作,结合我国泵站自动化信息化系统建设现状和西溪河泵站的实际业务应用需求,充分利用现代工业技术和新兴信息技术,通过开展关键技术攻关和工程应用,实现新技术与水利业务深度融合,在促进业务协同、创新工作模式、提升服务效能方面取得突破,构建既具备普遍推广价值,又兼顾西溪河泵站特点的智能泵站技术体系,开发具有智能感知、智能运行、智能可视、智能调节、智能交互、智能协联、智能诊断、智能预报、智能预警、智能评估、智能决策等智能化特征的泵站系统,显著提高西溪河泵站的自动化水平和管理信息化水平,进一步提升西溪河泵站的运行调度和工程维护水平。其中智能感知是指通过更加高效的方式全面采集人机料法环等要素的各类型信息,智能运行是指能够实时计算并确保系统始终处于最优化的运行状态,智能可视是指能够实时以三维可视化的方式直观呈现运行状态信息,智能交互是指能够通过语音等友好的人机交互方式操作系统,智能协联是指设备、系统、人三者之间能够无缝友好交互,智能预警是指能够提前量化预测出系统面临的风险并采取相应措施,智能评估是指自动判别泵组、闸门等重要对象的健康状态及面临的风险,智能诊断是指运行异常时能够自动分析出可能的原因,智能决策是指能够根据工程的运行情况实时给出最优化的水量调度、故障处置等计划。

　　同时,作为智能化建设试点工程,探索并找到引江济淮工程智能化发展的可行方案和最优路径,形成一批可在引江济淮泵站群推广应用的可复制智能化建设成果,通过以点带面、示范引领作用,带动引江济淮智能化建设水平快速提高,促进国家智慧水利发展战略落地。

4.2.7.4　功能亮点

1. 实现了多业务协同智能联动

　　针对泵站业务系统信息资源共享程度低、业务流程融合协同效率不足、智能化综合管控提升难等问题,依托人工智能、三维可视化、移动互联、物联网等技术,集成泵站实时监测、智能控制、综合分析、预警报警、优化调度、巡检、智能语音、机组检修与指导、三维可视化等应用,通过建立一种监测监控信息智能联动的机制,将物理空间上相邻的监测监控要素按照一定的逻辑关系相互连接起来,形成全面的监测监控要素关系网,研究以多源异构业务数据为核心构建泵站工程全要素的全面互联,推动泵站实现数字可视化、业务协同化、管理智慧化。如图4-33所示,具体业务协同场景包括运行监控与三维场景联动、控制流程与三维场景联动、告警与视频联动、告警与巡检机器人联动、防汛相关设备联动、设备安全隐患联动、工程安全隐患联动、安防系统间联动、视频与火灾报警系统联动、消防系统联动等多种场景下的智能联动。

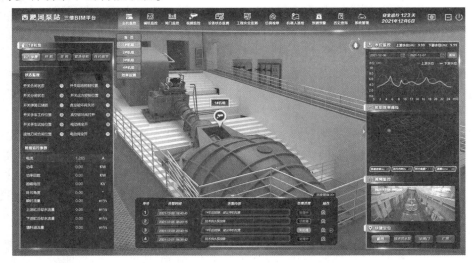

图 4-33　多业务协同智能联动示意图

2. 开发了交互式虚拟检修仿真培训与考核系统

为提高泵站检修、维护人员的工作效率和实操水平,解决泵站机组检修方法与经验传授的难题,开发了交互式虚拟检修仿真培训与考核系统。如图 4-34 所示,系统通过三维建模、三维仿真等技术的综合运用,将主要设备(水泵、电动机等)以及检修所需工器具、材料、虚拟环境等用三维可视化技术进行全模态数字化建模,将虚拟现实技术与仿真培训融合,实现泵站水泵及电动机结构原理认知、全分解及全安装、检修工艺流程及质量标准的交互式三维仿真培训与考核。

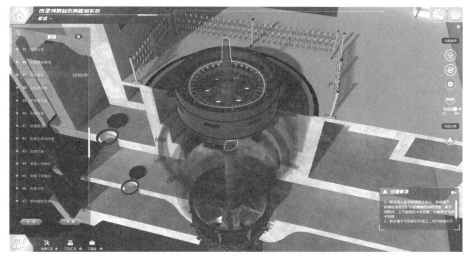

图 4-34　仿真检修系统示意图

3. 实现了智能语音技术在泵站的应用

构建声学模型和语言模型搭建语言识别系统框架,结合对语控场景下语音指令的训练实现对自然语言的语义理解,并能够输出业务系统可应用的语控指令意图与词槽,通过语音识别技术与泵站业务的深度融合形成语控实现菜单打开、画面呼出、业务查询、告警播报、视频查看、自动化控制、地图操作等多种类别的语音控制。智能语音交互作为前沿技术在泵站的应用,大大提高了操作的便捷性和智能化。

4. 实现了全面可靠的智能巡检

人工巡检作为监控系统以外对设备监控的一种辅助手段,存在劳动效率低、巡检不可靠等问题,同时环境恶劣的区域存在人员无法到达、检查无法深入的问题。本项目基于面向巡检任务的智能机器人、视频 AI 图像识别、三维自动化漫游巡检等多类巡检手段,开发了一套智能巡检系统。系统可面向泵站场景和设备对象,建立巡检任务和路线,编制巡检报表,定时自动通过多种巡检手段完成对泵站设备全景温度、设备全景外观、设备分合状态等信息的全域感知和监测,并将监测结果自动录入巡检报表。巡检过程与视频监控系统联动,巡检扫视结束后自动对巡检过程中的即时图像对比,对于识别出的异常,实现泵站设备隐患的自动识别和定位实现三维实景的智能交互,以三维可视化方式进行隐患定期展示、监控交互、分析处理,真正做到设备隐患精确定位,辅助早发现早消除,保证在运设备的安全运行,显著降低设备运行风险,提质增效,全面提升泵站的安全生产智能数字化管理水平。

参考文献

[1] 张绿原,胡露骞,沈启航,等.水利工程数字孪生技术研究与探索[J].中国农村水利水电,2021(11):58-62.

[2] 夏智娟,郑健兵,吴宁.水利工程综合管控系统元数据管理设计[J].水电自动化与大坝监测,2013,37(2):35-38.

[3] 张岚,凌骐.库坝群全生命周期安全质量综合管控系统设计[J].水电与抽水蓄能,2020,6(5):15-18.

[4] 华涛,芮钧,刘观标,等.流域智能集控体系架构设计与应用[J].水电与抽水蓄能,2017,3(3):35-41.

[5] 舒依娜,袁峰.基于水利一体化管控平台的洪泽湖综合信息化系统研究[J].机电信息,2016(36):52-53.

[6] 张友明,谈震,简丹,等.洪泽湖管理处水利综合管控系统建设方案研究[J].水利信息化,2015(1):63-67.

[7] 杜政,王海俊,谈震,等.基于IFC与WebGL的水利工程BIM轻量化应用研究[J].中国农村水利水电,2020(11):199-203.

[8] 薛井俊,夏方坤,张绿原,等.感潮泵站供水模式下的优化运行策略研究[J].中国农村水利水电,2022(12):133-136.

[9] 张绿原,薛海朋,胡露骞.水利信息化建设中电子表格数据规整方法研究[C]//中国水利学会2019学术年会论文集第二分册,2019:598-602.

[10] 张绿原,陈华栋,许小锋.基于遗传算法的大型泵站水泵转速优化方法[J].人民黄河,2014,36(6):138-140.

[11] 张绿原,谈震,刘传武.智慧水利信息资源整合中的网络汇聚研究[C]//河海大学,2018(第六届)中国水利信息化技术论坛论文集.2018:436-439.

[12] 刘敏,胡露骞,沈启航.调度与值班耦合应用系统在泵站管理中的实现[J].水利信息化,2021(1):62-66.

[13] 刘敏.大中型水利枢纽工程精细化管理平台的构建[J].水利信息化,2022(2):89-94.

[14] 崔凯,朱承明,袁志波,等.江都水利枢纽精细化管理信息平台系统研究[J].水利信息化,2021(5):88-92.

[15] 葛嘉,彭放,朱传古,等.大岗山水电厂设备一体化智能管控平台设计与应用[J].水电与抽水蓄能,2019,5(4):61-68.

[16] 赵宇,芮钧.智能水电厂经济运行系统及其关键技术[J].水电与抽水蓄能,2018,4(2):77-81,67.

[17] 郑健兵,花胜强.智能水电厂一体化管控平台关键技术研究[J].水电与抽水蓄能,2017,3(3):24-28.

[18] 芮钧,徐洁,李永红,等.基于一体化管控平台的智能水电厂经济运行系统构建[J].水电自动化与大坝监测,2014,38(4):1-4,16.

[19] 智能水电厂关键技术研究与应用[Z].江苏省,国网电力科学研究院,2012-01-01.

［20］ 邓刚.城北水厂自动化系统的规划设计［D］.南京:东南大学,2017.

［21］ 贾嵘,王德意,王涛,等.水电厂辅助设备智能控制系统［J］.西安理工大学学报,2001(1):70-73.

［22］ 邰贵华.视频监控系统的研究与应用［D］.南京:南京邮电大学,2017.

［23］ 黄智,谢花.智慧水厂控制系统运用［J］.中国设备工程,2021(2):26-27.

［24］ 李延东.地表水水质自动监测站验收工作规范化研究［J］.现代农业科技,2019(4):195-196.

［25］ 冯慧阳.智能水电厂一体化管控技术的研究［D］.南京:东南大学,2015.

［26］ 苟在明,姜维军,王彦兵,等.宁夏水利信息化运行维护体系建设［J］.科技创新与应用,2017(32):
190-191,193.

［27］ 白秦涛.延安黄河引水工程管理调度系统总体架构与调度控制设计［D］.西安:西安理工大学,
2016.

［28］ 王茂洋,罗天文,吴恒友,等."智慧黄家湾"综合信息化云平台研建［J］.水利规划与设计,2019
(1):149-152.

［29］ 秦磊.基于Web标准化的在线视频网站设计与实现［D］.长春:吉林大学,2014.

［30］ 刘文晓.分布式实时数据库查询优化技术研究［D］.济南:山东大学,2008.

［31］ 卞正锋,王可伟,郭海垒.泵站自动化控制系统研究［J］.科技与企业,2013(19):127,129.

［32］ 宋文霞.地表水厂V型滤池智能控制系统［D］.北京:北京化工大学,2019.

［33］ 王龙彪,孙江河.疏勒河灌区水资源监测和调度管理信息系统通信传输网络的升级改造设计［J］.
甘肃水利水电技术,2021,57(8):50-54.

［34］ 管理信息系统选择题复习,互联网文档资源(https://www88.com),2020.

［35］ 黄锐.海委IT运维管理体系的构建研究［D］.天津:天津大学,2014.

［36］ 李宁生.广西水利信息化发展历程概述［J］.广西水利水电,2004(52):62-64.

［37］ 刘天须,王子昂,张雪扬,等.交通运输行业信息化运维体系研究［J］.现代信息科技,2020,4(16):
107-109,112.

［38］ 刘晓娟,莫晓聪,陈小平,等.基于物联网的丹江口库区水质自动监测系统［J］.水利信息化,2020
(2):53-60.

［39］ 王普.二龙山水库智能监控调度应用系统探析［J］.陕西水利,2020(11):135-138.

［40］ 李三菊.基于物联网技术的智能安防联动系统［J］.电子制作,2014(13):106.

［41］ 王剑.引大灌区信息化工程水情监测系统［J］.甘肃水利水电技术,2018,54(5):14-17,20.

［42］ 丁志红,袁睿,黄辉,等.我国水利工程信息化建设分析与探讨［J］.科技创新与应用,2015(30):
207.

［43］ 夏添.面向地图服务的水资源实时监控与管理信息系统研究［D］.成都:成都理工大学,2009.

［44］ 朱明星.乌江、北盘江跨流域水电站群协调优化调度系统建设与应用［J］.2019,38(3):49.

［45］ 徐锐,罗天文.夹岩水利枢纽工程饮用水水源保护区智慧化监管云平台研建［J］.水利水电快报,
2019,40(6):90-94.

［46］ 方国材,晋成龙,王根喜.浅析南水北调东线一期工程调度运行管理系统总体设计方案［J］.水电厂
自动化,2011,32(4):7.

［47］ 武建,高峰,朱庆利.大数据技术在我国水利信息化中的应用及前景展望［J］.中国水利,2015(17):
45-48.

［48］ 周洲,沈醉云,车田超,等.江苏南水北调工程调度运行管理基础数据库设计［J］.江苏水利,2018
(10):10-16.

［49］ 胡亚林,付成伟,马涛.国家防汛抗旱指挥系统工程［J］.中国水利,2003.

［50］ 刘磊.城市智慧水务建设研究［C］//大数据时代的信息化建设——2015(第三届)中国水利信息化

与数字水利技术论坛论文集,2015:343-349.

[51] 廉娟.博斯腾湖多泵站集控系统浅析[J].地下水,2017,39(1):189-190.

[52] 潘恒飞.基于FBG的有压引水隧洞安全监测技术研究[D].南京:南京理工大学,2016.

[53] 吕洁.面向电子政务的决策支持系统的研究[D].北京:华北电力大学(北京),2003.

[54] 李敏,纪昳,陈鑫琪,等.小流域水质预警系统构建研究[J].环境与发展,20210328.

[55] 程爱武,杨红涛,杜太山.机房电源环境监控系统[J].安徽电子信息职业技术学院学报,20131020.

[56] 李贵岭.浅议"大数据+水利监管"方式的应用[C]//创新体制机制建设强化水利行业监管论文集,
20191127.

[57] 苗丰慧.我国水利信息化建设所面临的困难与发展趋势[J].农业科技与信息,2019(6):118-119.

[58] 薛智文.基于云模型的水利信息化水平测度研究[D].郑州:华北水利水电大学,2021.

[59] 朱报开,漆青松,金璐,等.略谈水厂智能化控制系统的设计[J].工业控制计算机,2011,24(1):23-
25.